U0826156

生态文明知识 50 问

环境保护部环境与经济政策研究中心　编

中国环境出版社・北京

图书在版编目（CIP）数据

生态文明知识 50 问 / 环境保护部环境与经济政策研究中心编．—北京：中国环境出版社，2014.10（重印）
ISBN 978-7-5111-1789-2

Ⅰ．①生… Ⅱ．①环… Ⅲ．①生态文明—干部教育—学习参考资料 Ⅳ．①B824.5

中国版本图书馆 CIP 数据核字（2014）第 062296 号

出 版 人　王新程
责任编辑　韩　睿
责任校对　尹　芳
封面设计　彭　杉

出版发行　中国环境出版社
（100062　北京市东城区广渠门内大街 16 号）
网　　址：http://www.cesp.com.cn
电子邮箱：bjgl@cesp.com.cn
联系电话：010-67112765（编辑管理部）
发行热线：010-67125803，010-67113405（传真）
印　　刷　北京中科印刷有限公司
经　　销　各地新华书店
版　　次　2014 年 4 月第 1 版
印　　次　2014 年10月第 3 次印刷
开　　本　787×960　1/16
印　　张　19.75
字　　数　360 千字
定　　价　60.00 元

《生态文明知识 50 问》编写组

编写指导：张　坤　　夏　光　　原庆丹

编写人员：殷培红　　李宗尧　　马　丽　　武翡翡

和夏冰　　孟胜修　　田　青　　马玉玲

杨小明　　徐立松

前　言

大力推进生态文明建设，努力建设美丽中国，是党的十八大对建设中国特色社会主义事业作出的新的重大战略部署。建设一支数量充足、素质优良、结构合理的环境保护人才队伍，是探索中国环保新路、建设生态文明和美丽中国的重要支撑。根据《生态环境保护人才发展中长期规划（2010—2020 年）》中对党政人才队伍建设的要求，开发一套适用于环保系统以及地方各级政府党政干部培训的生态文明建设系列教材，以提高党政干部的生态文明意识和环境执政能力。生态文明建设系列教材是环境保护部行政体制与人事司“环境保护人才队伍建设——环保干部教育培训”项目成果，由环境保护部环境与经济政策研究中心组织编写，《生态文明知识 50 问》是系列教材之一。

根据党的十八大和十八届三中全会有关生态文明建设的精神，转变发展方式是贯穿生态文明建设的主线，自然生态系统与环境保护是生态文明建设的主阵地，生态文明制度建设是实现生态文明建设的根本保障。基于此，本书结合领导干部生态文明理念培训需求，聚焦“生态文明理念、生态文明建设、转变发展方式、自然生态系统与环境保护和生态文明制度建设”五个专题热点，采用“问答式”深入浅出解析生态文明知识的 50 个核心问题，便于读者按需查阅。内容侧重于生态文明建设的基本概念和基础理论的解释和辨析。为了帮助领导干部深入学习生态文明相关理论，在每章节后附参考文献以供进一步选择扩展阅读。

由于编者水平有限，时间仓促，书中恐有错误或不妥之处，衷心希望广大读者批评指正。

编写组

2014 年 2 月

目　录

第一章 生态文明理念

一、如何理解生态文明的内涵和基本特征？

由于不同学科背景和不同实践领域的差异，研究者对生态文明存在多种理解，呈现出百花齐放的局面。这种多样化的认识主要源于“文明”与“生态”两个词汇本身的多义性。

（一）“生态”与“文明”的词义

“生态”一词，指生物在一定的自然环境下生存和发展的状态，也指生物的生理特性和生活习性，以及它们之间和它与环境之间环环相扣的关系。“生态”作为一个科学术语，首次由德国博物学家海克尔（E. Haeckel）于1866年在其所著《普通生物形态学》中提出，并认为生态是研究生物在其生活过程中与环境的关系，尤指动物有机体与其他动植物之间的互惠或敌对关系，“我们可以把生态学理解为关于有机体与周围外部世界关系的一般科学。外部世界是广义的生存条件”。如今，生态学已经渗透到各个领域，“生态”一词涉及的范畴越来越广，不同文化背景的人对“生态”的定义也有所不同。生态学的发展带给人们很多启示，其中最重要的是它使人类认识到自然的整体性和人与自然的整体性，使得系统化、整体性思维成为生态思维的最基本的特征之一。

“生态”一词与“环境”一词也是有所不同的。从词源看，环境的词根是环绕的意思，意指中心事物周围的事物，而“生态”一词更多的是强调关联性。现代生态学将人看做是一种关系存在，每个人都是关系网络上的一个点，人与自然其他物种相互依存，人也不能完全脱离其他物种而独立存在。

“文明”一词也有许多不同的解释。宋代司马光的《呈范景仁》诗中所言“朝家文明所及远，于今台阁犹蝉联”的文明是指文治教化。清代李渔的《闲情偶寄》“求辟草昧而至文明，不可得矣”，则是指一种发展水平较高、有文化的状态。而中国百科大辞典中文明有两层含义：①表示人类社会进步和开化状态的社会历史范畴。包括物质文明和精神文明两方面。②专指精神文明，特别是指思想、品德和情操的修养。马克思和恩格斯认为文明发端于人类脱离动物界，“文明时代是社会发展的一个阶段”，“是学会对天然产物进一步加工的时期，是真正的工业和艺术产生的时期”。何平（2008）认为“文明是人类的自我教化，是人类行为向着优雅、美、善、理性和守秩序的方向发展，以及由此而形成的社会状况。文明的发展源于人类尝试调节人的社会关系或人际关系。”在此语义下，文明往往与野蛮相对。最早定义生态文明的叶谦吉先生也是采用文明的这种含义。

从人类文明的纵向演化过程看，将生态的概念从一般的科学概念和环境保护概念提升到人类生存和发展的高度，即人类文明的高度，将生态文明作为一种后工业文明，是人类社会一种新的文明形态，是人类迄今最高的文明形态。

从原始文明到工业文明，人与自然的关系经历了对自然充满了敬畏、依赖到征服自然的转变，人与自然始终是对立的，未来社会应当实现马克思和恩格斯所说的“人与自然的和解”，人与自然和谐相处将是人们生存的基本理念。建设生态文明是文明形态从社会生产、生活方式、价值观和社会结构等方面的整体转型与文明内涵的全面升华。因此，在处理人与自然的关系上，生态文明比原始文明、农业文明和工业文明更能体现“自觉地实现人与自然关系和谐”的理念。

专栏 1-1　生态文化

文化（culture）一词源于拉丁文 culture，原意为对土地的耕耘和对植物的栽培，以后引申为对人的身体和精神两方面的培养。在中国古籍中，文化的含义是文治与教化。文化是指意识形态所创造的精神财富，包括宗教、信仰、风俗习惯、道德情操、学术思想、文学艺术、科学技术、各种制度等。

当代生态问题和生态学的发展对社会文化的各个方面发生重大影响，正在形成一种新形式的文化，即生态文化。与传统文化以人统治自然为重要的价值取向不同，生态文化的特点是，它以人与自然和谐发展为价值取向。发展生态文化是人类摆脱生态危机的重要途径之一。树立生态文明意识，建设生态文化体系，需要继承创新生态文化，树立生态道德，弘扬生态文明理念，鼓励公众参与。

（二）生态文明的内涵

我国学者对生态文明存在多种理解，学术界一般将生态文明定义为狭义和广义两种。狭义的生态文明仅限于自然保护、实现人类与自然的和谐，它包括较高的环境保护意识和有效的环境保护措施与行为，以及可持续发展的基本理念。早期的定义基本属于这一类，如前苏联的定义，我国首先提出和阐明生态文明的新观点的著名生态学家叶谦吉先生就是持这一观点。从这个角度看当代生态危机，其实质也是人与自然关系的冲突危机。

广义的生态文明，不仅包括了人与自然的和谐，也包括了社会环境的和谐，也就是人与人之间的和谐，并且认为要重建人与自然和谐关系除了依赖科学技术的进步以外，在很大程度上取决于人与人的协调关系的形成和达成保护环境的普遍共识。马克思和恩格斯曾明确指出："人与自然的和解"要以"人与人的和解"为前提。当代生态危机实质是人的生产和生活行为与自然发生冲突的结果，其背后是人在利用环境、分配自然资源过程中，个体利益与公共利益、局部利益与整体利益、短期利益与长期利益之间的冲突。

最近几年出现的定义多数属于广义生态文明。在内涵上，广义生态文明既包含人类保护自然环境和生态安全的意识、法律、制度、政策，也包括维护生态平衡和可持续发展的科学技术、组织机构和实际行动等，强调公正合理的制度是保证社会公正，实现资源、权利、利益合理分配、实现人与人、人与社会和谐相处，是最终实现人与自然和谐发展的基础。

以上基本上是按照"生态文明的内涵和外延"对生态文明定义的，根据学术定义要求即"对于一种事物的本质特征确切而简要的说明"，可以将生态文明定义为：以生态规律相关内容为标志、反映人与自然和谐为基本特征的人类社会进步状态。

专栏 1-2　有关生态文明内涵的代表性表述

胡锦涛 2008 年 1 月在安徽考察工作时指出："建设生态文明，实质上就是要建设以资源环境承载力为基础、以自然规律为准则、以可持续发展为目标的资源节约型、环境友好型社会。"

姜春云副总理在贵阳市建设生态文明城市领导干部专题班的书面发言中提出："生态文明是人类遵循人、自然、社会和谐发展这一客观规律而取得的物质与精神成果的总和，是以人与自然、人与人、人与社会和谐共生、良性循环、全面发展、持续繁荣为基本宗旨的文化伦理形态。生态文明是人类历经原始文明、农耕文明、工业文明之后，面对严峻的环境问题创立的崭新的文明，是历史演进的结果，是人类文明不断提升的结果。生态文明在本质上高于其他一切文明。生态文明的实质是人与自然和谐、发展与环境双赢、可持续发展的文明，它将使人类社会形态发生根本转变。"

曲格平认为，“从广义角度来看，生态文明是人类社会继原始文明、农业文明、工业文明后的新型文明形态。它以人与自然协调发展为基本准则，建立新型的生态、技术、经济、社会、法制和文化制度机制，实现经济、社会、自然环境的可持续发展，强调从技术、经济、社会、法制和文化各个方面对传统工业文明和整个社会进行调整和变革；从狭义角度来看，生态文明是与物质文明、政治文明和精神文明相并列的文明形式之一，着重强调人类在处理与自然关系时所要遵循的基本行为准则以及所达到的文明程度。不论广义还是狭义角度，生态文明都离不开人与自然的和谐共生。”

中央编译局俞可平认为，“生态文明就是人类在利用自然以造福自身的过程中为实现人与自然之间的和谐所做的全部努力和所取得的全部成果，它表征着人与自然相互关系的进步状态。”

环境保护部部长周生贤提出，“生态文明以人与自然和谐相处为本质特征，是人类在利用自然界的同时又平等对待和主动保护自然界，积极改善和优化人与自然关系，建设良好的生态环境而取得的物质成果、精神成果和制度成果的总和。”

《光明日报》2004年4月30日刊登的《论生态文明》一文指出：“生态文明包含三个重要特征：较高的环保意识、可持续的经济发展模式、更加公正合理的社会制度”。

（三）生态文明的基本特征

综合以上认识可以看出，生态文明就是人类社会与自然界和谐共处、良性互动、持续发展的一种高级形态的文明境界，是所有物质、精神和制度方面优秀成果的总和。作为人类文明的一种高级形态，生态文明具有四个鲜明的特征。

在价值观念上，生态文明强调给自然以平等态度和人文关怀。强调人与自然的和谐相处。人与自然作为地球的共同成员，既相互独立又相互依存。强调人与自然、人与人互惠共存共荣，“万物并育而不相害”。人类在尊重自然、遵循自然规律（顺应自然）的前提下，利用、保护自然，给自然以人文关怀，追求的是人与自然的整体利益。生态文化、生态意识成为大众文化意识，生态道德成为社会公德并具有广泛影响力。生态文明的价值观从传统的“向自然宣战”、“征服自然”，向“人与自然协调发展”转变；从传统经济发展动力——局部利润最大化，向生态经济全新要求——经济效益、生态效益和社会效益的最大化转变。

在思维方式上，生态文明所倡导的思维方式具有系统性、综合性、非线性的特点。建设生态文明要求用生态性观点思考问题、认识事物和解决问题。强调事物之间的联系和整体性，以多样化的价值尺度代替传统的单一性价值作为决策的基础，综合考虑短期利益和长期利益，经济、社会和环境发展的不同需求，不同利益群体的要求，当代人与后代人的需要。反对唯 GDP、各自为政，行业保护主义、地方保护主义等孤立主义的思维方式和行为方式。

在经济基础上，生态文明要以资源环境承载力为基础、以自然规律为准则，建立资源节约、环境友好的生产方式，倡导既满足自身需要又不损害自然环境的生活方式，克制对物质财富的过度追求和享受。生态文明追求经济与生态之间的良性互动，坚持经济运行生态化，改变高投入、高污染的生产方式，发展资源节约和环境友好的绿色经济、循环经济、低碳经济，建立经济效益和生态效益高的产业体系，使之成为经济增长的重要源泉。

在社会关系上，生态文明强调公平与正义，推动社会走向和谐。一般来说，人与人、人与社会和谐有助于实现人与自然的和谐，反之，人与自然关系紧张也会对社会带来消极影响。随着环境污染侵害事件和投诉事件的逐年上升，人与自然之间的关系问题已成为影响社会和谐的一个重要制约因素。建设生态文明，有利于将生态理念渗入经济社会发展和管理的各个方面，实现代际、群体之间的环境公平与正义，推动人与自然、人与社会的和谐。解决生态问题具有世界整体性要求，各国对保障生态安全都负有共同但有区别的责任。

二、为什么说生态文明是人与自然关系认识的重大飞跃？

人与自然的关系是历史的、动态的关系。自从地球上出现人类以后，人与自然的关系就是一种对立统一的辩证关系。作为地球上成员，经历了由生物人到原始人，再到社会人的发展过程，在此演变过程中，随着人类影响自然能力的不断增强，地球的自然环境逐渐从纯自然变成人化自然（在人的作用下改变了原生状态的自然系统）和人工自然（人类创造出来的非自然物质系统）。人与自然之间的相关影响相互制约关系日益复杂，并随着人类的生产方式和生活方式的不同，而呈现出不同阶段的特点变化。以主导产业的不同可将人类文明划分为原始时代的狩猎文明、农业文明和工业文明等不同文明发展阶段。

（一）狩猎文明——依附自然的蒙昧阶段

距今 300 万—400 万年，人类出现在地球上。早期原始人与动物的生存方式差不多，都是从自然界直接索取现成的生活资料，过着采集和渔猎生活。进入石器时代，人类可以制造一些简单、粗糙的工具，不仅提高从自然获取食物的能力，也使脱离了动物界，完成了从猿到人的质的飞跃。但由于生产力水平低下，人口数量极少，人对自然的影响很小。更多的是被动地依赖自然的恩赐，维持着自身极低水平的生存和繁衍，并因大自然的变化无常，生活资料来源很不稳定，人口规模和平均寿命都很低。人对自然的认识也停留在感性经验和直觉的层面，面对变幻莫测的各种自然现象，人类充满敬畏之情。由此产生了各种山神、水神、风神、雨神等自然崇拜的原始宗教和图腾崇拜，无不折射出人对自然的依附关系。当特定的自然环境满足不了人的生活需要时，只能通过迁徙来解决。即使有过度采集或捕猎导致某些食物来源数量减少，依靠自然界自我修复能力也可以调节。

（二）农业文明——利用自然的开发阶段

农业文明阶段人与自然的关系开始产生了初步对抗。随着生产工具的进步，大约距今1万年，人类进入新石器时代，出现了原始农业和畜牧业，开启了人类主动利用自然的时代。特别是青铜器和铁制工具的出现，大大增强了人类主动利用自然、开发资源的能力，促进和加快了农业的发展，创造了古埃及、古巴比伦、古印度、古中国、古希腊、古罗马文明以及玛雅文化等一系列灿烂的古代文明。至此，人类破除了对自然的神秘感，开始自觉地利用自然、改造自然，使自然更多地为人类服务，人定胜天的思想开始萌芽和发展。人们开垦农田、兴修水利、建筑城镇，部分自然植被被人工植被所代替。地球上第一次出现了人化自然和人工自然。相应地人对自然的破坏程度也逐渐增强，局部地区甚至还较严重，主要表现为水土流失、土壤盐渍化等土地退化问题。同时，随着人口规模不断扩大，在当时的生产力水平下，局部地区出现过人口增长超过资源承载能力的状况，乃至引发争夺资源的战争。但从总体上看，人类开发利用自然的能力仍然低下，对自然的破坏也很有限；相对于人口规模和消费水平，自然生态系统仍可维持着大体平衡，没有出现全面性的生态危机。这一阶段，人与自然维持着以局部性、阶段性不和谐但整体相对平衡的时代。

表1-1　人类社会文明形态比较

文明形态	原始文明	农业文明	工业文明
距今年代	近数百万年	近1万年	近300年
生态系统	森林	陆地湿地	陆地海洋湿地
对自然的态度	敬畏崇尚	依靠利用	征服改造
生产形式	狩猎	农耕	工商
产业工具	石器	铁器	蒸汽机、电力、计算机
社会制度	氏族、部落	奴隶制、封建制	资本主义、社会主义

（三）工业文明——征服自然的破坏阶段

随着资本主义生产方式的产生，人类文明出现第二个重大转折。18世纪中叶，蒸汽机的出现引起了工业生产的革命，这不仅是生产技术和生产力的革命，而且是生产关系的一次重大变革。英国是工业革命的先驱，继英国之后，法国、德国、美国、俄国以及后来的日本，都在19世纪陆续发生了产业革命，先后进入了工业社会。这标志着人类文明形态开始由传统的农业文明走向工业文明。

工业文明是人类运用科学技术的武器以控制和改造自然取得空前胜利的时代。人们大规模地开采各种矿产资源，广泛利用高效化石能，进行机械化的大生产，并以工业武装农业，使农业也工业化了。从近代科学诞生到21世纪的新技术革命，在只有400年的工业文明时代内，社会生产部门不断更新，社会生产力飞速发展，人类在开发、改造自然方面获取的成就，远远超过了过去一切世代的总和。

工业文明的兴起使人类在自然中的地位已经发生了根本性的改变，从被动受自然约束，转变为具有改造自然的强大能力。人类已经成为影响全球环境变化的一个不可忽视的因素。20世纪80年代人类活动每年所引起地球表面物质运移的数量就已约等于自然状态下每年从河川径流中搬运泥沙的17倍。至今，人类已经直接改变了近50%的陆地表层，人为固氮用于农业的氮比陆地生态系统自然固氮的数量还多；人类现在每年燃烧的矿物燃料相当于自然界花100万年左右才产生出来。人类排放的二氧化碳、甲烷等温室气体数量已大大超过地球系统过去50万年变化的上限。“让高山低头、河水让路”，人类修筑了大量运河与大坝、开辟了道路与航路，创造了城市、工业区等人工景观，大大改变了自然界的面貌。

工业现代化创造了前所未有的人类文明，极大地提高了人们的物质生活和精神生活水平。征服自然的胜利和对自然界认识的深化，彻底打破了人类对自然敬畏感、神秘感，人定胜天和人类中心主义的人地关系的主导理论成为这一时期的价值观。在工业文明的发源地英国，弗兰西斯·培根宣告“知识就是力量”，人类只需凭借知识和理性就足以征服自然，成为自然的主人。笛卡尔认为：借助科学“我们就可以使自己成为自然的主人和统治者。”在此思想引领下，借助现代科技力量，人们加快了对自然的索取，轻视自然、主宰自然、支配自然成为众多经营者的行为哲学。

工业文明大量生产、大量消费、大量废弃的物质消耗特点，激化了人与自然的矛盾。其影响主要体现在：一是生产力的高度发展和人口的快速增长，使人类社会对生态系统的要求急剧增加，而具有强烈周期性变化规律的可再生能源和资源不能完全满足其要求；二是随着工业文明的发展和科学技术的进步，人类干预自然、将自然资源变换为自己所需要的物质资料的能力和手段也日新月异，大量合成出来的新物质改变了地球生态环境，而这些人造化学物质大多数都是难以自然降解的物质；三是在为满足经济增长而从生态系统获得大量物质能量的同时，工业生产过程中的剩余物也随着生产规模的不断扩大而成正比地增加。这些工业剩余物绝大部分作为废弃物直接排入生态系统，从而污染了生态环境。由此产生了一系列负面效应，使人类社会发展面临着人口爆炸、资源短缺、粮食不足、能源紧张、环境污染的困境，让人类饱尝了征服自然的恶果。过度的工业化不仅严重破坏了人类赖以生存的自然环境，也使人类自身的社会环境受到了伤害和冲击。正如美国电影《后天》所说“我们的经济是依靠大量消耗有限的环境资源发展起来的。经济发达与不发达，从某种意义上说，就是对自然界‘掠夺’的大小而已”。

这些生态危机深刻暴露出了现有发展模式与自然之间的矛盾(如图1-1所示)，迫使人们不得不深刻反思自身发展方式和自然观，寻求新的生存和发展方式，实现文明转型。人类要可持续发展，必须要改变人是自然的主人、将自然看做可以无度索取、征服的对象和随意使用的垃圾箱等价值观，要善待自然，将人类看做是自然的一员，改变传统的工业文明以牺牲自然为代价的发展方式，用“文明”的生产和生活方式，与自然和谐相处、共存共荣。生态文明理念呼之欲出。

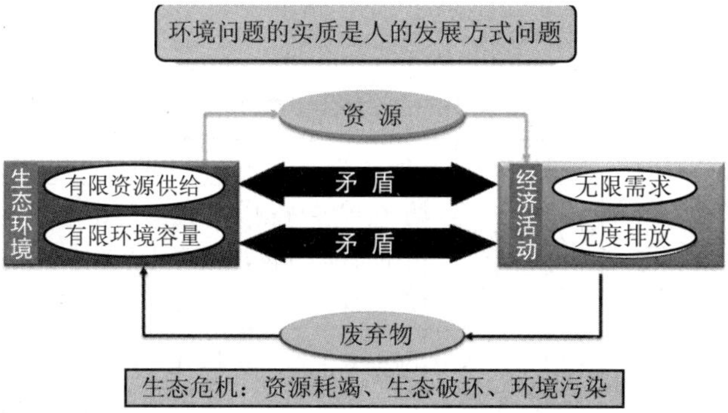

图 1-1 生态危机产生的根源

可见，生态文明理念是工业社会发展到一定阶段、人与资源环境矛盾日益尖锐的产物，是传统工业化增长模式导致越来越严重的生态危机进行深刻反思的结果，体现了人类对人与自然的关系认识的重大飞跃。

三、生态文明理念产生的时代背景是什么？

（一）环境意识的觉醒

工业革命后，人类开始了对大自然的空前规模的开发，创造了巨大财富。而后，自然资源供应和环境容量的有限性逐步成为经济增长的制约。以 20 世纪“八大公害事件”（见表 1-2）为代表的环境污染，极大地损害了公众健康，促进了人类环境意识的觉醒。

表 1-2　八大公害事件

事件名称	事件时间	事件地点	事件后果
马斯河谷事件	1930 年 12 月 1 日至 5 日	比利时马斯河谷工业区	炼焦厂、炼钢厂、硫酸厂和化肥厂等许多工厂排放出的有害气体，在逆温的条件下大量积累，使 60 多人中毒死亡，几千人患呼吸道疾病，许多家禽死亡
多诺拉事件	1948 年 10 月 26 日至 31 日	美国宾夕法尼亚州匹兹堡市南部多诺拉镇	因地处河谷，工厂林立，大气受反气旋和逆温的控制，持续有雾。污染物在近地层积累，4 天内使得 5 911 人患病，死亡 400 人
洛杉矶光化学污染事件	20 世纪 50 年代初期	美国洛杉矶市	光化学烟雾刺激人的眼、鼻、喉，引起眼病、喉炎和头痛。在 1952 年 12 月的一次烟雾事件中，65 岁以上老人死亡 400 人
伦敦烟雾事件	1952 年 12 月 5—8 日	英国伦敦市	浓雾覆盖，两周内死亡人数较常年同期约多 4 000 人，此后两月 8 000 人死亡。45 岁以上的死亡最多，约为平时的 3 倍；1 岁以下死亡的，约为平时的 2 倍
痛痛病事件	1955 年	日本富山县神通川流域	冶炼厂排放的含镉废水污染了河水，污染的河水灌溉农田导致土壤含镉量明显增高。居民食用含镉量高的稻米和饮用含镉量高的河水而中毒，导致肾和胃受损。患者超过 280 人，死亡数 10 人

事件名称	事件时间	事件地点	事件后果
水俣病事件	1956 年	日本熊本县水俣镇	该市含汞的工业废水污染了水体，致使水俣湾的鱼中毒，人食鱼后中毒发病。1956 年，水俣镇开始出现一些手脚麻木、听觉失灵、运动失调、严重时呈疯癫状态的病人。水俣镇共发现类似患者 2 265 人，其中 1 573 人死亡
四日市哮喘事件	1961 年	日本四日市	石油冶炼和各种燃油产生的废气，严重污染城市空气，空气中的重金属微粒与二氧化硫形成的硫酸烟雾，被人吸入肺里以后，使人患气管炎、支气管哮喘和肺气肿等多种呼吸道疾病。哮喘病患者达 817 人，死亡 36 人
日本米糠油事件	1968 年 3 月	日本北九州市和爱知县	在米糠油的生产过程中，使用了多氯联苯作脱臭工艺中的热载体，由于管理不善，多氯联苯混入米糠油中。随着这种有毒的米糠油在各地销售，造成 13 000 人中毒，死亡 16 人

1962 年，美国海洋生物学家蕾切尔·卡逊女士出版的《寂静的春天》，揭露了人类滥用杀虫剂而导致灾难的具体事件，详细阐述了杀虫剂尤其是 DDT 对野生生物的危害，认为农药虽然可以解决人类吃饭的问题，但是却对野生生物和环境带来极大的危害。卡逊指出，人类一方面创造高度文明；另一方面又在毁灭自己的文明，环境问题如不解决，人类将“生活在幸福的坟墓里”。同时，作者通过对污染物富集、迁移、转化过程的描述，向人们展示了人类同大气、海洋、河流、土壤、动植物之间的密切关系。该书第一次较系统地从生态学的角度就环境问题的严重性向全球敲响了警钟，唤醒了人类的生态意识，引发了现代环境保护运动，拉开了“生态时代”的序幕。

（二）经济增长存在生态极限观念的普及

如果说《寂静的春天》开启了人类对于环境问题的关注，那么《增长的极限》则进一步推动了人类对于自身发展的环境承载力、发展的生态约束的认识，引发了对传统发展方式的反思，催生了现代可持续发展理论的产生。

关于人类发展受自然约束和发展可持续性的朴素认识可追溯到古代，最早始于林业和渔业。我国春秋战国时期思想家孟子、荀子就有对自然资源休养生息，以利“永续利用”的思想，我国也有封山育林定期开禁的法令。西方经济学家马尔萨斯、李嘉图和米勒等的著作中也较早认识到人类消费的物质限制，即人类经济活动存在着生态边界。但因当时人类的发展规模和速度还不大，环境与发展矛盾还没有激化，这些观点并未真正引起人们的重视。直到 20 世纪中期以来，各国采取的增长第一战略取得了明显成绩的同时，却暴露了一系列的严重弊病。资源迅速耗竭、污染引发的公众健康问题集中爆发、“城市病”蔓延、贫富两极分化等，促使世人开始反思传统经济发展方式的缺陷。

在 20 世纪 60 年代环境运动兴起初期，美国经济学家鲍尔丁就敏锐地认识到资源利用方式对环境问题的影响，并用“宇宙飞船理论”来说明地球资源耗竭对人类生存的挑战。鲍尔丁在其发表的《宇宙飞船经济观》一文中提出“地球就像一艘在太空中飞行的宇宙飞船，要靠不断消耗和再生自身有限的资源而生存，如果不合理开发资源，肆意破坏环境，就会走向毁灭。”并把污染视为未得到合理利用的“资源剩余”。

世界上第一次用定量分析方法揭示增长存在极限的是罗马俱乐部发表的《增长的极限》研究报告[①]。该报告围绕人口、工业化资金、粮食、不可再生资源和环境污染，进行调查，并建立模型分析，得出结论认为：如果环境污染、资源消耗、人口膨胀、工业化和粮食生产仍然以目前的趋势发展下去，地球的支撑能力将在下一个世纪某个时段内达到极限，经济增长将发生不可控制的衰退，世界将陷入“发展困境”。该书的出版引发了人们对环境与发展问题的密切关注。尽管该书观点争议较多，但却是世界最畅销的出版物之一，被译成 30 多种语言，全球销售量达 3 000 万册。

同年，英国经济学家芭芭拉·沃德等学者的《只有一个地球：对一个小小行星的关怀和维护》成为斯德哥尔摩联合国第一次人类环境大会的重要背景材料，发展和环境之间相互依赖的关系第一次得到世界人民的广泛认可，环境问题正式进入世界各国政府和国际政治的重要事物议程中。从那时开始，生态哲学、环境伦理学等一些新学科在西方纷纷萌发，形成生态学、生态社会主义、绿色政治、环境正义等社会思潮，出现了大批专业研究学者和机构，各类生态、环境期刊和著作不断面世。例如《生态政治：建设一个绿色社会》《消失的边界：全球化时代如何保护我们的地球》《与地球和平共处》等。这些著作使生态问题的探讨成为思想界一个热门领域，人与自然和谐发展的理念逐渐深入人心，并伴随着环境运动向全球深入发展。

---

① 1968 年，来自世界各国的几十位科学家、教育家和经济学家聚会罗马，成立了一个非正式的国际协会——罗马俱乐部。受俱乐部委托，以麻省理工学院的梅多斯教授为首的研究小组，针对长期流行于西方的高增长理论进行了深入研究。1972 年出版了震惊世界的著名报告《增长的极限》。

（三）环境问题的全球化

进入20世纪80年代，环境问题由局部扩展到全球，全球变暖、臭氧层破坏、生物多样性丧失、土地生产力减弱等全球性的环境问题成为人们关注的焦点（见专栏1-3）。国际社会对环境问题的认识已经从单纯的环境污染和资源耗竭扩大到对地球生态系统健康的关注，由关注当前影响扩展到对长远问题的忧虑，由一般的关心发展为严重的危机感。1988年，美国著名的《时代周刊》把人类居住的地球作为年终的“封面人物”，并称为“遭受破坏的地球年”，以进一步唤起人们对地球环境的关心。特别是北欧和加拿大的森林遭受来自低纬度工业国污染物跨界迁移的危害，遥远南极上空臭氧层因人类活动影响而出现空洞，并威胁着北半球居民的健康……这些全球环境问题的出现，更让地球公民深切地感受到彼此从未有过的相互紧密联系，地球上不同角落的人们共同生活在一个互为因果的生态网络中，任何人、任何国家都难以独善其身。

环境问题的全球化促进了国际社会在环境与发展方面达成共识、开展合作。例如，在国际政治领域，围绕这些全球环境问题，国际社会在经济、技术、政治、贸易等方面建立了体系庞大的国际环境公约体系，并越来越影响着国际政治、经济、技术的未来走向。国际科学界也发起了一系列全球性国际研究计划，旨在对地球系统进行动态的和多学科的研究，以了解人类活动对地球系统的重大影响及其机理和过程，同时预测可能出现的对人类有重大影响的全球变化问题。

专栏1-3　全球性生态问题

（1）全球变暖的危机

由于化石燃料的燃烧和农业生产活动，人类向大气中排放大量温室气体①，其所产生的温室效应直接影响到地球的辐射收支，导致地球表面温度升高。研究结果表明，100年来地球表面温度已上升了0.3～0.6℃。地表温度的升高，使得某些地区在短时间内发生急剧的气候变化，诸如高温天气、飓风、暴雨之类的极端天气的频率增多。地表温度的升高也将导致冰川融化，海平面上升。全球气候变化可能导

①温室气体是指大气中那些能够吸收地球表面放射的长波红外辐射、对地球有保温作用的气体。温室气体中最重要的是水汽，它在大气中的含量不受人类活动的直接影响，直接受人类活动影响的主要温室气体是二氧化碳（CO_2）、甲烷（CH_4）、一氧化二氮（N_2O）、氯氟烃（CFCs）和臭氧（O_3）等。

致人体健康、水资源、森林、沿海地带、生物物种、农业生产等很多方面的影响。例如，一些脆弱的生态系统如珊瑚礁正处于海温升高的危险之中。由于气候条件的不利变化，一些候鸟的种群已经有所减少。气候变化也会对淡水的利用率和粮食产量产生不利影响，对疟疾、登革热和血吸虫病等传染病的分布和季节传播起到促进作用。

（2）臭氧层的破坏与耗竭

20世纪70年代后半期以来，科学家发现在南极上空12～23km的大气平流层内，臭氧含量开始逐渐减少，尤其在秋季（9—11月）大幅度减少。1985年10月，英国科学家法尔曼等人在南极南纬60°哈雷湾观测站发现：在过去10—15年间，每到春天，南极上空的臭氧浓度就会减少约30%，近95%的臭氧被破坏。从地面上观测，高空的臭氧层已极其稀薄，后称臭氧空洞，直径达上千千米。美国“云雨7号”卫星观测表明，此洞呈椭圆形，大小与美国国土面积相似。日本环境厅发表的一项报告称，1998年南极上空臭氧空洞面积已达到历史最高纪录，为2 720万km^2，比南极大陆还大约1倍。近年来，美、日、英、俄等国家联合观测后发现，北极上空臭氧层也减少了20%。中国大气物理及气象学者的观测也发现青藏高原上空的臭氧正在以每10年2.7%的速度减少。根据全球总臭氧观测的结果表明，除赤道外，1978—1991年总臭氧每10年间就减少1%～5%。臭氧层遭到破坏，导致到达地球表面的紫外线强度明显增强。紫外线辐射的增强，会使人体免疫功能下降，皮肤癌、白内障和呼吸病患者增加；同时会导致海洋浮游生物、虾蟹幼体大量死亡，小麦、水稻等农作物减产。

（3）生物多样性丧失

生物多样性是指所有来源的形形色色的生物体，这些来源包括陆地、海洋和其他水生生态系统及其所构成的生态综合体，它包括物种内部（遗传多样性）、物种之间（物种多样性）和生态系统的多样性。地球诞生35亿年来拥有1 000万到1亿种物种，1970—2000年森林中物种减少15%、淡水鱼物种减少54%、海洋生物减少35%，平均每年丧失100种动植物。这种改变的主要驱动力，是土地植被覆盖的变化、气候改变、环境污染、对自然资源的掠夺性获取以及外来物种的侵入。人为造成物种的灭绝速度是自然灭绝的1 000倍。生物多样性的减少将威胁到人类的食物供应，木材、医药和能源的来源，娱乐与旅游的机会，并且干扰了生态的基本作用，如调整水流量、水土保持、消纳污染物、净化水质以及碳和营养物的循环等，生物多样性的丧失会使数十亿人生活困难。[①]

① 数据来自《增长的极限》作者之一乔根·兰德斯的《2052未来四十年的中国与世界》，2013年9月。

(4) 土地生产力的减弱

土地退化是指土地生产力的衰减或丧失，其表现形式有土壤侵蚀、土地沙化、土壤次生盐渍化和次生潜育化、土地污染等。土地退化的影响范围不仅涉及耕地，而且也涉及林地、牧场等所有具有一定生产能力的土地。当前，因各种不合理的人类活动所引起的土壤和土地退化问题，已严重威胁着世界农业的可持续发展。引起土地退化的主要人类活动包括不可持续的农业土地利用、落后的土壤和水资源管理方式、森林砍伐、自然植被破坏、大量使用重型机械、过度放牧及落后的轮作方式和灌溉方式等。

专栏 1-4　蓝藻的悲剧——人类的前车之鉴

35 亿年前，蓝藻在地球上出现，当时的大气缺乏自由氧，是一种以二氧化碳、甲烷、氢、氨等成分构成的还原型大气。蓝藻具有通过光合作用释放氧气的能力，正是蓝藻的繁盛，释放了大量的氧气，大气和水体中的含氧量不断增加，在 20 亿～18 亿年前发生了从还原型大气向氧化型大气的重大转变，大气中含氧量的增加促进了生命的进化和臭氧层的形成，为更多生物特别是高等植物和动物登上陆地创造了条件。但蓝藻自身却因难以适应富氧的大气环境而逐渐在地球上失去一统天下的地位，大量灭绝。现在人类大量减少地球表面植被覆盖，特别是大量排放二氧化碳的过程，让人不得不联想起类似蓝藻改造地球大气成分的后果。

（四）转变发展方式的探索

全球环境问题的出现和不断恶化，促使人们深刻反思导致环境污染、资源耗竭、生态破坏、生态系统功能丧失等一系列生态危机产生的根源，并逐渐意识到环境问题不仅仅是经济增长过程的负面效应和技术缺陷问题，更是发展方式问题。大量生产、大量消费、大量废弃的经济发展模式，导致地球资源有限供给和环境容量有限性与经济增长无限需求和无度排放之间的矛盾日益尖锐，引发了一系列生态危机。

虽然，国际学术界对于经济增长是否存在自然极限争论不休，但是更多的学者和政治家将主要精力投入到探索一种建立在环境和自然资源可承受的长期发展模式方面，相应地也提出了各种各样的“发展理论”。比较具有代表性的有：强调经济增长的发展观；经济增长与社会变革并重的发展观；提倡可持续发展的发展观；坚持以人为中心的综合发展观等。最近一些年由联合国环境规划署倡导的绿色经济，欧盟、美国等国家提出的绿色新政、中国提出的科学发展观等发展理念都是各国在探索发展转型方面的不同角度的表述。

还有学者提出超越增长极限的稳态经济模式，比较著名的代表作有肯尼斯·鲍尔丁的《即将到来的宇宙飞船地球经济学》、戴利的《走向稳定的经济学》等。稳态经济是一种使人口和人工产品的总量保持恒定的经济。强调经济要在量上停止增长，而以新陈代谢的方式发展经济的质。稳态经济是针对增长率提出来的，它所要达到的最终结果就是经济发展与生态环境的承载力保持平衡。他们认为经济增长过快会加速原材料的耗竭，加重环境污染，使经济增长丧失物质基础。

在上述诸多发展理论中，影响范围广并被世界广泛认同的是可持续发展观。1980年3月世界自然保护联盟发表的《世界自然保护战略：面向可持续发展的生命资源保护》和《世界自然保护大纲》第一次提出可持续发展的概念。1983年，联合国成立世界环境与发展委员会（WCED），授权其在布伦特兰夫人领导下研究制定能使国际社会更有效地解决环境与发展的长期有效途径和方法。经过3年深入研究和充分论证，该委员会于1987年向联合国大会提交了研究报告《我们共同的未来》，并提出了“可持续发展”的概念。报告认为，过去我们关心的是经济发展对生态环境带来的影响，而现在，我们迫切地感受到生态压力对经济发展所带来的重大影响。因此，我们需要有一条新的发展道路，这条道路不是一条仅能在若干年内、在若干地方支持人类进步的道路，而是一直到遥远的未来都能支持全球人类进步的道路。1992年，在巴西召开的联合国世界环境与发展大会上，签署了《里约环境与发展宣言》，提出了实现可持续发展的27条基本原则。此次会议标志着人类向着新的文明时代迈出了关键性的一步。

在可持续发展理念的推动下，清洁生产、生态工业、循环经济、低碳经济、绿色经济等发展转型方式陆续提出，并在各国投入实践。

（五）生态理论思潮的涌现

20世纪初，在一些发达资本主义国家，兴起了一场生态理论思潮，它对长期以来主导人类社会的物质文明进行了深刻的反思。精英阶层著书立说，用科学和社会的视角来论证和说明生态危机严重影响了人类社会的发展。生态理论思潮的主题就是从生态学的生态意识中汲取生态智慧，保护人类的生态环境，走出“人类困境”。在国际生态思潮中，具有代表性的理论主要有生态现代化理论、生态马克思主义和生态社会主义思想。

1. 生态现代化理论

生态现代化理论是20世纪70年代后期兴起的，当代工业发达国家为了解决生态危机而创造的一种社会理论。生态现代化理论的核心理念是在现代化过程中实现保护自然环境与经济增长的并重与共赢，即遵循“生态和现代化的兼顾性”原则。环境保护不应被视为对经济活动的一种负担，而应视为未来可持续增长的前提，工业社会转型是解决生态危机的必由之路。主张解决生态危机的策略要从注重环境问题的政策法律监管和事后处理转向预防性对策和通过市场手段克服环境问题。传统的治理和修复的观点应被在技术和组织创新设计阶段就基于环境考虑的社会—技术的方法所取代。

最早提出生态现代化概念的德国学者马丁·简尼克（Martin Jänicke）认为，实践证明用修复补偿、末端治理的办法解决生态危机问题，都需要耗费大量的物质财富和经济成本。如果通过对社会组织结构和运作方式进行改革来解决生态问题，公众会因这种改革的不确定性而存有强烈的抵触性，因而难以获得足够的政治支持。因此，只有制定一种前瞻性的环境友好政策，通过市场机制和技术创新促进工业生产率的提高和经济结构的升级，实现“生态现代化”，从而取得经济发展和环境改善的双赢结果。由于生态现代化为政府和工商界提供了一条缓和环境运动的途径，而非对抗性的解决生态危机的策略，因而广泛被主要西方工业化国家，以及欧盟、经济合作与发展组织、联合国环境与发展委员会、世界自然保护同盟和世界自然保护基金等国际组织所接受。其理念逐渐从学术圈研讨变成执政党的基本政策。1998年，生态现代化甚至成为德国社会民主党和绿党组成的“红绿”执政联盟协定的关键词。

2. 生态马克思主义

生态马克思主义是当代西方最有影响的马克思主义流派之一，它将马克思主义理论和当代生态学、系统论思想结合起来，从社会制度、社会生产方式以及文化层面深刻地提示了当代生态危机问题的社会根源，对当代资本主义展开了新的批判，并且描绘了未来生态社会主义的图景。

生态马克思主义学说经过不断发展，经历了马克思的生态学、生态马克思主义和生态社会主义三个理论发展阶段。该学说认为资本主义制度是全球生态危机产生的根本原因。生态危机本质上是资本主义为了追求利润最大化而采取过度生产造成的。私有制的主体地位，导致市场调节的是私人利益而不是公共利益，是局部利益而不是全局利益，是眼前利益而不是长远利益。资本主义追求的个体利益经济合理性与生态合理性（整体利益最大化）的要求不相容，形成了各种各样的生态危机。并提出了资本主义的第二类矛盾，即人类的无限增长的消费需求与自然供给能力的矛盾日益突出。

生态马克思主义认为要摆脱危机就要走生态社会主义现代化的道路，建立一个生态和谐、社会公正的未来社会。20 世纪 90 年代以后的生态马克思主义有三个主要主张：一是主张经济的适度增长，使其既满足人们需求的增长，又尽可能不与生态发生冲突；二是主张计划与市场相结合，防止市场经济的盲目求利行为导致资源滥用和环境破坏；三是坚持公有制，与私有制相补充，防止私有制对生态环境资源的占用和滥用。

同时，生态马克思主义也激烈地批评了现代工业社会中流行的消费主义。它指出，当代资本主义与早期资本主义相比有两个显著的区别：①资本家操纵了消费，使人们产生了一种被强加的需要或虚假的需要。②为了延缓经济危机而力图歪曲满足需要的本质，放债人们在市场机制作用下把追求消费当做真正的满足，从而导致了异化消费，不仅造成了巨大的物质浪费，而且加剧了生态危机。生态马克思主义把解决生态危机的希望寄托于社会主义，从生态保护的角度论证了建立社会主义的必要性。

回顾以上思想发展历程，针对生态危机，人类不仅从发展方式进行了反思，而且还从价值观、方法论、文化传统，以及社会的政治和经济制度等角度全面审视了人类文明存在问题，提出了文明转型的要求。在人与自然关系认识方面，从基本的环境意识觉醒，认识到自然不是人类随意倾倒废弃的垃圾箱，肆意掠夺开采和破坏的对象，污染环境、破坏生态不仅危及自身健康也会破坏生存的环境基础，到全球生态意识的形成，发现人类发展存在生态极限，并随着全球环境问题的产生，加深了人类对地球环境的整体性的理解，认识到人与自然和谐相处的必要性。特别是认识到环境问题必须放到环境与发展关系的大背景中才能根本地加以解决，并通过探索各种可持续发展的路径，推动制度和文化变革，实现人与自然和谐相处，进而形成了生态文明理念。

四、如何理解可持续发展与生态文明的关系？

（一）什么是可持续发展

1．如何理解“可持续”

可持续发展的概念来源于生态学，最初用于林业、渔业等资源的管理，以保证森林资源采伐量、渔业捕捞量不超过资源的新生力量，以达到资源永续利用的目的。由此经济学家提出了可持续产量的概念。但是不同的学科学者对如何理解和衡量“可持续性”存在着不同见解，比较有代表性的定义主要有以下几个。

世界自然保护同盟（IUCN）的定义：可持续地使用是指在可再生能力（速度）的范围内使用有机生态系统或其他可再生资源。

生物地球物理学的定义：可持续性是维持或提高地球生命保障系统的完整性，其基础是保持生态系统的生产潜力，即生态系统提供一定数量和质量的商品和服务的能力。其中，生态系统的完整性通过其自组织的保持程度来衡量。在一个生态系统中，存在着物种多样性的阈值，如果其中一种物质数量减少到低于其阈值，整个系统的自组织就可能遭到破坏。

经济学的定义以世界银行伊斯梅尔·萨拉格丁的定义为代表：可持续性是指留给后代人不少于当代人所拥有的机会。经济学中将人可支配使用的资本代表机会，即保持人均资本拥有量不变或使其更多，就意味着为后代人提供了不少于我们所拥有的机会。萨拉格丁将资本至少分为四种类型：人造资本（通常为财政和经济）、自然资本、人力资本、社会资本（文化基础和制度）。

2．如何理解“发展”

国外对发展的认识经历了从经济视角到社会视角再到人及人与自然和谐的视角转换的过程。相应地也提出了各种各样的“发展理论”。比较具有代表性的有：强调经济增长的发展观；经济增长与社会变革并重的发展观；提倡可持续发展的发展观；坚持以人为中心的综合发展观等。

传统观念中对发展的理解具有明显的物质主义倾向，表现为将发展等同于经济发展，并狭义地理解为经济增长，并以物质产品的积累状况作为衡量经济发展的主要目标。这种对发展的理解在实践上源于物质匮乏、百废待兴的时代，在国际上这一理解阶段延续到 20 世纪 50 年代。

随着第二次世界大战后世界经济复苏和快速增长，人们开始注意到要实现经济增长，还必须进行一定的社会经济改革；发展不仅仅是生产数量上增加，还应包括人们生活水平的改善，文学、艺术、科学的昌盛、道德水平的提高，以及社会秩序的和谐。联合国“第一个发展十年规划（1960—1970）”开始时，提出“发展=经济增长+社会变革”的公式，并广为流传，发展是经济增长和社会变革的统一的观点开始成为社会广为接受的一种观点。在此经济发展阶段，人们还没有充分认识环境本身的价值，造成了对资源的疯狂掠夺和对环境的严重破坏，损害了人类赖以生存和发展的条件，这也促使人们开始重新反思发展的真正意义。

20 世纪六七十年代以来，随着各种“公害”事件的频发与加剧，以及能源危机的冲击，几乎在全球范围都开始了“增长的极限”的讨论。一些影响范围更大、更深远、更难解决的一些全球环境问题（臭氧空洞、全球变暖和生物多样性丧失等）的出现，让人们认识到地球家园面临着来自人类自身的威胁，地球生命保障系统的支撑能力是有极限的，因此发展不仅要受到经济、社会因素的限制，还要受到自然（生态）因素的限制；发展必须以保护自然为基础。现代可持续发展的思想在 80 年代逐步形成，并在 1992 年的联合国环境与发展大会上成为国际共识。

作为可持续发展观的进一步深化，20 世纪最后十年提出了人类发展概念，以 1990 年开始联合国计划署每年发表的《人类发展报告》为标志，人类发展的目标被确定为，把人置于所关心的一切问题的中心地位，为人创造一个能享受长寿、健康和有尊严生活的充满活力的环境。《1995 年联合国人类发展报告》进一步提出要通过四种方式建立增长与发展的联系：重视教育、健康和技术的投资，为人们创造就业机会、参与并享受增长的利益、更平等的收入和财产的分配；政府提供合理的社会开支促进发展；授予人们权利尤其是妇女权利等。

可见，增长是发展的必要条件，但并不是充分条件。发展比增长具有更广泛的涵义，既包括物质产出的扩大和增加，同时也包括生产和分配的结构和机制的变革，社会和政治的变迁，人与自然的联系，生活质量和生活水平的持续提高，以及发展的自由选择和机会平等。增长要求回答“有多少”，发展则既要回答“有多少”，又要回答“有多好”。

专栏 1-5 可持续发展的代表定义

可持续发展的定义比较多。国际上两个具有代表性的可持续发展定义，对可持续发展的理解均是：发展是有限制的。一个是 1987 年世界环境与发展委员会（WECD）发表的《我们共同的未来》中的定义："既满足当代人的需求又不危及后代人满足其需求的发展"。这个定义鲜明地表达了两个观点：一是人类要发展，尤其是穷人要发展；二是发展有限度，不能危及后人的发展。另一个是 1991 年世界自然保护同盟、联合国环境规划署、世界自然生物基金会《保护地球——可持续生存战略》一书，将可持续发展定义为"在不超出生态系统承载能力情况下，改善人类的生活质量"。这个定义体现了发展是受到生态约束的。发展总的来说受到 3 个方面因素的制约：一是经济因素；二是社会因素；三是生态因素。发展必须追求效益，并且保持在社会准则忍耐力之内，最基本的是发展必须以保护自然为基础。地球生命系统的支持力量是有极限的，即"环境承载力"，发展不能跃出地球承载力的极限。20 世纪下半叶的环境事件、经济震荡的事实表明，如果不从环境的角度来管理经济，经济增长就面临着极限。

3．如何理解发展的公平性

西方传统的自然状态学说的观点中，在原初状态中，所有人都处于一种平等的地位，享有同等的权利。当代美国著名哲学家、伦理学家、哈佛大学哲学教授J.罗尔斯提出了著名的正义理论：每个人基于原始的平等地位，人与人之间的关系就是公正的，由此达成的协议也是公正的，它具有普遍性和有效性。生态文明和可持续发展对发展的涵义里都有公平性原则。

可持续发展的公平性原则包括代内公平、代际公平和区际公平。代内公平是在同时代中人与人之间的关系讲发展的公平性，要以满足全体人民的需求为目标，给当代人以公平的分配权和发展权，使社会每个成员有均等的机会来实现他们对较高生活的愿望，减少贫富悬殊，消除两极分化。代际公平是从时间角度来讲发展的公平性，要求一代人的发展不能以损害后代人的发展条件为代价，要给后代人公平利用自然资源和环境的权利。区际公平是从不同人群集合之间的发展来讲公平，指各国拥有按照本国的环境与发展政策开发本国自然资源的主权，并负有确保在其管辖范围内或在其控制下的权力，不致损害其他国家或在各国管辖范围以外地区的环境责任。

发展的公平性是生态文明和可持续发展概念下综合的广泛性公平，以环境正义、生态权益为伦理学前提下，正确处理人与自然、人与社会、人与人之间的关系，建立公平、公正、和谐的人际、人与社会、人与自然的关系，包括以下三个公平性原则。

普遍共享原则。以人为本的发展观，体现在全体社会成员共享生态文明发展成果，防止遏制以牺牲一部分人的生态权益满足另一部分人生态需要的状况，既要从同代人与人之间实施，又要考虑代际之间的生态需求。从全球范围来看，历史上发达国家以 20%的人口，消耗全球 80%的资源，现代发达国家在发展中国家进行资源开发、低端产业转移，掠夺生态资源，转嫁生态污染。要真正保护地球生态系统，需要在全球范围内发达国家和发展中国家共享全球生态资源。从一国范围内看，各地区各阶层需要平等共享生态资源。我国西部省份生态权益流失严重，西部的资源往往运往东部发达地区，而生态资源是有限的，发达地区或者落后地区的富人享有或侵占了公众的生态资源和权益，是构建我国“两型”社会的重大阻碍。发展公平要求我国全社会推行每位公民公平的生态权益平等共享。

权责匹配原则。权利和责任是对等的，每个公民既享有生态权益，又要承担生态责任。我国在权责匹配问题上目前存在着很多问题，这也是造成环境污染、生态破坏的重要原因。有些企业将污染外部化，“公地的悲剧”一再上演，然而对其责任的监督和处罚远远跟不上。需要进一步从制度上和实施层面上，落实以下两个方面：一是谁污染谁治理；二是谁受益谁付费。在执行中，由于存在着国际、国内地区间发展的政治、经济、社会不公平的历史和现实问题，要适用罗尔斯正义理论中的差别原则，是要最小受惠者最大利益原则。警惕“环境沙文主义”的陷阱，正确合理地保护发展中国家和落后地区的发展公平，给予责任承担时的经济和技术支持。

补偿原则。环境生态权益分配过程中出现的偏差，需要补救矫正的机制。包括对历史环境污染建立责任追溯机制，对生态环境保护牺牲成本的企业、群体、个人进行成本补偿。补偿机制是发展公平原则在社会生产成本的再分配，政府部门扮演主角，如何建立与执行需要长期的探索。

（二）可持续发展与生态文明的关系

可持续发展概念与生态文明理念，是 20 世纪以来人类为解决威胁自身持久健康发展的资源和生态环境问题，在对其产生的经济、社会、政治、文化根源的认识过程中，形成的理论成果与战略思想。两者都强调人与自然要和谐共处，人类的永续发展必须要以资源环境承载力为基础，要尊重自然规律，都认识到保护环境对人类的生存和永续发展的重要作用。从生态文明与可持续发展提出的背景和过程看，两者在内涵上（逻辑起点、目标、方法）一脉相承，循序渐进，前者是后者的基础，后者是前者的扩展和升华。两者的主要区别在于侧重点的不同。

可持续发展概念主要侧重于从发展方式转变的角度分析环境与经济社会的关系问题，强调经济发展与社会进步、环境保护三者之间的协调。2004 年中央人口资源环境工作公议强调“可持续发展，就是要促进人与自然的和谐，实现经济发展和人口、资源、环境相协调，坚持走生产发展、生活富裕、生态良好的文明发展道路，保证一代接一代地永续发展。”

生态文明是从人类社会文明转型的历史视角（纵向延伸）和中国特色社会主义总体布局的内在要求（横向共生），强调人与人、人与自然关系的和谐。生态文明就是人类社会与自然界和谐共处、良性互动、持续发展的一种高级形态的文明境界，是所有物质、精神和制度方面优秀成果的总和。经济发展是生态文明的物质基础，加快转变经济发展方式、实现可持续发展是生态文明建设的应有之义。“建设生态文明，实质上就是要建设以资源环境承载力为基础、以自然规律为准则、以可持续发展为目标的资源节约型、环境友好型社会。”可持续发展既是生态文明建设的目标，也是生态文明建设的基础，而要加快转变经济发展方式、实现可持续发展必须要从人类价值观、制度等方面进行全面变革，这些都属于政治、文化、社会建设的范畴，是文明构成的主要要素——精神文明和制度（政治）文明建设的主要成果。因此，生态文明是可持续发展理念的扩展与升华。

五、我国提出生态文明经历了怎样的历程？

“生态文明”（eco-civilization，ecological civilization）一词主要被中国学者使用，在西方的学术领域中很少涉及[①]。西方人文社会科学受“现代性危机”、绿色运动和现代生态学发展的影响，从20世纪中期起，在文化、哲学、政治学和管理学领域，针对未来社会的政治哲学基础、文化观或世界观以及社会治理模式等方面形成了有关生态文明的一些“重叠共识”，逐渐形成了生态社会主义/马克思主义生态学、生态伦理/环境伦理学、生态经济学、生态哲学、生态政治学、生态社会学等多种与反思“生态危机”、拯救人类文明相关的学科领域。从人类发展进程的角度，西方学者提出的相近词汇是“生态学世纪”、“生态时代”、“生态社会”、“生态现代化”等。

前苏联马克思主义学者首次使用生态文明一词并进行内涵阐释。1985年在我国的《科学社会主义》杂志第二期介绍了1984年在《莫斯科大学学报·科学社会主义》第二期发表的有关文章摘要。文中提出，生态文明是从现代生态要求的角度看社会与自然相互作用的特征。它不仅包括自然资源的利用方法及其物质基础、工艺以及社会同自然相互作用的思想，而且还包括这些问题与一般生态学、社会生态学、社会与自然相互作用的马列主义理论的科学规范和要求的一致程度。

中南财经政法大学教授刘思华1986年初在上海中国生态经济发展战略学术讨论会上发表了《生态经济协调发展论》，提出“实现社会主义满足人民群众的全面需要，达到社会主义物质文明、精神文明、生态文明的高度统一。这是社会主义现代文明的重要特征，也是国家富强、民族兴旺、人民幸福的重要标志”。并在其1997年出版的《生态文明观与中国可持续发展》中，认为“生态文明是继农业文明、工业文明之后的一种先进社会文明形态”。

1987年，我国著名的生态学家叶谦吉先生对生态文明的内涵进行了界定。他提出如果从人与自然相互关系角度看，“真正的文明时代才刚刚起步”，这种文明就是生态文明，“所谓生态文明，就是人类既获利于自然，又还利于自然，在改造

---

① 科技查新结果，教育部北京师范大学科技查新工作站，2007年12月。

自然的同时又保护自然，人与自然之间保持着和谐统一的关系”。“从生态文明的内容出发，人类社会同样可划分为蒙昧时代、野蛮时代和文明时代。蒙昧时代，是指人类根本没有意识到人与自然的关系，作为社会的人没产生的时代。野蛮时代，是指人和自然之间的关系建立在一种征服与被征服的基础上，人类把自身当做自然界的主人，看成是自然界的征服者的时代。而文明时代，则是人与自然之间建立一种和谐统一的关系，人利用自然，又保护自然，是自然界的精心管理者的时代。”他认为，真正的文明时代才刚刚起步，21 世纪应该是生态文明建设的世纪。

1999 年 4 月，时任国务院副总理温家宝同志在全国绿化委员会第 18 次全体会议上所作的《巩固成果加快发展，提高国土绿化水平》报告中，作为国家领导人首次提出了“21 世纪将是一个生态文明的世纪”的重要命题。我国学术界真正开始关注生态文明始于 20 世纪 90 年代中期，主要在小范围对生态文明的产生、历史地位、内涵及生态文明建设等问题展开了讨论。2000 年以后尤其是 2003 年以后形成研究热潮[①]。

生态文明的相关理念体现在我国的执政纲领中始于党的十六大。2002 年 11 月，党的十六大报告在全面建设小康社会的目标中提出要使“可持续发展能力不断增强，生态环境得到改善，资源利用效率显著提高，促进人与自然的和谐，推动整个社会走上生产发展、生活富裕、生态良好的文明发展道路”，给小康社会注入了绿色的生态内涵，强调我国应走生态文明发展之路。2003 年 10 月党的十六届三中全会上，科学发展观的提出，把“可持续发展”作为科学发展的核心理念，并在“五个统筹”中强调人与自然的和谐发展。2004 年 9 月，党的十六届四中全会上，党中央提出构建社会主义和谐社会的目标，把“人与自然和谐相处”作为社会主义和谐社会的基本特征之一。2005 年 2 月，胡锦涛同志在省部级主要领导干部提高构建社会主义和谐社会能力专题研讨班上的讲话中指出“我们所要建设的社会主义和谐社会，应该是民主法治、公平正义、诚信友爱、充满活力、安定有序、人与自然和谐相处的社会。”他进一步指出，“人与自然和谐相处，就是生产发展，生活富裕，生态良好”。同年的中央人口资源环境工作座谈会上，他又提出，我国当前环保工作的重点之一是“完善促进生态建设的法律和政策体系，制定全国生态保护规划，在全社会大力进行生态文明教育”。

2007 年 10 月，党的十七大首次用“建设生态文明”一词在建设小康社会目标中，用 103 个字描述了实现人与自然和谐、文明发展三大方面的具体目标和工

---

① CNKI 知识元，生态文明学术趋势统计结果。

作要求，即“基本形成节约能源资源和保护生态环境的产业结构、增长方式、消费模式”、“生态环境质量明显改善”和“生态文明观念在全社会牢固树立”，但报告全文都没有阐述生态文明的核心理念。党的十七届四中全会上，又把生态文明建设与经济建设、政治建设、文化建设、社会建设和党的建设一起作为社会主义建设事业的一项重要任务之一。

到2012年，党的十八大报告用了1 350个字不仅回答了这个重要理论问题，即“尊重自然、顺应自然、保护自然的生态文明理念”，而且还相应提出了“坚持节约优先、保护优先、自然恢复为主的方针”，以及与这一理念和工作方针相配套的制度化建设要求，即“生态文明制度建设”，并要求“把生态文明建设放在突出地位，融入经济建设、政治建设、文化建设、社会建设各方面和全过程”，由此形成了理念严谨科学、路径清晰明确、制度合理配套的完整的政策实施蓝图，使生态文明建设更具操作性。

专栏1-6　党的十八大报告中的生态文明建设的基本内容

理　　念：尊重自然、顺应自然、保护自然。

基本要求：把生态文明建设放在突出地位，融入经济建设、政治建设、文化建设、社会建设各方面和全过程。

奋斗目标：努力建设美丽中国，实现中华民族永续发展，走向社会主义生态文明新时代。

工作方针：坚持节约资源和保护环境的基本国策，坚持节约优先、保护优先和自然恢复为主的方针。

途径方法：推动绿色发展、循环发展、低碳发展，形成节约资源和保护环境的空间格局、产业结构、生产方式、生活方式。

工作目标：树立生态观念、完善生态制度、维护生态安全、优化生态环境，为人民创造良好生产生活环境，为全球生态安全作出贡献。

重点任务：优化国土空间开发格局，全面促进资源节约，加大自然生态系统和环境保护力度，加强生态文明制度建设。

如果说党的十八大确立了生态文明建设的基本方向和目标，党的十八届三中全会则进一步明确了生态文明建设的基本途径和方略，提出“紧紧围绕建设美丽中国深化生态文明体制改革，加快建立生态文明制度”。十八届三中全会把生态文明体制改革同经济体制、政治体制、文化体制、社会体制改革一起纳入国家治理体系和治理能力现代化的全面深化改革总目标之中，以改革的思路破解生态文明建设中的难题，这对大力推进我国生态文明建设将产生重大而深远的影响。

从上述党的执政纲领中生态文明思想演变的过程，不难看出党中央所倡导的生态文明其核心内涵是要实现“人与自然和谐发展”。建设生态文明，一个重要而核心的方面就是通过转变经济发展方式实现人与自然和谐。这一认识由党的十七大提出，并在党的十八大报告中得到再次倡导和进一步完善，指出“着力推进绿色发展、循环发展、低碳发展，形成节约资源和保护环境的空间格局、产业结构、生产方式、生活方式”，这样可以“从源头上扭转生态环境恶化趋势，为人民创造良好生产生活环境，为全球生态安全作出贡献”。在党的十八大报告第四部分对加快转变经济发展方式的要求也是“坚持走中国特色新型工业化、信息化、城镇化、农业现代化道路，……促进工业化、信息化、城镇化、农业现代化同步发展”。可见，党中央提出的生态文明并不是以主导产业变迁为线索的原始文明、农业文明、工业文明的文明演进序列，也不是以生产工具为核心标志的单纯器物层面上的文明形态，而是要克服现代“石油”农业、传统工业文明中不利于人与自然和谐相处的技术缺陷、经济制度弊端，是对以往工业文明的扬弃。生态文明建设的成果应当是那些能够体现人与自然和谐关系的所有物质、精神和制度方面的优秀成果。这种对生态文明的认识和定位既符合科学认识，也与我国巨大的社会经济发展水平差异，以及当前经济发展阶段的客观现实相一致。

六、我国古代有哪些思想体现生态文明理念？

生态环境是人类赖以生存和发展的重要基础前提。长期以来，我国古代贤哲对人与自然的关系有着细致的观察和深刻的认识，提出了丰富的生态文明思想，在这些理念的指导下，做了大量的主动和谐人地关系的实践探索，为后人留下了大量的丰富成功案例和宝贵精神遗产。

（一）中国古代朴素的生态文明思想

1．天人合一，和谐共存

中国古代的先民们，一方面崇拜大自然，依靠大自然提供食物和避风遮雨的场所等最基本的生存条件；另一方面又惧怕大自然，经常遭受凶猛动物的侵害，也抵御不了水、火、雷、电等自然灾害的威胁，便以崇拜图腾的方式乞求大自然的恩赐与保护。在长期的进化中，人们逐渐积累了顺应自然的理性认知，这就是远古时期人与自然界保持和谐、一致的生态思想萌芽。

人类已意识到这些生物和自然现象对人类有重要意义，为了生存，对自然界既要依附、顺从、和谐，又要斗争和保护。这种观念不仅表现为一种信仰，也是人们对待生活的一种态度。在方法论上，既要发挥人的改造自然和利用自然的主观能动性，又尊重自然界的客观规律，在保护好自然资源和生态环境的前提下开展各种生产活动，进而形成人与自然共存共荣、和谐发展的关系。

我国古人早期的生态思想和实践对保护生命和自然发挥了重要作用，它的精华部分也融入了中华文化，以儒家的“天人合一”，道家的“人法天地”，佛家的“万物平等”等为代表生态伦理文化，构成了生态文明的哲学基础。

“天人合一”思想的最早阐释者是庄子，他认为自然界存在着不以人的意志为转移的客观规律，人类要顺应客观规律，主张把自然环境那种天然状态作为人类社会所追求的理想模式。要“不以心捐道，不以人助天”，“无以人灭天，无以故灭命”，这样才有可能达到“畸于人而侔于天”的境界。荀子则较庄子更进一步，提出了“制天”的思想。他主张“制天命而用之”，强调要发挥人的主观能动作用，从而改造自然、战胜自然。《易传》则综合了庄子的“顺天”思想和荀子的“制天”思想，提出了“天人合一”说，强调人要“与天地合其德，与日月合其明，与四时合其序，与鬼神合其吉凶，先天而天弗违，后天而奉天时”（《周易·文言传》）。其中的“先天”是指在自然变化未发生以前加以引导，而“后天”是指遵循自然的变化，尊重自然规律。儒家也非常强调“天人合一”。孔子明确提出大自然是客观的、实在的，“天地位焉，万物育焉”（《中庸·天命》），自然界（天）并无神秘性，正是因为有了“天命”的客观存在和作用，才有了四时之行，百物之生，乃至人的存在。自然有其规律性，人类应适应它，“天何言哉？四时行焉，百物生焉”（《论语·阳货》）。四时变化、万物生长都有其自身的规律性，人们只有在实践中掌握它，春耕播种，才有金秋收成；人们只有在行为上适应它，热天降暑，冬日防寒，才能健康不病，所以“君子有三畏：畏天命，畏大人，畏圣人之言”（《论语·季氏》）。

秦汉以后，董仲舒等人进一步丰富了“天人合一”思想。董仲舒明确提出了“天人之际，合而为一”，把“天人合一”思想发展到一个新阶段。唐代刘禹锡认为天人之间既有对立性又有统一性，提出了“天与人交相胜，还相用”的思想（《天论》上）。北宋张载提出了“民吾同胞，物吾与也”的观点（《正蒙·乾称篇》），认为世间万物都是我们的朋友，人类要尊重万物，友善对待自然。宋明理学的程朱学派、陆王学派都提出过“人与天地万物一体”的思想，并对“万物一体”论作了系统全面的论述，认为人与万物、自然处于和谐、均衡与统一之中，人和自然都遵循统一的规律，天人协调是最高的理想境界。道家“人法天地”也体现了人与环境和谐相处的思想。佛教虽为外来文化，但很好地实现了与中国本土生态文明理念的融合，特别体现在禅宗对天人合一观念的理解，对简朴生活方式的认同。佛教承认自然界中其他生命物种具有内在价值，众生平等，“山川草木，悉皆成佛”，为了尊重生命，爱护生命，佛教提出了一系列戒律，形成了佛教徒独有的一些生活方式，其中蕴含着诸多环保理念，譬如素食、放生等行为。在戒杀放生的基础上，佛教进一步提出的护生精神，引导世人积极地参与到保护动物的行动中去，保护濒危动物，关注动物受虐，为苍生谋求福祉，使生态得以平衡。

2. 顺应自然，适度利用

《逸周书·聚篇》提到早在大禹时期，就颁布了保护环境，适度利用自然资源的法令，“禹之禁：春三月，山林不登斧，以成草木之长。夏三月，川泽不入网罟，以成鱼鳖之长”。周公则根据大禹时期就有的各种禁伐禁渔令，制定了周朝的保护环境的规制，东周的管仲进一步主张对山泽林木实行国家集中管理，提出“敬山泽林薮积草，夫财之所出，以时禁发焉”（《管子·立政》）的观点，并把保护山泽林木作为对君王的道德要求，提出“为人君而不能谨守山林菹泽草莱，不可立为天下王”的思想（《管子·轻重》）。汉代的杨孚撰写的《异物志》，主张广泛保护珍稀野生动植物，从而更好地保护自然资源和生态环境。明清时期的思想家顾炎武在《天下郡国利病书》中也指出，“天下之病”许多都是由生态环境破坏所带来的。

同时，古人也认识到生产发展与生态环境之间存在着密切关系，主张开发利用自然资源必须以保护为基础。孔子提出的“钓而不纲，弋不射宿”（《论语·述而》）的主张，明确提出只用鱼竿钓鱼，而不用大挂网拦河捕鱼；只射飞鸟，而不射巢中歇宿的鸟。孟子认为：“数罟不夸池，鱼鳖不可胜食也；斧斤以时入山林，林木不可胜用也”（《孟子·梁惠王》）。荀子也指出：“圣王之制也，草本荣华滋硕之时，则斧斤不入山林，不夭其生，不绝其长也；春耕、夏耘、秋收、冬藏，四者不失时，故五谷不绝，而百姓有余食也；池渊沼川泽，谨其时禁，故鱼鳖尤多而百姓有余用也；斩伐养长不失其时，故山林不童而百姓有余材也”（《荀子·王制》）。这些主张都不同程度地体现了遵循自然规律、保护生态环境的生态文明建设思想。

3. 因地顺时，合理开发

我国古代已经意识到自然界中各种资源的再生能力是有限的，必须保持对资源的适度利用，对自然资源的索取速度不可超过自然界的再生能力，以维持自然界的再生产平衡。

据《尚书·尧典》记载，舜不仅重视资源的合理利用，也对自然资源利用进行行政监管。任命伯益为掌管“上下草木禽兽”的“虞”官，以使“万物接用不亏”。管子认为自然界有其固有的客观规律，“天不变其常，地不易其则，春秋冬夏不更其节，古今一也”（《管子·形势》），提出了“五谷宜其地”的思想，“桑麻不植于野，五谷不宜其地，国之贫也”（《管子·立政》）。孔子也认识到农业生产应因地制宜，注意不同区域的特点，搞好农作物的种植、管理，才能取得较好的收成，提出“别五土之性，而物各得其所生之宜，咸得厥所”（《孔子家语·相鲁》）因时制宜是我国古代人民生产生活的另一条重要原则。《荀子·王制》中提到，“春耕、夏耘、秋收、冬藏，四者不失时，故五谷不绝，而百姓有食也。”管子要求统治者重视农业生产的季节性特点，不夺农时，以保证农业生产的发展，“彼王者，不夺农时，故五谷兴丰”（《管子·臣乘马》）。

浪费自然资源，“暴殄天物”是一大罪状。《礼记·曲礼下》所载：“国君春不围泽，大夫不掩群，士不取麛卵。”《吕氏春秋·义尝》中写道：“竭泽而渔，岂不获得，而明年无鱼；焚薮而田，岂不获得，而明年无兽。”凡是不遵守礼制规矩而滥杀禽兽，则被视为“暴天物”。《礼记·王制》：“田不以礼，曰暴天物”。“暴殄天物”，肆意损耗自然资源，其结果必然导致“山林薮泽之匮”，汉代刘安在《淮南子》中指出：“孕育不得杀，壳卵不得采，鱼不长尺不得取，彘不其年不得食”，以防止“万物不繁兆，萌芽卵胎而不成”（《淮南子·本经训》），危及人类自身的生存，阻滞社会的发展。而《尚书·武成》篇中谴责殷纣王倒行逆施的行径，将“暴殄天物”列为一大罪状，与“害虐烝民”相提并论，可见其罪莫甚焉。

4．主动协调，永续利用

中国拥有悠久灿烂的农业文明，农业对自然环境的依赖性使得古代先民比较关注生态平衡和资源的持续利用问题。针对土地资源的永续利用，古代人提出了种地与养地相结合，合理使用土地，维护土壤养分平衡的理论主张。《吕氏春秋》就提出“地可使肥，又可使棘”的土壤肥力辩证观。儒家从“仁民爱物”的核心价值观出发，要求统治者按季节节律来役使民众，避免对土地的超负荷使用。汉代王充提出土地的肥瘠不是固定不变的，“性恶”的土地需要“深耕细锄，厚加粪壤，勉致人功，以助地力”（《论衡·率性》）。此后的许多农学家进一步发挥了种地与养地相结合的思想，主张因地制宜，实行农牧结合、豆谷轮作、农林牧相结合。

古人反对采取灭绝性的方式开发利用生物资源，主动保持资源的再生能力，强调人类的生产活动要建立在维护资源再生能力的基础之上。这些思想体现了保护生态环境、维护生态平衡、永续利用自然资源的生态文明理念。

（二）我国古代朴素生态文明思想的现实实践

我国古代不仅提出了丰富的生态哲学思想，而且能在一定程度上落实到制度、风俗、行动的层面，在实践中体现对人与自然和谐相处的美好追求。

1．形成了保护自然资源和生态环境的传统风俗

古代社会生产力水平低下，人们逐渐认识到了环境保护的重要性，在生产生活中形成了一些具有生态伦理内容的风俗，并通过神话传说、宗教信仰、民间禁

忌、日常礼俗、生活习惯等方式传承下来。各民族、各地区由于自然条件和社会条件的差异，风俗的表现形式和内容也不相同，但是敬畏自然、顺从天命的思想却是一致的，许多风俗被进一步形成了制度化和规范化的村规民约。

专栏 1-7　哈尼族的“江河、梯田、村寨、森林”生态系统

哈尼族居住的环境“一山分四季，十里不同天”，“山有多高，水有多高”的特殊地理气候，显现出浓厚的民族特色和朴实的人与自然和谐共生思想。哈尼族的生活环境由“江河、梯田、村寨、森林”四要素构成，形成了人与自然高度和谐的良性循环的生态系统。山脚河水受热蒸发升空凝结为云海形成降雨，哺育森林、村寨，最后经梯田复归江河，然后再升空降雨、再回归江河，周而复始地循环；村寨建于半山腰，寨子下方和两侧是梯田，为粮食生产基地，是哈尼人的生存之本；村寨上方的高山森林茂密，是整个自然生态系统的核心，有蕴藏水源、保持水土、防风固沙、防洪抗旱、净化空气、改良气候、调节气温等作用，哈尼人把森林称为神圣不可侵犯的“神林”，严禁滥砍滥伐、过分掠夺森林资源（哈尼梯田及其所依存的水源林、灌溉系统、民族村寨文化景观 2013 年 6 月 22 日在第 37 届世界遗产委员会上被列入联合国教科文组织世界遗产名录）。

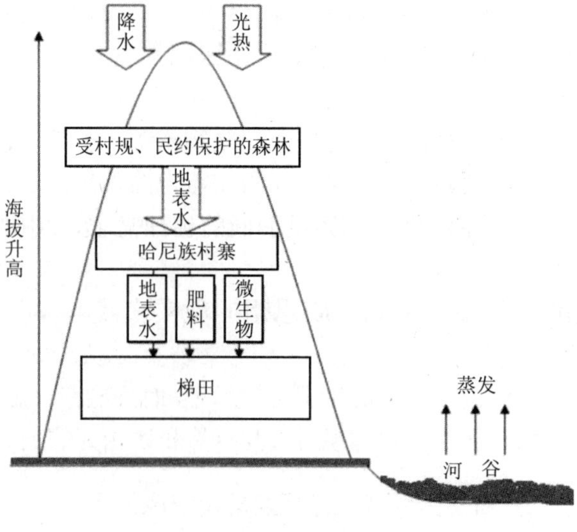

哈尼族的“江河、梯田、村寨、森林”生态系统流动图

各民族在特殊的自然地理环境中从事生产活动，并形成了具有不同特色的宗教信仰。从事游牧的民族，草原是他们生活生存的基础，一般崇拜水草神，以祈求保佑水草丰美、牛肥马壮。生活在山区环境的民族，山林是他们获取各种丰富物产的依靠，一般崇拜山神、树神。藏族人每年都有对神山、神湖的朝拜活动，诸如跳神、转山等，人们一般不到神湖捕捞鱼类或其他水产品。彝族、苗族则认为人与自然环境中的动植物同源同祖，甚至有些少数民族还把某种动物或植物当做自己的祖先。土家族、白族自认为是白虎的后裔，彝族、纳西族、保傣族则都认为是黑虎之后。许多民族都认为一些山林草木和动物都有灵气，并把它们神化为自己的保护神，对其敬畏、祭祀，禁止人们对这些图腾物进行伤害。

我国各地区、各民族为了调适与生态环境的关系，在生产方式上采取了许多积极的措施，形成了特有的风俗。吉林查干湖冬季捕鱼有诸多规矩，打鱼不能一网打尽，冬捕的渔网网眼必须达到 4 寸，这样只能打到五年以上的大鱼，并且还要轮放轮捕，以给子孙后代留有足够的鱼。白族等民族每至岁末，将垃圾聚堆焚烧，然后把焚烧后的垃圾灰撒到田里肥田，称为“酬年”。

我国各个民族在日常生活中也形成了一些体现生态文明理念的风俗。比如生活在云贵高原的侗族，婴儿生下后，家人就在山上栽下 100 棵杉苗，直到 18 年后才砍伐作为男婚女嫁的费用。水族人对生长在村寨内和附近的古树敬若神明，严加保护。纳西族明确规定禁止在水源头杀牲畜丢弃脏物。新疆干旱少水，维吾尔族人民逐渐形成了推崇水、珍惜保护水的强烈信仰与习惯，尤其对饮用水的清洁程度极为重视。民俗中有许多关于水的禁忌，诸如：在水井、水泉、水窖、涝坝旁边，禁忌洗手、洗脸、洗脚、饮牲口。忌在泉水、河流或湖泊中洗澡，同样也禁止人们弄脏这些水源，在这些水源附近便溺，或是往水里吐痰、倒污物。

特别是藏族牧民可称为生态民族，他们的生活方式堪称是零污染。藏族的价值观念是一切物质生活资源只满足最低的生理需求，超出最低标准的物质资料便是多余的，这种生活价值观，使他们注意与自然相融合，极力限制对自然资源的索取与开发，特别注重节制消费。藏族人民把牦牛作为生活、生产的主要支柱。牦牛为人们提供肉、奶等重要食品来源，也为游牧藏族提供了必需的生活物资。牦牛毛编织的帐篷、牦牛绒织成的氆氇、牦牛皮缝制的藏靴、牦牛角做的鼻烟壶、牦牛粪点燃的炉火。游牧藏族用牦牛的粪便做燃料，将牛消化不掉的植物粗纤维中蕴含的热能通过燃烧释放。这种接近 100%的资源利用率在人类社会中是罕见的。藏族的天葬习俗也是高寒环境适应选择的结果，既有佛教思想，也有由来已久的环境保护意识。生活在被世人称为世界屋脊、生命禁区的游牧藏族世世代代在世界最恶劣的自然环境中却创造了人类生活最低消耗的奇迹：不狩猎，不打渔，不伐树，不开矿，不垦殖。生不污染环境，死后参与自然生物大循环，是当之无愧的生态民族。

2. 设置了专门保护自然资源和生态环境的政府机构

我国早在周代就设置"虞衡"一职，管理山林川泽等自然资源，制定相关方面的政策法令，虞衡官具体执行这政令法令。吕思勉的《中国制度史》记载了周代的虞官设置："山虞'掌山林之政令，物为之厉，而为之守禁'，林衡'掌巡林麓之禁令，而平其守'，柞氏'掌攻草木及林麓'"（《周礼·地官·山虞》）。秦汉时期，虞衡转称少府，但其职责仍为管理山林川泽，具体分管的有林官、湖官、陂官、苑官、畴官等。隋唐时期，虞衡职责有了进一步的扩展，管理事务范围不断扩大，据《旧唐书》记载，虞部"掌京城街巷种植、山泽苑圃、草木薪炭供顿、田猎之事"。宋元以后，除元朝设有专门的虞衡司以外，其他各朝都由工部负责资源与环境保护方面的工作。

由少府到虞衡司再到工部，表明古代当政者对环境保护重要性的认识已上升到了新的高度，并开始从系统性的角度来考虑和管理自然资源与生态环境的保护问题。虞衡制度及其机构基本延续至清代，是中国对世界自然资源管理作出的制度性贡献。

3. 颁布了保护自然资源与生态环境的法令

周文王时期曾颁布的《伐崇令》，是"世界最早的环境保护法令"。其中规定："毋坏屋，毋填井，毋伐树木，毋动六畜，有不如令者，死无赦。"此外，周代还制定了保护自然资源的《野禁》和《四时之禁》。秦朝的《田律》是迄今为止保存最完整的古代环境保护法律文献，其中有专门讲述资源与环境保护的内容。宋元时期官府屡次颁布资源与环境保护方面的禁令，保护的对象包括山场、林木、植被、河流、湖泊、鸟兽、鱼鳖等众多方面。明清两朝沿用唐律，资源和环境保护方面的法令也有所发展，如清代还设有专管水利的官员，管理保护水道、河堤，这种办法一直沿用至今。总之，历代颁布的一系列保护自然资源与生态环境的政府法令，显示了统治者力图通过法律制度的方式把人与自然和谐相处的思想固定下来，并约束人们的行为，进一步规范社会生产活动。

我国还设立了世界上最早的"自然保护区"。汉唐时期，自然资源和生态环境保护方面的理论和实践已发展到较高水平，统治阶级十分重视国土合理开发利用与环境整治问题。尤其是在唐代，山林川泽、城市绿化、污水排放、郊祠神坛、五岳名山等都纳入政府管理的职责范围，《唐律》详细、具体地规定了保护自然环境和生活环境的措施及对违反者的处罚标准。据《旧唐书》记载，当时的政府还把京兆、河南两都四郊三百里划为禁伐区或禁猎区，通过设置“自然保护区”的方式来主动保护自然资源与生态环境。

中国传统的生态文明思想不仅表现在理念层面，并且向实践领域不断延伸和扩展，形成了一些特有的风俗习惯和系列的制度，从而使得生态文明理念能够长久根植于社会生活的全领域和各层面。但同时我们也应该看到，当时的封建统治阶级为了维护自己的利益，采取了许多自然保护的具体措施，但这些措施大多要求人们通过自律，以提高内心的道德修养为目的，适应了封建社会制度下统治者实行人治的要求，与现代社会的以民为本，法治精神要求还有很大的距离。

七、如何理解尊重自然、顺应自然、保护自然的生态文明理念？

从征服自然到尊重自然、顺应自然反映了有关人与自然关系认识的重大转变。征服自然是将人置于自然之上，按照人的意志改造和控制自然。而尊重自然反映了人对自然主体地位的认同，承认自然是人类生存的基础性地位，承认自然规律和自然资源与环境对人类活动的约束性。尊重自然就是要尊重自然价值和自然规律，是实现人与自然和谐的认识前提。只有尊重自然，才能发挥人的主观能动性去发现、认识和利用自然规律，科学选择趋利避害方法主动适应自然。因此，顺应自然是实现人与自然和谐的基本方法，是人类主动适应自然的基本策略。

（一）从征服自然到尊重自然、顺应自然的转变，是人与自然相处的明智选择

随着人类改造自然能力的不断提高，人不但破除了早期人类对自然的神秘感，而且日益形成支配自然、控制自然的主体意识。中国的“愚公移山”寓言和西方以培根和笛卡尔为代表提出的“驾驭自然，做自然的主人”思想就是这种“人定胜天”论的典型代表。这一思想鼓舞着一代又一代的人企图征服自然。我国《辞海》和《中国大百科全书·哲学卷》也都是从人类征服和改造自然的能力或客观物质力量来定义生产力的。但是，日益严重的生态危机为人类敲响警钟，让人类品尝到了征服自然的种种苦果。就像《人类处在转折点——罗马俱乐部研究报告》中所说“大自然并未征服，而是更加难以捉摸，更加难以对付，这是人们未曾想到过的”。

在非洲，为了扩大耕地、蓄水灌溉，应对环境粮食需求压力，建造了阿斯旺水坝。阿斯旺水坝位于埃及开罗以南 900 千米的尼罗河畔，高 111 米，长 3 830 米，将尼罗河拦腰截断，形成水域面积 5 120 平方千米。50 多年来造成的大坝下游及河口三角洲地区严重的生态问题，沿河流域可耕地的土质肥力持续下降，出现了土壤盐碱化。尼罗河水水质恶化，水生植物及藻类到处蔓延。其后果是建坝增加的耕地和因生态退化而损失的耕地之比是 1∶1，而水库自身也因坝区和上游

的生态系统变化，大大缩短预期运行寿命，人从自然夺来的成果，又被自然以不同的方式夺走。在欧洲，人们发现，经过一百多年不断改造，莱茵河[①]的洪水并没有被束缚在两岸越修越高的堤坝中，也没有停留于河道上越来越多的水库中，而是不断冲破人的约束，不肯为人类让出空间。改造河流工程不但没有摆脱洪水困扰，反而加快了洪水发生频率，成为洪水频发的重要原因。1993 年和 1995 年莱茵河遭遇百年不遇大洪水，造成至少几十亿欧元的巨大损失，让沿岸国家改变了思路，提出由“控制洪水”转向“管理洪水”，由与洪水抗争到与洪水相处，恢复河流自然行洪能力，改变人与洪水争空间的状态，还河流以空间，为洪水留出栖身之地。1995 年以来实施的这一新的莱茵河防洪计划效果显著，2001 年干流就实现了 2005 年降低灾害风险和极限洪水位的管理目标。莱茵河治理的经验再次告诉人们，河流是无法驯服的，顺应河流的自然规律，人类给河流生存空间，就是给人类自己生存空间。其实，中国古代修筑的都江堰水利工程就是这种顺应自然，改造河流、造福人类的典范。

顺应自然不是被动受制于自然，而是按照自然规律顺势而为，趋利避害地合理改造自然，实现人与自然和谐相处。都江堰水利工程[②]不同于现代拦河修建大坝的思路，而是顺着河流流向，在江心修堰，将岷江分为内江和外江，内江用于灌溉，外江留给河流自然通过。同时修建“溢洪暗坎”（飞沙堰）自然调节内江水量，飞沙堰可使进入内江过多的洪水漫过而进入外江，以确保内江灌区的安全。内江的大小灌渠依地势而建，利用水的自然流动规律引水灌溉，维护成本低。都江堰水利工程的修建没有造成沿岸土地的淹没，却根治了成都平原洪水的侵害，造就了沃野良田，成就了成都千年的“天府之国”，真正实现了人与自然和谐相处。

（二）自然的复杂性和人类认识的局限性，要求人类必须尊重自然、顺应自然

不可否认，科学技术的发展极大地提升了人类改变地球的能力，也丰富了人对自然的认识和理解。但科学认识是一个循序渐进的过程，很多事实也不断在挑战人类的认识水平，使人们不得不承认人类对地球家园的认识还相当肤浅，对地

①莱茵河是德国境内最长的河流，也是欧洲第三大河，全长 1 320 千米，发源于瑞士境内的阿尔卑斯山脉，流经瑞士、德国、法国、卢森堡、荷兰等 9 个欧洲国家，在荷兰的鹿特丹附近入北海。

②世界文化遗产都江堰水利工程是全世界迄今为止，年代最久、唯一留存、以无坝引水为特征的宏大水利工程。建于公元前 256 年，战国时期秦国蜀郡太守李冰率众修建的，是现存的最古老而且依旧在灌溉田畴，造福人民的伟大水利工程。

球系统的平衡机制知之甚少。正如IPCC[①]的一个报告中所说“人类正在以各种连自己还没能认识很清楚的方式，根本性地改变使生命得以在地球上存在的各种系统和循环”。中国环境保护之父曲格平先生也认为“现存的环境问题往往是我们对自然无知或知之甚少的结果”。

很多科学成果在发明之初，并不认为对人类有害，而若干年后却发现其危害远远超出人类的想象。例如曾经获得1948年诺贝尔奖的DDT[②]，50年以后被科学家证明对人和生物高度有害，而且在环境中具有高残留性，全球禁止使用20年后，仍然可在一些地区妇女的乳汁中，甚至在遥远南极的企鹅的脂肪中被检测出来！原子弹、氟利昂……类似的人类发明成果清单还可以列得很长很长。这也是发达国家对待化学品的使用普遍采取“谨慎原则”进行风险控制，而不是等待伤害已经确定后再应对的原因。20世纪90年代末“生物圈2号”试验的失败，也证明人类虽然能够创造出巨大的物质财富，能将少数宇航员短期送往太空生活，却仍然不足以为人类再造一个地球，模拟出适合人类生存的生态环境。以昂贵的造价建造的“生物圈2号”，其功能仍然无法与“生物圈1号”（地球）相媲美，而在地球上人类获得这种功能是轻而易举和免费的。特别是进入21世纪以来，频繁向人类袭来的地震、海啸、飓风等重大自然灾害表明，在自然巨大的力量下，人类的“文明成果”显得那样脆弱而不堪一击，人类至今还不能准确预报这些灾害，依然不能摆脱自然的控制。

因此，在自然面前人必须学会谦虚，要懂得尊重自然，主动承担起保护自然的环境责任。尤其在高科技具备了将地球毁灭多次的巨大能力的时代，地球未来的状态越来越依赖于人类社会的自觉行为和道德约束。如果人类拥有了干预自然的强大能力，却没有意识到人在地球系统中地位已经发生了根本变化，缺乏相应的职责和责任水平，人类就会成为现代野蛮人。为了保障人类世世代代的生存，又不危及其他物种以及它们的生存环境，人类必须规范自己的行为，对地球负起道德责任，尊重地球上其他生命存在的价值，向大自然学习，尊重自然规律、善待自然，善用科技，寻求人与自然的和谐发展之道。党的十八大提出的保护优先、自然恢复为主的生态文明建设方针也正是上述价值取向在操作层面的具体表述。

---

① IPCC是WMO（世界气象组织）和UNEP（联合国环境规划署）于1988年建立的“政府间气候变化专门委员会”的英文缩写。IPCC的作用是在全面、客观、公开和透明的基础上，对世界上有关全球气候变化的最好的现有科学、技术和社会经济信息进行评估。

② DDT又称“滴滴涕”，学名双对氯苯基三氯乙烷：$(ClC_6H_4)_2CH(CCl_3)$。不溶于水，溶于煤油，可制成乳剂，曾是最著名的合成农药和杀虫剂，但不易降解，积累下来对鱼类和鸟类生存繁殖不利，破坏生态平衡。

（三）承认自然的使用价值和自身固有价值是尊重自然、顺应自然的前提

承认自然价值，不仅要承认那些直接为人类带来使用价值的自然的外在价值，也要承认那些自然生物和地球环境本身存在的固有价值。这种固有价值不以人的意志而转变，在人的无意中发挥着重要作用。一方面尊重自然规律，也是承认自然价值的表现，按照自然规律办事可以带来经济成本节约，如宋代贾思勰所说“顺天时，量地力，则用力少而成功多。任情返性，劳而无获。”另一方面，自然可以给人类带来“环境红利”，如良好的自然条件可以减少农业人工要素的投入，提高产品利润，优美的环境可以提升房地产的价值等。这也是马克思所说的自然生产率，联合国千年评估中社会的“自然资本”（生命资源和非生命资源）。有科学家计算，人类在不经意中每年享受自然授粉，为 30 多种主要果树、蔬菜和树作物生产的馈赠大约 540 亿美元；全球陆地和海洋生态系统“免费”吸收了 60%由人类活动排放的碳，对稳定全球气候发挥了重要作用。1997 年，美国的一家研究机构计算出地球每年的生态价值（包括产品供给、气候、水等生态调节、文化娱乐等）在 16 万亿～54 万亿美元，年均 36 万亿美元，相当于当时全世界一年的国民生产总值[①]，并且还会随着自然资本的日益稀缺，这种价值会越来越高；而事实上如果没有地球生命保障系统的贡献，经济就将停滞，从这个角度看，地球对经济贡献的总价值是无限的。

上述这些价值可以说是人类每年向地球欠下的巨大生态债。因为长久以来，传统经济学理论体系中，自然是没有价值的。在国民经济账户中，很多自然的内在价值是不被承认，或经常忽略不计的。这种经济评价体系直接导致了人类对自然的肆意破坏，仅仅索取眼前人类认为有用的那部分自然价值，而将自然当成免费、任意排放有害废物的空间。很多节能环保产品和资源循环利用产业也因这种价格扭曲发展受阻。因此，迫切需要对现有的资源型产品价格和税费进行彻底改革，内化自然成本，特别是测算生态的非物品性价值、开发后自然恢复所需成本和环境损害成本；需要优化税收环节，平衡生产者和消费者为自然成本付费的关系等，形成真正体现自然价值的价格体系，这是推动形成资源节约、环境友好的生产、消费方式的内在动力，由此将对未来经济格局带来深刻的影响。比如，工业革命以来追求经济规模效益而形成的产业集中趋势，是否会走向分散，形成本

---

① 1997 年 5 月，英国科学杂志《自然》发表的一篇由美国、荷兰和阿根廷的 13 位科学家计算的地球生态系统服务价值论文，该论文将地球表面栖息地分成 16 大类，列举了文化、娱乐、食物、原料生产、吸收和再循环人类产生的废物、防止水土流失、调节气候等 17 项生态服务功能，地球每年为人类服务的价值是目前所有国家的国内生产总值的两倍。

地化生产格局，以减少运输过程中的资源能源消耗，由此会对国际贸易结构和模式产生怎样的影响；集中式电力供应模式将会更多地受到太阳能、风能等分散式能源供应模式的挑战；调整将工作区域与居住区长距离分开的城市规划思路……所有这些变化都将会触动既得利益格局，需要从经济体制上作出相应调整，才能最终使自然价值真正体现。

《中共中央关于全面深化改革若干重大问题的决定》中提出："加快自然资源及其产品价格改革，全面反映市场供求、资源稀缺程度、生态环境损害成本和修复效益。坚持使用资源付费和谁污染环境、谁破坏生态谁付费原则，逐步将资源税扩展到占用各种自然生态空间。" 要通过税收杠杆抑制不合理需求。现在的价格机制难以充分体现自然资源的后代价值，当代人不肯为后代人"埋单"，必须通过带有强制性的税收机制提高资源开发使用成本，促进节约。要正税清费，实行费改税，逐步将资源税扩展到占用各种自然生态空间。

（四）承认人类发展的自然约束即环境承载力的有限性是尊重自然的具体表现

生态系统提供的资源和环境支撑起整个人类社会系统，自然环境所能够承受的人类活动的阈值，就是环境承载力。承认人类发展的自然约束即环境承载力已成为可持续发展的重要理论基础。1991年，世界自然保护同盟、联合国环境规划署、世界自然生物基金会《保护地球——可持续生存战略》一书，将可持续发展定义为"在不超出生态系统承载能力情况下，改善人类的生活质量"。虽然人类可以通过改变经济增长方式、提高技术水平等手段来提高区域环境承载力，但地球空间的有限性决定了地球总体承载力的有限性。人口和经济规模超出阈值，将会导致生态环境的恶化和资源的匮乏，严重时会引起经济社会不可持续发展。因此，环境承载力也是衡量人类社会经济与环境协调程度的依据。

在中国，从"十一五"到"十二五"国民经济发展规划，将节能环保列为约束性指标的数量不断增加，2010年底国务院发布国家主体功能区规划，党的十八大又从可持续发展的角度，明确提出要严格按照主体功能定位，优化国土空间开发格局。《中共中央关于全面深化改革若干重大问题的决定》中提出："坚定不移实施主体功能区制度，建立国土空间开发保护制度，严格按照主体功能区定位推动发展，建立国家公园体制。建立资源环境承载能力监测预警机制，对水土资源、环境容量和海洋资源超载区域实行限制性措施。"这些举措体现了我国政府重视资源环境支撑能力有限性、推动适度发展的生态理念。其中国家主体功能区就是以环境承载力为依据，考虑自然生态状况、水土资源承载能力、区位特征、环境容量、现有开发密度、经济结构特征、人口集聚状况、参与国际分工的程度等多种因素，为不同区域科学制定社会经济发展目标，合理调整产业结构和生产力布局提供依据，是协调区域发展与环境关系、落实科学发展理念的具体手段。

八、生态文明与生态文明建设、生态建设有什么区别？

生态文明是人类合理利用自然，自觉保护自然，促进人与自然和谐发展所取得的物质成果、精神成果和制度成果的总和。这些物质、精神和制度成果集中反映了人与自然和谐相处的智慧水平，是文明水平高低的一种表现。也可以说，生态文明水平体现了人与自然和谐发展的程度。从实践领域看，“人与自然和谐相处，就是生产发展，生活富裕，生态良好”。党的十六大提出要走“生产发展、生活富裕、生态良好的文明发展道路”。因此，可以说提高生态文明水平，就是要实现生产发展、生活富裕、生态良好的“多赢”发展目标。生态文明水平的高低体现了生产发展、生活富裕、生态良好三者的最佳匹配程度，是对一个地区人与自然和谐状态的描述，强调的是结果。

生态文明建设主要指为提高生态文明水平而作出的努力，重在为提高生态文明水平所采取的政策措施，强调的是途径和过程，反映的是一种工作进展。2007 年党的十七大首次用“建设生态文明”一词出现在建设小康社会目标中，描述了实现人与自然和谐、文明发展三大方面的具体目标和工作要求，即“基本形成节约能源资源和保护生态环境的产业结构、增长方式、消费模式”、“生态环境质量明显改善”和“生态文明观念在全社会牢固树立”，但报告全文没有阐述生态文明的核心理念。2012 年党的十八大报告又进一步明确了“尊重自然、顺应自然、保护自然的生态文明理念”，提出了“坚持节约优先、保护优先、自然恢复为主的方针”，以及与这一理念和工作方针相配套的制度化建设要求，即“生态文明制度建设”。

总体来看，建设生态文明的根本途径是转变经济发展方式，构建有利于节约能源资源和保护生态环境的国民经济体系；基本目标是改善生态环境质量，满足人民群众日益提高的环境需求；全社会普遍树立生态文明观念是建设生态文明的社会文化基础，而加强生态文明制度建设是建设生态文明的重要保障。生态文明建设的内涵远远大于生态建设[①]、环境治理本身，其内涵涵盖经济、社会、文化、

---

① 见本书第四章“三十、什么是生态修复与生态建设？”。

政治各方面，是从国家层面、发展转型高度，“用全局视野和战略思维考虑环保工作，在宏观经济政策制定、转变经济发展方式、调整结构优化布局等方面发挥重要作用”。建设生态文明，不同于传统意义上的污染控制和生态恢复，也不是要放弃工业文明，回到原始的生产生活方式，而是克服传统工业文明弊端，在生产、流通、消费等经济环节以及社会文化建设中全面改进，实现文明转型，并通过建立资源节约、环境友好的生产和生活方式，来降低社会经济系统对生态环境系统的不利影响，最终从根本上改善生态环境质量。

生态文明建设与社会主义经济建设、政治建设、文化建设、社会建设相互联系、相互促进、不可分割。其中经济建设为生态文明提供物质支持和资金保障，而经济建设要以资源环境的约束或承载能力为前提和基础；政治建设为生态文明提供政治导向、决策支持和制度保障，可以引领、凝聚和动员社会资源和力量参与到生态文明建设中，而生态文明也要求政治文明具有生态化取向，充分发挥政府对市场在环境公共物品资源配置中失灵的矫正作用和制定更为积极的生态环境保护政策；文化建设为生态文明建设提供智力支持、思想保证、精神动力和行为准则，而生态文明建设则要求文化建设的“绿化”，积极树立人与自然和谐相处的价值观、道德观和伦理观，以及正确的生态意识和行为；社会建设为生态文明建设创造和谐的社会氛围，而生态文明建设则有利于促进社会的和谐，并且要求社会建设能够体现环境的公平正义。

参考文献

[1] 薄义群，卢锋，等. 莱茵河：人与自然的对决[M]. 北京：中国轻工业出版社，2009.
[2] 陈墀成. 全球生态环境问题的哲学反思[M]. 北京：中华书局，2005：111.
[3] 黄承梁. 生态文明简明知识读本[M]. 北京：中国环境科学出版社，2010.
[4] 贾卫列，杨永岗，朱明双，等. 生态文明建设概论[M]. 北京：中央编译出版社，2013.
[5] 李博. 生态学[M]. 北京：高等教育出版社，2000：3.
[6] 马克思恩格斯选集第 4 卷[M]. 中共中央马克思恩格斯列宁斯大林著作编译局译. 北京：人民出版社，1995：23，170.
[7] 米萨诺维克，帕斯托克. 人类处在转折点——罗马俱乐部研究报告[M]. 刘长毅，等译. 北京：中国和平出版社，1987：18.
[8] 潘岳. 生态文明知识读本[M]. 北京：中国环境出版社，2013：5.
[9] 裴广川，等. 环境伦理学[M]. 北京：高等教育出版社，2002：271.
[10] 气象科技情报研究所. 核冬天——核战争后果的气候研究[M]. 北京：气象出版社，1985.
[11] 张坤民. 可持续发展论[M]. 北京：中国环境科学出版社，1997.
[12] 曲格平. 关注中国生态安全[M]. 北京：中国环境科学出版社，2004：337.
[13] 全国干部培训教材编审指导委员会. 生态文明建设与可持续发展[M]. 北京：人民出版社、党建读物出版社，2011：8.
[14] 斯蒂芬. 国际地圈生物圈计划（IGBP）科学丛书之四：全球变化与地球系统——一颗负重之下的行星[M]. 北京：气象出版社，2004：11-13.
[15] 余谋昌，王耀先. 环境伦理学[M]. 北京：高等教育出版社，2004：117-118，307.
[16] 张永民译. 联合国千年生态评估项目概念框架工作组报告——生态系统与人类福祉：评估框架[M]. 北京：中国环境科学出版社，2007：28.
[17] 中国百科大辞典编委会，袁世全，冯涛. 中国百科大辞典[M]. 北京：华夏出版社，1990：63.
[18] 中国环境与发展国际合作委员会. 中国环境与发展：世纪挑战与战略抉择[M]. 北京：中国环境科学出版社，2007.
[19] 高德明. 国内外生态文明研究概况[J]. 红旗文稿，2009（18）：26-28.

[20] 何平. 文明的观念和教化：中国与欧洲[J]. 新华文摘，2008（1）：57-59.
[21] 姜春云. 关于生态文明建设若干问题的思考[J]. 求是，2008（21）：19-24.
[22] 李祖扬，邢子政. 从原始文明到生态文明——关于人与自然关系的回顾和反思[J]. 南开学报，1999（3）：36-43.
[23] 刘思华. 生态文明与可持续发展问题的再探讨[J]. 东南学术，2002（6）：60-66.
[24] 刘希刚. 前苏联对生态环境问题的探索及其历史启示[J]. 理论导刊，2012（8）：107-110.
[25] 马凯. 坚定不移推进生态文明建设[J]. 求是，2013（9）：3-9.
[26] 曲格平. 生态文明理念和发展方略[N]. 中国环境报，2010-03-02（1）.
[27] 王江丽. 安全化：生态问题如何成为一个安全问题[J]. 浙江大学学报（人文社会科学版），2010（1）：30-39.
[28] 徐春. 生态文明在人类文明中的地位[J]. 中国人民大学学报，2010（2）：37-45.
[29] 叶谦吉. 真正的文明时代才刚刚起步——叶谦吉教授呼吁开展生态文明建设[N]. 中国环境报，1987-04-23（1）.
[30] 俞可平. 科学发展观与生态文明[J]. 马克思主义与现实，2005（4）：4-5.
[31] 张捷. 在成熟社会主义条件下培养个人生态文明的途径 [J]. 科学社会主义，1985（2）：57.
[32] 张坤民. 可持续发展论[M]. 北京：中国环境科学出版社，1997：12，18.
[33] 北京市科学技术委员会. 可持续发展词语释义[M]. 北京：学苑出版社，1997：2.
[34] 张霞，张连国. 西方社会关于生态文明的重叠共识[J]. 山东理工大学学报：社会科学版，2004，20（6）：11-15.
[35] 周宏春. 生态文明建设应成为重要任务[J]. 中国发展观察，2012（9）：13-17.
[36] 周生贤. 积极建设生态文明[J]. 求是，2009（22）：30-32.
[37] 国家林业局三北防护林建设局. 生态文明与其他文明的关系[N]. 青海日报，2010-03-15.
[38] John P. Holdren，Gretchen C. Daily，Paul R. Ehrlich，The Meaning of Sustainability：Biogeophysical Aspects，Defining and Measuring Sustainability，The Biogeophysical Foundations，1996，New York，1-17.
[39] Mohan Munasinghe，Walter Shearer，An Introduction to the Definition and Measurement of Biogeophysical Sustainability，Defining and Measuring Sustainability，The Biogeophysical Foundations，New York，xvii-xxxiii.
[40] Mohan Munasinghe，Jeffret Mcneely，Key Concepts and Terminology of Sustainable Development，Defining and Measuring Sustainability，The Biogeophysical Foundations，1996，New York，19-56.
[41] Ismail Serageldin，Sustainability and the Wealth of Nations—First Steps in an Ongoing Journey，March 12，1996.

第二章

生态文明建设

九、如何理解“五位一体”总体布局的内涵与创新意义？

（一）“五位一体”总体布局的形成

中国特色社会主义事业从物质文明建设、精神文明建设“两个文明”建设到经济建设、政治建设、文化建设、社会建设、生态文明建设的“五位一体”总体布局的形成，体现了党中央对中国特色社会主义认识不断探索、逐步深化和趋于完善的过程。这种演变过程是对社会主义建设规律、人类社会发展规律认识的必然结果。

改革开放初期，作为党的第二代中央领导集体核心的邓小平，敏锐地意识到物质文明和精神文明协调发展的重要性。他在深刻反思新中国成立 30 年成败得失的基础上，根据改革开放实践中出现的新问题，明确提出要坚持“两个文明”一起抓，社会主义不但要有高度的物质文明，还要建设高度的社会主义精神文明。

党的十三届四中全会后，以江泽民同志为核心的党的第三代中央领导集体在领导我国改革开放和现代化建设的实践中，进一步提出在建设社会主义物质文明和精神文明的同时，要建设中国特色的社会主义政治文明。

党的十六大以来，以胡锦涛同志为总书记的党中央，以马克思列宁主义、毛泽东思想、邓小平理论、“三个代表”重要思想为指导，勇于推进实践基础上的理论创新，形成和贯彻了科学发展观，提出构建社会主义和谐社会的战略思想和重大任务，从而使中国特色社会主义事业总体布局由经济建设、政治建设、文化建设“三位一体”扩展为经济建设、政治建设、文化建设、社会建设“四位一体”。

2007 年，党的十七大提出了全面建设小康社会奋斗目标的新要求。新要求在提出推进四大建设的同时，提出了建设生态文明的目标。“建设生态文明”首次被写入党的十七大报告，这已经蕴含着“五位一体”格局的形成。在深入贯彻落实科学发展观的过程中，党中央对于生态文明建设的认识不断深化。党的十七届五中全会指出：把建设资源节约型、环境友好型社会作为加快转变经济发展方式的重要着力点，提高生态文明水平。纪念中国共产党成立 90 周年大会进一步强调：不断在生产发展、生活富裕、生态良好的文明发展道路上取得新的更大的成绩。这些认识深化的结果就是生态文明建设上升为中国特色社会主义事业总体布局的重要组成部分。

2012 年，党的十八大报告将生态文明建设提升到更高的战略层面，提出“要把生态文明建设放在突出地位，融入经济建设、政治建设、文化建设、社会建设各方面和全过程”，并首次在报告中单列“大力推进生态文明建设”一章，由此形成了中国特色社会主义事业的“五位一体”总体布局。

（二）“五位一体”格局的内在联系

生态文明建设与社会主义经济建设、政治建设、文化建设、社会建设相互联系、相互促进、不可分割。其中经济建设为生态文明提供物质支持和资金保障，而经济建设要以资源环境的约束或承载能力为前提和基础；政治建设为生态文明建设提供政治导向、决策支持和制度保障，可以引领、凝聚和动员社会资源和力量参与到生态文明建设中，而生态文明建设也要求政治文明建设具有生态化取向，充分发挥政府对市场在环境公共物品资源配置中失灵的矫正作用，制定更为积极的生态环境保护政策；文化建设为生态文明建设提供智力支持、思想保证、精神动力和行为准则，而生态文明建设则要求文化建设的绿化，积极树立人与自然和谐相处的价值观、道德观和伦理观，以及正确的生态意识[①]和行为；社会建设为生态文明建设创造和谐的社会氛围，而生态文明建设则有利于促进社会的和谐，并且要求社会建设能够体现环境的公平正义。

1. 生态文明建设与政治建设

人类目前所面临的生态环境危机是由人类在特定制度框架下进行的社会活动引起的。有什么样的制度框架，就有什么样的物质生产和人口生产，也就有什么样的环境影响。因此，政治建设为生态文明建设提供政治导向、决策支持和制度保障。

---

① 生态意识包括生态忧患意识、生态科学意识、生态价值意识、生态审美意识和生态责任意识等。生态意识是生态文明观形成的基础（黄承梁，2010）。

生态文明建设要求政治文明建设具有生态化取向，发挥政府对市场在环境公共物品资源配置中失灵的矫正作用和制定积极的生态环境保护政策，对政治建设产生促进作用。生态环境问题实质上是政治问题。丹尼尔·A. 科尔曼指出："在思考环境问题的过程中，我们发现，那些损害地球的系统与政策（如石油经济）往往牵涉一系列其他的经济、政治和社会问题。……我们作为公民的政治生活与我们所仰赖的自然生态紧紧地交织在一起。"他认为，集权和民主的削弱酝酿环境危机：无穷地追求权力会导致践踏人文需求和生态意识。在政治、经济、文化与自然生态的关联度越来越紧密的情况下，与人类的生活实践发生着功能与满足关系的生物圈，必然会向政治领域延伸，成为一个重要的政治圈，政治生态化和生态政治化的格局已经形成。生态危机虽然发轫于生态领域，但是它直接波及人类的政治领域，无论是对国内政治还是对国际政治都产生巨大的直接或间接的影响。

2. 生态文明建设与经济建设

经济建设的核心和基础是生产力。生产力是一个多层次的系统，包括自然力、劳动力和科学技术力。其中，自然力来源于人类赖以生存和进行生产活动的环境系统，即土地、河流、森林、草原、野生动植物、微生物、矿物等以自然资源为核心的生产力。它构成了生产力的前提和基础，是支撑生产力发展的物质基础和动力源泉。离开环境资源不仅经济建设无法进行，人类生存也将难以为继。正如马克思所说："人在生产中只能像自然本身那样发挥作用，也就是说，只能改变物质的形态。不仅如此，他在这种改变形态的劳动中还要经常依靠自然力的帮助。"如果采取反生态的发展战略，虽然可以取得短期的经济效果，但会伤及经济发展的自然基础，并最终遭到自然的报复，产生环境健康的疾病负担、直接和间接的经济损失，影响到经济的可持续发展。因此，保护生态环境就是保护生产力。只有加强生态文明建设，树立人与自然和谐相处的理念，以环境保护优化经济增长，才能为经济建设提供源头活水，增强可持续发展能力。

专栏 2-1　马克思恩格斯的"自然生产力"思想

生产力作为推动社会历史发展的基础性因素，在马克思唯物主义历史观逻辑系统的构架中具有重要地位。在马克思的著作中，关于生产力的表述有很多种，如物质生产力、社会的物质生产力、社会生产力、劳动生产力、社会劳动生产力、科技生产力等。并认为“一切生产力都归结为自然界。”恩格斯也认为：“政治经济学家说：劳动是一切财富的源泉。其实，劳动和自然界在一起才是一切财富的源泉，自然界为劳动提供材料，劳动把材料转变为财富”。而且“一切生产力都归结为自然力。”马克思在《资本论》中说：“劳动的自然生产力，即劳动在无机界发现的生产力，和劳动的社会生产力一样，表现为资本的生产力。”

从人与自然的关系看，马克思认为：“劳动首先是人和自然之间的过程，是人以自身的活动来引起、调整和控制人和自然之间的物质变换的过程”。同时，马克思认为自然生产力的差异是导致社会劳动生产力、生产效率的影响因素之一。“劳动生产力是由多种情况决定的，其中包括：工人的平均熟练程度，科学的发展水平和它在工艺上应用的程度，生产过程的社会结合，生产资料的规模和效能，以及自然条件”。“撇开社会生产的不同发展程度不说，劳动生产率是同自然条件相联系的。这些自然条件都可以归结为人本身的自然（如人种等）和人的周围的自然”。“并且由于自然条件的生产率不同，同量劳动会体现为较多或较少的产品或使用价值”，“在农业中（采矿业中也一样），问题不只是劳动的社会生产率，而且还有由劳动的自然条件决定的劳动的自然生产率”。

3. 生态文明建设与文化建设

文化建设的本质是人的建设，是全方位地提高人的素质，促进人的自由而全面发展。生态文化建设是文化建设的重要内容。文化建设为生态文明建设提供智力支持、思想保证、精神动力和行为准则，彰显生态文化的导向性。

生态文明建设则要求文化建设的绿化，树立人与自然和谐相处的价值观、道德观、伦理观及正确的生态意识和行为。生态文明建设能够有效地唤起人们的生态意识，增强人们的生态伦理责任，帮助人们树立生态正义感，唤醒人们的生态良心和生态义务感，推动人们从经济人、社会人进入到生态理性文明人，通过自觉地协调人与自然的关系来阻止日益严重的环境危机。生态文明还把协调人与人的伦理道德规范推进到协调人与自然的关系上，体现了人的社会伦理与生态环境伦理的有机结合。这种有机整合的新型伦理观，有助于把人所处的两方面关系，即人与自然的关系和人与人的关系联系起来，将人类的道理规范和伦理准则指向人所处的一切关系，在建设良好的自然关系的同时，建设良好的人际关系和社会关系，并在此基础上促进社会文明的发展。生态文明建设还会引发人们在交往方式、生活方式、消费方式等一系列领域发生革命性的变革，有助于人们形成文明、健康、科学的交往方式、生活方式和消费方式，加大文化建设内涵的丰富性。

4. 生态文明建设与社会建设

社会建设为生态文明建设创造和谐的社会氛围，生态文明建设则有利于促进社会的和谐，并要求社会建设能够体现环境的公平正义。以改善民生为目的的社会建设，需要通过加强生态文明建设来推进。民生问题与生态问题息息相关。民生问题从根本上说是人民群众的权益问题。不能将人民群众的权益简单地理解为就是经济权益问题，是用金钱就能解决的问题。人民群众的权益是一个包括经济权益、政治权益、文化权益、社会权益和生态权益在内的整体权益。其中生态权益是非常重要的权益。空气、水分、阳光、食品都是人们每天不可或缺的东西，而其质量如何直接影响到人民群众的生存和发展。因此，生态文明建设是促进民生改善和社会和谐的重要条件。无论是发展社会事业、优化社会结构，还是完善社会服务功能、促进社会组织发展，都离不开生态文明建设。生态文明建设是全社会共同的事业，需要从绿色家庭、绿色社区、绿色学校、绿色宾馆、绿色机关等绿色细胞创建工程做起，将生态文明建设的责任与义务落实到每个单位、每个家庭、每个人。

（三）“五位一体”总体布局的创新意义

加强生态文明建设，走生产发展、政治进步、文化繁荣、社会和谐、生活富裕、生态文明的道路，是中国特色社会主义的价值追求和目标导向，对美丽中国建设具有重大意义。

1. 拓宽了中国特色社会主义的内涵

党的十八大报告首次将生态文明建设纳入社会主义建设事业“五位一体”总布局中，体现了党中央在建设中国特色社会主义的实践过程中实现了马克思主义哲学的主观能动性和客观规律性的有机结合，具有与时俱进的理论品质。

中国特色社会主义建设事业如何进行总体布局，是一个重大战略课题。马克思、恩格斯创立的科学社会主义理论，为社会主义建设理论作了奠基，但是还没有具体的设想。列宁领导建立了世界历史上第一个社会主义国家，但是对如何进行总体布局，尚未进行深入的理论和实践探索。新中国成立以后，以毛泽东、邓小平、江泽民同志为核心的党的三代领导集体，对中国特色社会主义建设的理论进行了不懈探索，使社会主义现代化建设的总体布局由在经济建设内部进行农业、轻工业和重工业综合平衡的布局，发展为经济、政治、文化建设“三位一体”的均衡发展，相继为丰富和发展社会主义建设理论作出了重要贡献。从党的十六大的“三位一体”，到党的十七大的“四位一体”，增加了社会建设的重要内容，从注重物的增长到尊重人的发展，这是在着力处理好现代化进程中人与人的关系，为现代化进程提供稳定的社会架构，是科学发展的内在要求。从党的十七大的“四位一体”再到如今的“五位一体”，增加了生态文明建设，这是在着力处理好现代化进程中人与自然的关系，努力使中国的现代化走上可持续发展道路，这是科学发展的本质要求和升华之举。从“三位一体”到“四位一体”再到“五位一体”，为发展的目标增添了新内涵，为发展的品质赋予了新尺度，为发展的方式确立了新坐标，不仅使中国特色社会主义总布局更加完善、更加科学，而且使中国特色社会主义的内涵得到极大丰富和拓展。“五位一体”总布局是党的理论体系的又一次重大创新，标志着党对中国特色社会主义的认识达到了新的高度。

2. 体现了尊重自然、保护自然的发展理念

将生态文明建设纳入“五位一体”总体布局，是党中央勇于直面新时期的资源环境问题，正视当前严峻的生态矛盾，切实保障生态安全和人民群众的生态权益，努力构建资源节约型、环境友好型社会而采取的重大举措。

改革开放30多年来，我国经济社会发展取得了举世瞩目的辉煌成就，综合国力与国际地位显著提升，人民生活水平不断提高，全面建设小康社会取得重大进展。亿万人民在物质生活得到基本保障后，不仅对物质生活水平和质量提出了新的更高的要求，而且在充分行使当家做主的民主权利、享有丰富的精神文化生活、维护社会公平正义、拥有健康美好的生活环境等方面都有了新的期待。30年来我国经济社会经历了巨大变化，从农业经济走向工业经济，从田园社会走向城市社会，从生存文化走向人本文化，但现在的经济社会文化是不可持续的。我国国内生产总值（GDP）已居世界第二，但在联合国开发计划署公布的2011年人类发展指数排名中，我国排在第101位。我国环境总体形势十分严峻，能源消耗总量增长过快，主要污染物减排任务十分艰巨，水污染、空气污染、土地荒漠化、生物多样性减少等问题突出，环境污染已成为影响群众健康的主要危险因素，成为引发群体性事件的主要原因之一。

我国处于社会主义初级阶段，面临经济社会发展与生态环境保护双重压力。在经济社会发展过程中既吸收西方工业文明的经验教训，又同时坚持走可持续发展道路，是中国特色社会主义的显著特色。党的十八大报告把建设生态文明放在突出地位，体现了党中央立足于世情国情，深刻认识当前我国工业化过程中与生态环境的矛盾和不协调的一面，体现了尊重自然、顺应自然和保护自然的建设理

念。坚持“五位一体”总布局，探索走出一条发展与环保相得益彰、发展质量和效益不断提高的新路，在实现当代人利益的同时，给后代留下天蓝、地绿、水净的美好家园，这是党的庄严承诺，也是人民的共同期待。

3. 提升了对生态文明的理解

生态文明建设晋级“五位一体”，契合了对“生态文明”的广义解读，即不再是从单纯的节能减排和污染治理的技术角度解决资源环境问题，而是要融入经济建设、政治建设、文化建设、社会建设的各方面和全过程，从文明转型角度协调人与自然的关系，既包括尊重自然、与自然同存共荣的价值观，也包括在这种价值观指导下形成的生产方式、经济基础和上层建筑的转变。充分认识到这一点，无疑将有助于人们跳出就环保抓环保的狭隘认知，从而加深对“五大建设”之间相互关联、依存、促进和相辅相成辩证关系的理解，提高人们投身生态文明建设的自觉性与能动性。

总之，党的十八大提出的“五位一体”，无论是政治上还是思想上都是一场革命。“五位一体”的提出将生态的内涵从过去的生物生态、污染生态上升到科学前沿的人类生态、系统生态，上升到生产关系、消费行为、体制机制、上层建筑和思想意识高度，上升到为经济、政治、文化、社会穿针引线、合纵连横的高度，这是中华民族振兴的重要转折点。

十、生态文明建设融入经济、政治、文化、社会四大建设的主要途径是什么?

将生态文明建设融入经济、政治、文化和社会建设是一项庞大、复杂的系统工程，需要把生态文明理念、政策落实和具体化到相关领域。

(一) 融入政治建设：强化国家在生态文明建设中的政治领导力和制度建设

生态文明建设融入政治建设，即把生态文明作为社会主义核心价值体系的重要内容，完善法律法规，建立系统完整的生态文明制度体系，并将生态文明要求纳入政府决策和政绩评价体系中，做到用制度保护生态环境。

进一步加强党对生态文明建设的政治领导力，以强有力的政治领导力保障生态文明政策创新，是目前的紧迫需要。生态文明建设政策在执行过程中将触碰各种利益主体，如果没有一种超越各种利益主体之上的政治领导力，理顺体制机制，生态文明建设政策创新将难以有本质上的突破。要发挥党强大的动员能力，在全社会大力倡导生态文明理念，强化各级执政者加强生态文明建设的意识。将生态文明建设作为推进社会主义民主政治建设的优先领域，建立党总览生态文明大局、全体群众广泛参与的建设格局。党的十八届三中全会把加快生态文明制度建设同推进经济体制、政治体制、文化体制、社会体制改革一起作为完善和发展中国特色社会主义制度，列为党全面深化改革的重大任务，体现了党在生态文明建设中的政治领导力，必将对推动我国生态文明建设发挥强大的政治保障作用。

加强党在生态文明建设中的核心领导作用，强化党在生态文明建设中的科学决策作用。将生态文明建设的重大议题作为党中央决策的重大问题，给生态文明建设指明未来发展方向。加强党对生态文明建设等一系列重大决策的执行力度，将生态文明建设的目标责任制作为干部考核的重要内容。

增加各级人民代表大会对生态文明建设的立法监督问责职能。各级人大要将各地的生态文明建设议题作为当年的重点讨论议题，制定地方关于生态文明建设的相关制度。同时，要加强监督，对政府关于生态文明建设的各项工作进行跟踪监督，保证生态文明建设各项工作落到实处。

将生态文明建设作为协商民主、参政议政的重要内容。强化政协对生态文明工作的监督职能，保证涉及生态文明的重大国家预算和工程方案都经过政协和人大审议程序。充分发挥政协作用，通过专门委员会开展有针对性的调查研究，在更大范围内集思广益。形成全社会积极参与生态文明建设局面，促进政协在组织与生态文明建设相关的会议和活动上发挥积极作用。

（二）融入经济建设：大力推动经济绿色转型，实现绿色发展

生态文明建设融入经济建设，即以资源环境承载力为基础、以自然规律为准则、以可持续发展为目标，发展资源节约、环境友好的绿色经济、循环经济、低碳经济，建立经济效益和生态效益高的产业体系，使之成为经济增长的重要源泉。

推动经济绿色转型、实现绿色发展是生态文明建设在经济领域的核心体现。实现绿色发展，需要积极促进产业结构优化升级，立足优化产业结构，推动发展，把调整经济结构作为主线，促使经济发展由主要依靠工业带动和数量扩张带动，向三次产业协同带动和结构优化升级带动转变。要把节能减排作为经济结构调整、转变经济发展方式的重要抓手和突破口。坚决抑制高耗能、高排放产业增长，加快淘汰落后产能；大力发展循环经济，正确处理经济增长速度与节能减排的关系，使经济发展建立在节约能源资源、保护环境的基础上。

（三）融入社会建设：创新社会管理模式，促进社会和谐

生态文明建设融入社会建设，即以生态文明理念创新社会管理，提高公众在生态文明建设中的参与程度，构建良好的生态环境公共秩序和公共关系，改善民生，促进社会和谐。

要完善环境管理信息公开制度。及时公布环境信息，健全举报制度，加强社会监督；创新公众参与决策、管理、监督的多种制度化模式，健全环境立法、环境影响评价等的听证制度；完善环境公益诉讼和其他司法救济制度，保障公民和环境的公共利益不受侵害，相关损害得到合理赔偿；推动绿色细胞创建工程，使社会公众成为生态文明建设主体；有序引导我国环境社会组织健康发展，支持环保志愿者服务。

（四）融入文化建设：将生态文明价值观纳入社会主义核心价值体系

生态文明建设融入文化建设，即通过弘扬生态文化，构建生态文化体系，增强生态意识，在全社会牢固树立生态文明观念。

首先，要发挥学校教育在生态文明观念形成的基础性作用。党的十八大报告指出“教育是中华民族振兴和社会进步的基石”。人类文化不是通过遗传而是学而知之的，因而必须借助教育而传递。教育的重要功能之一就是传承人类文化。通过教育可以加快和缩短新一代拥有人类创造的精神财富和掌握社会生存的相关技能的时间进程，进而推动人类文明的进步。

其次，要发挥现代传媒业的交流、传播和舆论导向作用。文化只有经由交流和传播，才能彰显出其内在的生命力和影响力。通过建立良好的生态文化发展机制，创造环境文化社会氛围，逐步完善生态文明的道德文化体系，形成广泛、持久的生态意识，推进中国社会主义核心价值体系的成熟与完善。

专栏 2-2　我国的环境教育现状

我国环境教育起步于 20 世纪 70 年代。1995 年，原国家环保局、中宣部、国家教委联合制定《全国环境宣传教育行动纲要（1996—2010）》，《全国环境宣传教育行动纲要（1996—2010）》指出：“要根据大、中、小学的不同特点开展环境教育[①]”，“到 2010 年，全民族的环境意识和可持续发展观念有明显提高”。经过 30 多年的发展，我国已经形成基础教育阶段的渗透式学校环境教育、大学专业化环境教育，以及依托环境保护部门宣教体系、新闻媒体和环保社会组织的社会环境教育体系。

（1）基础教育阶段的渗透式环境教育

20 世纪 80 年代中期原国家教委陆续在中学生物、化学、地理教学大纲中提出进行环境保护教育的要求。1996 年，国家教委在九年义务教育大纲中提出将环境教育渗透在小学自然、地理、生物、化学等各门学科和课外活动中，并要求有条件

① 环境教育：借助教育手段，使人们认识环境，了解环境问题，获得防治环境问题的知识与技能，在人与环境关系问题上树立正确的观点与态度，以通过社会共同的努力来保护环境。美国《环境教育法》给出的定义是：环境教育是指关于人与其自然环境和人造环境之间关系的教育过程，使人们正确理解人口、污染、资源分配和耗竭、保护、技术、城市与地方的开发计划等各种因素与整个人类环境的关系。

的学校开设环境保护选修课，人民教育出版社编写了环境保护选修课教材，逐步形成了选修课与必修课多学科渗透的环境教育模式。2003 年教育部颁发了《中小学环境教育实施指南》，提出“在学校制订的全校性环境教育规划的基础上，分别在分科课程、综合实践活动课程、专门的环境教育课或环境研究选修课及学校生活和管理等方面对环境教育进行整体安排”。同年，教育部还发布了《中小学环境教育专题教育大纲》要求 1—11 年级每年保证 4 个课时实施专题环境教育。

（2）大学专业化环境教育

20 世纪 80 年代，我国高校环境专业教育迅速发展，全国共设立了理工、农林十多种环保类的本科专业。90 年代以来大学纷纷设立了环境院系所。90 年代末环境经济、环境管理、环境法学等软科学培养方向或专业设置明显增加，但以环境科学、环境工程为主培养本科和研究生的学科分布特点比较突出。此外，在农学类设有森林资源保护与游憩、野生动物与自然保护区管理、水土保持与荒漠化防治、农业资源与环境等专业。

（3）创建绿色学校

1996 年，我国正式引入“绿色学校”概念，由环境保护部（原国家环保总局）宣教中心编写了《中国绿色学校指南》。同年，原国家环保局、中宣部、国家教委联合制定《全国环境宣传教育行动纲要（1996—2010）》，提出在全国开展创建“绿色学校”活动。2005 年，创建绿色学校写入国务院《关于落实科学发展观 加强环境保护的决定》中。2008 年年底，全国共有 42 000 多所中小学和幼儿园创建成为绿色学校，其中国家表彰的绿色学校 705 所。2009 年，在受表彰的绿色学校中启动生态学校项目试点。2011 年，教育部与环境保护部根据新发布的《全国环境宣传教育行动纲要》合作推动环境友好型试点学校建设行动。

（4）环境教育基地建设

2009 年在国家发展和改革委员会支持下，环境保护部宣教中心开始倡导和推动环境教育基地建设，旨在建设面向我国公众开展环境教育的各类场所，包括建设环境教育室内场馆、博物馆，增加自然保护区、公园等场所的教育功能等。“中小学环境教育社会实践基地是以提高青少年环境素养，普及生态文明和可持续发展理念为根本目标，以环境保护为主题内容，面向中小学生开展环境教育体验和实践活动，并在基地建设和教育活动实施过程中体现环境友好理念的场所”。2013 年 6 月，环境保护部和教育部联合公布了首批 80 家全国中小学环境教育社会实践基地名单”[①]。

① http://www.chinaeol.net/green/view.asp? id=74910&title=环境教育基地&cataid=361，2013 年 12 月 3 日 9：40 查阅。

十一、推进生态文明建设需要坚持哪些基本原则？

（一）坚持尊重自然、顺应自然、保护自然的基本理念

对自然，人类必须尊重它、崇敬它，必须始终怀有感恩之心，始终牢记破坏自然就是损害人类自己，保护自然就是保护人类自己。要使人类活动符合而不是违背自然规律，要使人类在获取生存和发展之需的同时，保护和回报自然。凡事皆有度，要把人类活动控制在自然能够承载的限度之内，给自然留下休养生息、恢复元气的空间，实现人与自然和谐。

（二）坚持在保护中发展、在发展中保护的基本要求

这是对经济社会发展与资源生态环境关系的深刻揭示。以保护促发展，以发展促保护，是协调经济社会发展与生态环境保护关系的基本战略要求。发展是解决我国经济社会和环境问题的关键，保护则是实现可持续发展的关键和基础，两者同等重要、不可偏废。离开发展抓保护是“缘木求鱼”，离开保护抓发展是“竭泽而渔”。发展是硬道理，但要牢固树立保护生态环境就是保护生产力、改善生态环境就是发展生产力的理念，发展要以保护发展的自然基础为前提，发展不能超出自然承载力，也不能因为发展而消耗了子孙后代的自然资产。

（三）坚持节约优先、保护优先、自然恢复为主的基本方针

这是由我国基本国情和发展现状所决定的，也是在充分汲取西方国家工业化经验教训的基础上所确立的基本方针。在资源利用上，要把节约放在首位，实现资源利用和消费方式的根本转变。在环境改善上，要把保护放在首位，预防为主，防止重蹈“先污染、后治理”的覆辙。在生态建设上，以自然恢复为主，主要让大自然自我调节、自我修复。经过持续不断地努力，从源头上扭转

生态环境恶化趋势。

（四）坚持“源头严防、过程严管、后果严惩”，预防为主、防治结合、标本兼治、综合治理的基本路径

我国的环境保护要在源头上，建立起有效防范的制度；在过程中，建立起严密监管的制度；在后果上，建立起严厉的责任追究和赔偿制度。只有全过程的严格的制度管理，才能扭转环境污染和生态破坏的趋势。

我国生态环境问题是多年来积累下来的，解决之道重在治本治源、防治并重，努力做到新账不欠、老账多还、逐步推进。因此，既要加强对重点环境问题的治理，也要预防可能发生新的污染和生态破坏；既要解决面临的突出问题，尽快遏制生态恶化、环境污染加重趋势，又要从根本上采取措施，提高综合防治效果，有效改善生态环境质量。

（五）坚持把改革创新作为推进生态文明建设的基本动力

当前人类面临的生态危机，其严重性和复杂性是人类历史上前所未有的；人与自然关系的和谐相处要触及人类既得利益，需要变革固有思维模式和行为习惯。因此在推进生态文明建设中，要多从改革上想办法、找出路，只有通过改革，建立健全规范的、长期的、稳定的体制机制，实行最严格的管理制度、最严密的法制，才能为生态文明建设提供可靠保障。党的十八届三中全会通过的《关于全面深化改革若干重大问题的决定》在创新生态文明建设体制机制方面，提出了建立系统完整的生态文明制度体系，实行最严格的源头保护制度、损害赔偿制度、责任追究制度，完善环境治理和生态修复制度，用制度保护生态环境。只要把这些制度建设任务，落实到生态文明建设的行动中，就一定能逐步改善我国的生态环境状况，早日建成资源节约型、环境友好型社会，建成美丽中国。

（六）坚持政府主导、企业主体、多方参与、全民行动的基本工作格局

生态文明建设是一项非常复杂的系统工程，需要各方面的努力。政府要通过法律法规、规划政策，发挥引导、支持和监督作用；企业是生态文明建设的主体，要积极承担主要责任和义务；保护生态环境，人人有责，要使每个人都树立节约意识、环保意识、生态意识，合理消费、适度消费，养成自觉保护生态环境的良

好习惯。只有构建全社会共同参与的生态文明建设大格局，每个人都付出智慧、辛苦和汗水，美丽中国才能在潺潺细水汇聚成的巨大洪流中成为现实，我们憧憬的美好愿景才能早日到来。

十二、为什么要坚持节约优先、保护优先、自然恢复为主的方针？

（一）节约优先是资源有限性的必然要求

我国基本国情、发展阶段和资源禀赋决定了资源约束将长期存在。因此，必须要将节约集约利用资源，推动资源利用方式根本转变放到国家发展全局的重要战略地位上。严峻的资源形势要求我国要十分珍惜和合理利用有限的资源，必须坚持节约优先。

我国人均资源不足，明显低于世界平均水平（如图 2-1 所示）。矿产资源人均探明储量占世界平均水平的 58%，居世界第 53 位。石油、天然气人均探明储量分别仅相当于世界平均水平的 7.7%和 8.3%；即使非常丰富的煤炭人均占有量也仅为世界平均水平的 70.9%。我国人均耕地和淡水资源分别仅相当于世界平均水平的 43%和 25%。

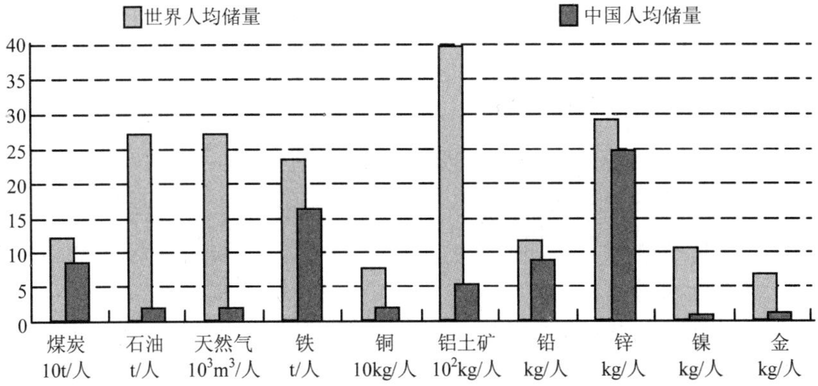

图 2-1　国内外主要矿产资源人均储量对比（2009 年）

我国是一个人均资源占有量的小国。主要矿产资源人均占有量占世界平均水平的比例分别是煤 67%、石油 6%、铁矿石 50%、铜 25%；我国人均耕地、林地、草地面积和淡水资源分别仅相当于世界平均水平的 43%、14%、33%和 25%。从能源资源消耗强度看，我国已是世界单位 GDP 能耗最高的国家之一，单位 GDP 能耗不仅远高于发达国家，也高于世界平均水平。2011 年，我国单位 GDP 能耗是美国的 2.9 倍、欧盟的 3.4 倍、日本的 4.5 倍、世界平均水平的 1.8 倍。2012 年我国 GDP 约占世界总量的 11.6%，而消耗的能源占到 21.3%左右；资源产出率只有日本的 1/8，英国的 1/5，韩国的 1/2。矿产资源总回收率和共伴生矿产资源综合利用率分别仅为 30%和 35%左右，比国外先进水平低 20 个百分点。

从能源资源储量看，我国人均能源资源蕴藏不足，主要矿产资源对外依存度逐年提高。石油、天然气的人均剩余探明可采储量分别只有世界平均水平的 7.7%和 7.1%，石油的对外依存度从 21 世纪初的 32%上升至 2011 年的 57%，已经远远超过了国际公认的警戒水平；2010 年，铬矿、锰矿的进口量分别比 2005 年增长 186%和 153%；中国石油、铁矿石、铜、铝和钾等大宗矿产对外依存度分别为 54.8%、53.6%、71.0%、52.9% 和 52.4%。2006 年以来，受矿产资源需求旺盛等因素影响，重要矿产品价格高位运行。石油和黄金价格大幅攀升，铁、铜、铝、铅、锌、镍等重要矿产品价格持续走高。

从资源整体质量看，传统化石能源中，优质清洁能源少；矿产资源品位低、贫矿多，难选冶矿多；土地资源中难利用地多，宜农地少，宜居面积仅占国土面积的 20%；水土资源空间匹配性差，许多资源富集区与生态脆弱区重叠。我国高资源消耗、高污染排放的粗放型经济发展方式还没有真正实现转变。

从资源利用效率看，明显低于发达国家。改革开放以来，我国走的是一条资源消耗型的工业化道路。我国已成为矿产品生产和消费大国，煤炭、钢、十种有色金属、水泥等产量和消费量均居世界第一。虽然中国 GDP 总量增长迅速，但因基数小，GDP 只有世界的 4%～5%，但却消耗了世界 10%～40%的资源。钢铁、有色、电力、化工等 8 个高耗能行业单位产品能耗，比世界先进水平平均高 40%以上；工业用水重复利用率比国外先进水平低 15～25 个百分点；矿产资源总回收率比国外先进水平低 20 个百分点。

从全球资源供给能力看，“驾着大棚车到西部拓荒”的“牧童经济”时代已一去不复返。有限的资源供应能力与强劲的市场需求间的不平衡，正威胁着国家安全。按照当前生产状况，我国石油储量只够开采 15 年左右。如果按照世界上能源利用效率最高的日本和韩国的石油消费水平，我国到 2030 年基本完成工业化时，我国的石油消费总量将增加到 36 亿吨。目前全世界石油年产量约为 45 亿吨，其中可贸易量为 22 亿～23 亿吨。这就意味着我国石油需要高度依赖国际市场，石油价格的变化会影响我国能源和其他生产的成本，不仅威胁国家安全，而且会影响国际政治关系。

（二）保护优先是避免“先污染，后治理”代价过大的必然选择

工业化以来，人类排入大自然的成千上万种污染物很多都是自然难以降解的。环境一旦污染，要彻底治理难度很大。不仅时间周期长，要恢复到以前的状态，可能需要几十年、上百年时间，而且技术要求高，往往需要投入巨额资金。例如，湖南省株洲市是我国镉污染最严重地区，2011 年在清水塘污染区仅打造一个“治污样本”，而非完成整个污染区域的治理，就需要 400 多亿元之巨。又如，2009 年，云南阳宗海发生砷污染事件，相关企业已被处罚，有关人员被判刑。从 2005 年到 2008 年，这家企业 3 年半给当地上缴的利税是 1 160 万元。按照云南省治理阳宗海的规划，“十二五”要拿出 11 亿元来治理污染，专家认为 11 亿元远远不够，要真正治理达标大概需要 40 亿～70 亿元。

实践证明，末端治理措施必然增加企业成本，而采取预防措施，是可以有效减少或避免增加企业成本的。例如，20 世纪 80 年代在荷兰经济部和环境部的支持下开展的一项预防废物产生和排放的大规模核算研究，制定了一些预防政策和推荐的技术、方法，并在 10 家公司中进行试验。结果表明，通过采取这些预防技术，多数情况下，公司采取这些预防措施无须任何费用调整就可对生产过程中的不同废物削减 30%。美国也认识到末端治理的高昂代价，20 世纪 90 年代以前美国每年用于末端污染治理的费用大于 1 200 亿美元，占国民经济总产值的 2.8%，为此美国改变了污染治理的策略，于 1990 年 10 月通过了《污染预防法》，提出要将污染消除或削减在生产之前。1991 年 6 月丹麦也颁布了《污染预防法》[①]。

无论从我国污染现状和趋势、公众健康和需求压力看，还是从资源供给能力与发展成本、减排成本和国际社会约束来分析，我们都应坚持保护优先，预防为主，避免重蹈发达国家“先污染后治理”的覆辙。

（三）自然恢复是生态建设的重要途径

在生态建设上，以自然恢复为主，让大自然自我调节、自我修复。这是尊重

---

① 王家德，陈建孟. 当代环境管理体系建构. 北京：中国环境科学出版社，2005：157-158.

自然、顺应自然规律的具体表现。自然状态下，生态系统对所受到的干扰具有一定的恢复能力。只要人类停止对其干扰，生物恢复的条件还在，就可以让退化的生物群落恢复生机。坚持自然恢复为主，可以避免人类对自然的干预，降低环境保护的成本，起到事半功倍的效果。

如果人类干扰超出自然的自我调节能力，生态系统状态将无法恢复到原来的平衡状态，系统转化到其他状态，如森林因采伐过度，甚至退化为荒漠。如果完全通过自然恢复，往往需要很长时间。例如，森林采伐迹地如果要恢复到原来状态往往需要几十年到上百年。通过人工修复，可以使恢复速度加快，但必须投入很多人力、物力和财力。同时由于自然生态系统的复杂性和人类认识水平的有限性，使得人工修复无法使生态系统恢复到自然状态。因此，人工修复存在很多局限性。

十三、什么是资源节约型和环境友好型社会？

（一）资源节约型和环境友好型社会的提出及其发展

资源节约型和环境友好型社会的提出是在国际相关理论发展背景下，结合我国社会发展现状的实际需求而提出的。1992 年，联合国巴西召开的环境与发展大会通过的《21 世纪议程》正式使用“环境友好”一词。2002 年，在南非召开的世界可持续发展首脑会议上，环境友好理念的认同进一步增加，在会议通过的《约翰内斯堡行动计划》中，其内涵从生产、消费、技术等局部环节扩展至政治、文化、道德等全方位领域。2004 年，日本政府发表《环境保护白皮书》，在国际社会中率先提出建立环境友好型社会。2005 年，党的十六届五中全会通过了《中共中央关于制定国民经济和社会发展第十一个五年发展规划的建议》（以下简称《建议》），首次把“建设资源节约型、环境友好型社会”（以下简称“两型社会”）确定为国民经济和社会发展中长期规划的一项战略任务。《建议》提出，“落实节约资源和保护环境基本国策，建设低投入、高产出、低资源消耗、少排放，能循环、可持续的国民经济体系和资源节约型、环境友好型社会”。同年下半年在中央经济工作会议上，将大力节约能源资源，加快建设资源节约型、环境友好型社会作为 2006 年经济工作的主要任务之一，提出了相关目标、实现途径、工作重点和措施。

2007 年，党的十七大又进一步提出“必须把建设资源节约型、环境友好型社会放在工业化、现代化发展战略的突出位置，落实到每个单位、每个家庭”。同年 12 月，国家正式批准武汉城市圈和长株潭城市群为“两型社会”建设综合配套改革试验区。2012 年，党的十八大再次强调坚持节约资源和保护环境的基本国策，坚持节约优先、保护优先、自然恢复为主，着力推进绿色发展、循环发展、低碳发展，形成节约资源和保护环境的空间格局、产业结构、生产方式、生活方式，从源头上扭转生态环境恶化趋势，为人民创造良好生产生活环境，为全球生态安全作出贡献。这些要求和战略部署是党中央根据我国当前面临的资源约束趋紧、环境污染严重、生态系统退化的严峻形势而作出的战略选择。

“两型社会”理念在较短的时间内被迅速提升到如此高的战略地位，有其深刻的历史必然性和重要的现实意义。一是资源环境问题成为我国全面小康社会和现代化建设进程中的瓶颈约束，而破解瓶颈约束需要理论创新，这是环境友好型社会理念提出的社会经济基础；二是科学发展观成为统领我国经济社会发展的基本纲领和原则，落实科学发展观要求从经济社会发展的主要方面实践科学发展观的思想，做到实际工作有旗帜、有目标、有抓手，这是环境友好型社会理念提出的政治基础。从这两点看，环境友好型社会就是从可持续发展的三大支柱之一——资源环境保护的角度落实科学发展观的具体体现。它要求经济社会发展的各方面必须符合自然生态规律，向着有利于维护良好生态环境的方向发展，并用生态环境保护的思想和方法促进经济社会全面、协调和可持续发展；它既是统领环境保护工作的一面旗帜，也是全面系统开展资源环境保护实践的总抓手；三是资源节约型、环境友好型社会发展理念不是无源之水、无本之木，有其产生的历史必然性，是国际社会环境保护战略思想演变和可持续发展实践进展的必然结果，这是资源节约型、环境友好型社会理念提出的认识基础。

（二）“两型社会”的内涵

1. 资源节约型社会的内涵

资源节约型社会是从资源利用角度提出的一种社会发展要求。资源节约型社会强调在社会经济活动的生产、流通、消费等领域促进资源的节约，杜绝资源的浪费，降低资源的消耗，提高资源的利用率、生产率和单位资源的人口承载力，以最少的资源消耗获得最大的经济和社会收益，以缓解资源的供需矛盾，保障经济社会可持续发展。建设资源节约型社会，需要着力构建节约型的消费模式。在全社会形成崇尚节约、合理消费、适度消费的理念，用节约资源的消费理念引导消费方式的变革，逐步形成文明、节约的行为模式。

我国将资源节约与环境友好相并列，主要是基于我国的现实需要。我国的资源禀赋条件决定了中国必须走节约之路。作为世界上人口最多的大国，人均收入刚刚迈入中等收入国家的门槛。如果我国资源消耗达到美国以世界不到5%的人口消耗世界25%的能源资源的人均水平，全世界的资源能源是无法支撑这一需求的。随着农业现代化、工业化和城镇化进程的加快，居民消费结构的升级，资源能源需求呈刚性增长。发展中不平衡、不协调、不可持续问题依然十分突出，但资源环境约束日趋强化，巨大的资源能源压力比世界上任何国家都大，面临的挑战和风险是其他任何国家都无法比拟的。因此，在不牺牲我国人民生活质量提升的条件下，唯一出路就是要厉行节约，提高资源能源利用效率，以较少的资源能源消耗满足人们日益增长的物质、文化生活需要。

2. 环境友好型社会的内涵

环境友好型社会是从人类的社会经济系统与生态环境系统之间关系的角度，描述的一种社会发展状态。其内涵具备四个特征：一是环境友好型社会是因环境问题而起，并为从根本上解决环境问题而形成的一种整体性思维方式，将有利于环境的经济发展方式、社会行为、政治制度、科技支撑和文化纳入有机的和统一的科学发展框架下，是一个有利于生态环境保护的理论与实践的集合。二是环境友好型社会是一种以环境友好为特征的新的人类社会发展形态，是可持续发展社会的具体表现形式，是人与自然和谐也必然是人与人之间和谐的社会。三是环境友好型社会要求经济社会发展符合生态规律，并用生态环境保护的思想和方法促进经济社会的全面、协调、可持续发展。环境友好型经济发展方式、绿色政治制度、环境文化价值观、绿色科技是环境友好型社会的基本要素，也是建设环境友好型社会的基本途径和措施。四是“环境友好”的概念是动态和分层次的，当前应该是社会经济活动对环境的负荷和影响要达到现有技术经济条件下的最小化，最终这种负荷和影响要控制在生态系统的资源供给能力和环境自净能力之内，形成社会经济活动与生态系统之间的良性循环。

环境友好型社会是由环境友好型技术、环境友好型产品、环境友好型企业、环境友好型产业、环境友好型学校、环境友好型社区等组成。主要包括：有利于环境的生产和消费方式；无污染或低污染的技术、工艺和产品；对环境和人类无不利影响的各种开发活动；符合生态条件的生产力布局；少污染与低消耗的产业结构；人人关爱环境的社会风尚和文化氛围等。

（三）“两型社会”建设是生态文明建设的实现方式和社会形态

资源节约、环境保护、生态恢复是一个统一的有机整体，构成了生态文明建设的方向和重点。其中，节约资源是降低污染的源头措施之一。只有改变高消耗粗放型的资源利用方式，从资源消耗的源头减少污染物的产生，才能减轻末端治理的压力。只有降低资源消耗，才能减少因资源开采引发的生态破坏。因此，转变资源利用方式，推进资源利用方式向集约高效转变，既是生态文明建设的内在要求，也是转变经济发展方式的重要途径。

“两型社会”建设既是一种新型社会发展模式，又是生态文明建设所要达到的目标。两者从不同角度提出，但共同追求的都是人与自然和谐，只是侧重角度的差别。“两型社会”是从社会发展模式的角度提出的，而生态文明建设则是侧重人类文明转型和中国特色社会主义现代化事业总体布局。

建设生态文明，以把握自然规律、尊重自然为前提，以人与自然、环境与经济、人与社会和谐共生为宗旨，以资源环境承载力为基础，以建立节约环保的空间格局、产业结构、生产方式、生活方式以及增强永续发展能力为着眼点，以建设资源节约型、环境友好型社会为本质要求。

如果说生态文明的理念、观念是一种远大理想的话，“两型社会”则是现阶段我们建设生态文明的必然结果和外在体现，是具体的实现方式和形态。实际上，生态文明理念在生产体系、生活体系、经济体系、技术体系、金融贸易体系、分配体系和民主体系等方面的不断展开就是实现“两型社会”的过程。

如同生态文明建设一样，“两型社会”建设是一个由政府、企业、社会组织以及公众广泛参与的社会行动。“两型社会”的形成与发展，不仅需要政府自上而下的推动和引导，企业积极地参与和支持，更需要在全社会自下而上培养生态忧患意识、形成人与自然和谐相处的社会共识，同时将这种意识和共识转化到日常的行为中去。

十四、如何理解美丽中国？

党的十八大报告提出要“努力建设美丽中国，实现中华民族永续发展。”“美丽中国”一时间成为热词，运用如此柔软、悦耳、富有诗意的词汇，更加贴近基层、贴近普通群众，透露出民生温度和民意期许。

（一）美丽中国的概念和内涵

美丽，是对事物客观属性与主观感知的综合，客观属性表征为光彩焕发、美好艳丽；主观感知体现为心旷神怡、情感愉悦。道家认为美的本质是和谐，美是天地之道，圣人之德。美因与丑和恶相比较而凸显其特质。老子认为“天下皆知美之为美，斯恶已；皆知善之为善，斯补善已”。庄子认为“天地有大美”，美需要到自然中去体验，“山林矣！旷野矣！使我欣欣然而乐矣”。

自然主义者主要从审美角度提出保护大自然、保护自然之美。例如，美国哲学家梭罗主张保护荒野；美国生态学家、大地伦理学的创立人利奥波德认为美丽是从更高的价值上去看待问题，而不仅仅着眼于经济价值，是道德上的动力。并将道德判断的标准确定为“当一个事物有助于保护生物共同体的和谐、稳定和美丽的时候，它就是正确的，当它走向反面时，就是错误的”。美国学者奥斯丁认为“美是环境伦理学的基础”。地球美就是生态美。他认为，人类对自然美的知晓促成环境伦理学建立。美的体验能创造并维持事务之间的各种关系。审美需求是人类需求的最高层次。马斯洛的需求层次理论认为当人的低层次需求被满足之后，会转而寻求实现更高层次的需要——求知需要和审美需要。

党的十八大提出“将生态文明建设放在突出地位，融入经济建设、政治建设、文化建设、社会建设各方面和全过程，努力建设美丽中国，实现中华民族永续发展”，反映了党对发展理念的价值升华，将美丽的要求作为中华民族永续发展的战略目标，这一目标体现了发展到一定阶段后对精神层次的必然追求。追求美也是社会主义核心价值观的重要内容。可见，美丽中国，就是生态环境优美，经济持续健康发展，社会主义民主政治完善，社会主义文化发展繁荣，社会主义社会和谐稳定的中国。

“美丽中国”概念是新的，其理念却并不完全陌生，是中国共产党执政思想的顺延，“美丽中国”被赋予了新的内涵。“美丽中国”首重生态文明的自然之美。从“必须树立尊重自然、顺应自然、保护自然的生态文明理念”，到可感、可知、可评价的“美丽中国”，说明我们党的执政理念越来越尊重自然，越来越尊重人民感受。“既要金山银山，也要绿水青山”——这是百姓对“美丽中国”的最直观解读。“美丽中国”体现科学发展的和谐之美，既给我们指出了科学发展的具体方式，又给我们指明了经济社会发展的美好愿景。在“美丽中国”理念的指导下，我们一定能实现“给自然留下更多修复空间，给农业留下更多良田，给子孙后代留下天蓝、地绿、水净的美好家园”的美好愿景。

“美丽中国”内涵丰富。美丽中国，是时代之美、社会之美、生活之美、百姓之美、环境之美的总和。经济持续健康发展是重要前提，人民民主不断扩大是根本要求，文化软实力①日益增强是强大支撑，社会和谐人人共享是基本特征，生态环境优美宜居是显著标志。美丽中国涵盖了秀美山川的自然美，健康环境的环境美，美好人居的人居美，活力经济的发展美，美丽人文的人文美，幸福生活的生活美。从构成来看，包括物质基础与道德、伦理、审美等精神需要，以及生态保障等多个维度，是生产发展、生活富裕、生态良好的文明发展进程和成果。

（二）建设美丽中国的意义

改革开放30多年来，我国社会主义各项事业取得了举世瞩目的成就。在此背景下，为什么还要提出建设美丽中国呢？

建设美丽中国是全面建成小康社会的基本要求和重要特征，拓展了中国特色社会主义事业的发展领域和范畴。在物质生活资料匮乏的时代，不断满足人们的物质文化生活需求成为社会的主要矛盾。由于人类活动范围的不断扩张，大自然

---

①文化软实力：是指由包括政治、外交、文化以及价值观构成的精神力量，它在国家的意识形态特别是核心价值体系中占据重要位置。一般来说，“软实力”是相对于“硬实力”而言的，它不同于军事、经济、科技等可以用物质手段衡量的国家实力。“软实力”这个概念，最早是美国哈佛大学教授约瑟夫•奈提出的。1990年，他在《谁与争锋》一书中首次将国家的综合国力划分为硬实力和软实力。他认为，资源实力、经济实力、军事实力和科技实力四大因素构成硬实力，这是有限的实力，真正具有无限力量的是软实力。1999年，奈对“软实力”概念予以重新定义：软实力是一个国家的文化与意识形态吸引力，它通过吸引力而非强制力获得理想的结果，它让其他人遵循你所制定的行为标准或制度，按照你的设想行事。2004年，奈将软实力简化为通过吸引力而非威逼或利诱达到目的能力，这种吸引力来自一国的文化、政治价值观和外交政策。

原始状态的美感越来越少了。人们更加关注环境提供物质和能量的能力。随着人们物质生活水平的不断提高，精神文化需求也不断提升。人们不再只是从资源的提供者和废弃物的接纳者的角度认识自然、利用自然，也开始从审美的角度审视自然，欣赏大自然的美。自然景观具有形态美、色彩美、动态美、朦胧美等的主要审美特征。因此，建设美丽中国是我国发展进入新阶段的迫切需求。

建设美丽中国是我国发展进入生态文明建设新阶段的需要，为提升发展质量和空间提供了新的战略指导。建设美丽中国是主动顺应人民群众对干净的水、新鲜的空气、洁净的食品、优美宜居的新期待，是民心所向，百姓所盼。建设美丽中国是着眼长远，为子孙后代留下天蓝、地绿、水净美好家园的客观要求。

（三）建设美丽中国的途径

走向生态文明新时代，建设美丽中国，是实现中华民族伟大复兴的中国梦的重要内容。中国将按照尊重自然、顺应自然、保护自然的理念，贯彻节约资源和保护环境的基本国策，更加自觉地推动绿色发展、循环发展、低碳发展，把生态文明建设融入经济建设、政治建设、文化建设、社会建设各方面和全过程，形成节约资源、保护环境的空间格局、产业结构、生产方式、生活方式，为子孙后代留下天蓝、地绿、水净的生产生活环境。

美丽中国是生态文明建设的目标指向，生态文明建设是建设美丽中国的必由之路。

建设美丽中国，核心就是要按照生态文明要求，通过建设资源节约型、环境友好型社会，实现经济繁荣、生态良好、人民幸福。关键是要处理好经济发展与环境保护关系。在保护中发展、在发展中保护，遵循代价小、效益好、排放低、可持续的基本要求，形成节约环保的空间格局、产业结构、生产方式、生活方式，推进环境保护与经济发展的协调融合。通过保护环境优化发展，经济则会有“可持续的增长”。

建设美丽中国，需要加快转变经济发展方式，把推动发展的立足点转到提高质量和效益上来，使经济发展更多依靠科技进步、劳动者素质提高、管理创新驱动，更多依靠节约资源和循环经济推动，更多依靠城乡区域发展协调互动，工业化、信息化、城镇化、农业现代化同步发展。

建设美丽中国，需要加强和深化生态示范创建。生态示范创建是推进生态文明建设的重要载体，也是建设美丽中国的有效措施。要坚持典型引路、试点示范，因地制宜、循序渐进，通过开展生态建设示范区、生态文明建设试点示范区①、美丽城市、美丽乡村②等创建活动，形成全社会共同推进美丽中国建设的良好局面。

（四）建设美丽中国的实践

1. 中国美丽乡村——安吉

安吉县地处浙江省湖州市西部山区，全县“七山一水二分田”。20世纪80年代，安吉开始走“工业强县”之路，引进和发展了一批造纸、化工、建材、印染产业。经过多年的发展，安吉摘掉了贫困县的帽子，拿到了小康县的牌子。但是，由于大量工业废水的直接排放，使得西苕溪原本清澈的水变成了V类甚至劣V类，流域生物多样性锐减，林木、矿产资源的过度开采造成严重的水土流失，成为全市有名的“污染大户”，被国务院列为太湖水污染治理重点区域，受到了环境污染“黄牌”警告。为此，安吉县先后投入大量资金对污染企业进行环境综合整治，先后关闭和拆除多家污染企业和生产线，付出了巨大的环境整治代价。

发展传统工业遭遇挫折之后，安吉县开始重新审视自身的特点与优势，意识到必须依托和转化良好的生态环境优势，把生态资源变成生态效益。安吉县的资源在山水，潜力在山水，山水秀丽是安吉良好的旅游资源，毛竹、白茶是安吉的优势资源。从生态优势，再到资源优势，进而转化为了产业优势，安吉走上了一条可持续发展之路。以竹产业为代表的绿色产业，形成了从一产到二三产、从物理到生化利用的完整产业链。安吉按照“经营环境”和“享受环境”的全新理念，让区位优势、资源优势、产业优势、人文优势得到了充分显现。将“工业强县”发展之路改为“生态立县”之路。

从2001年起，安吉县委、县政府带领全县人民开始了探索“生态立县”之路，并将每年的3月25日定为生态日。通过艰苦的努力，2006年安吉县被授予首个国家生态县，2008年被环境保护部确定为全国首批生态文明建设试点地区之一。

2008年初，安吉县在被命名为中国第一个“国家生态县”两年之后，出台了《建设“中国美丽乡村”行动纲要》，明确提出十年内让全县187个行政村变身“中国美丽乡村”的目标。同时制定了《“中国美丽乡村”建设考核验收办法》（36项指标），包含“村村优美、家家创业、处处和谐、人人幸福”四大板块，内容涵盖

---

① 见本书第四章第三十六问：“什么是生态建设示范区和生态文明建设试点示范？”

② 农业部办公厅《关于开展“美丽乡村”创建活动的意见》（农办科[2013]10号），2013年2月22日。

了新农村建设的方方面面。又根据各村的不同情况和基础，划分为精品村、重点村、特色村三个档次。

安吉把全面优化农村人居环境作为建设美丽乡村重点和突破口。乡村环境治理是每个新农村建设都绕不开的事，如农村生活污水处理率要达到≥75%。通过村庄环境整治，使村容村貌和生态环境得到全面改善。

至2012年底，已建成中国美丽乡村精品村150个、重点村14、特色村4个，创建覆盖面达到89.8%。“中国美丽乡村”成为继“中国竹乡”、第一个国家级生态县后的第三张名片。全县建成无公害农产品生产基地205个，面积34.4万亩，绿色有机食品基地47个，面积4.7万亩，总产值达5亿元以上。农村生活垃圾收集覆盖率达100%、太阳能特色村覆盖面达到98.3%、近80%的行政村实现生活污水无害化处理。

2010年，一家国内知名门户网站发起“美丽发现——2009年中国美丽乡村评选”活动，安吉以网络票选第一摘得“中国最美丽乡村”桂冠。2010年2月，住房和城乡建设部授予安吉县“2009年中国人居环境奖”。2012年9月6日，安吉县获得了联合国人居署颁发的2012年“联合国人居奖”，成为当年全球唯一一个获奖城市，也是中国首个“联合国人居奖”获得县。如今，安吉又开始新的美丽之旅。安吉县出台了《关于深入推进生态文明示范建设的实施意见》。这份“宣言书”提出要“打造富裕美丽幸福安吉，实现生态文明全国示范，科学发展走在前列”的目标，并明确了2年建成生态文明省级示范，5年成为全国示范的推进计划。

2．建设“美丽杭州”打造美丽中国建设样本

2012年12月7日，杭州市委召开十一届三次全体（扩大）会议，提出“建设生态型城市，打造美丽杭州”目标，进一步彰显山水园林城市特色，让杭州城乡镶嵌在绿水青山之中。2013年1月17日，杭州市委召开的十一届四次全体（扩大）会议，再次明确目标：强化生态文明建设，打造美丽杭州，努力成为美丽中国建设的先行者。2月底举行的市“两会”上，市委主要负责人进一步把“先行者”的概念具体化。他说，杭州有条件在建设“美丽中国”中干在实处、走在前列，成为建设“美丽中国”的先行区之一。在8月召开的十一届五次全体（扩大）会议，审议通过了《关于建设“美丽杭州”的决议》，通过了“美丽杭州”建设实施纲要（2013—2020年）。提出到2020年，以实现山清水秀、天蓝地净、绿色低碳、宜居舒适、道法自然、幸福和谐6个方面为主要标志，建成生态美、生产美、生活美的美丽中国先行区。

"美丽杭州"建设实施纲要（2013—2020 年）确定了总体要求和主要目标。

指导思想：高举中国特色社会主义伟大旗帜，以邓小平理论、"三个代表"重要思想、科学发展观为指导，全面贯彻落实党的十八大精神，以让人民生活得更好为目标，深入贯彻"既要金山银山又要绿水青山""绿水青山就是金山银山"等战略思想，坚持环境立市，把生态文明建设深刻融入经济、政治、文化、社会建设各方面和全过程，科学布局、有序开发，创新驱动、转型发展，形成节约资源和保护环境的空间格局、产业结构、生产方式、生活方式，全面提升经济社会发展质量和生态环境质量，着力建设生态美、生产美、生活美的"美丽杭州"，努力建成美丽中国先行区，在迈向社会主义生态文明新时代的进程中走在前列。

基本原则：一是以人为本，富民惠民。遵从自然规律和经济社会发展规律，转变生产方式和生活方式，增强经济实力和公共产品供给能力，保障人民群众幸福生活。二是生态优先，绿色发展。优化国土空间开发格局，严守生态红线，加大生态保护与建设力度，在保护中发展、在发展中保护，推进绿色、低碳、循环发展。三是系统谋划，重点突破。既着眼长远，实行整体统筹部署，又立足当前，持续实施阶段性行动计划和重大项目，突破重点领域和重点区域，推动全面提升。四是注重品质，彰显特色。精心维护杭州自然山水和城乡人居风貌，传承历史文化底蕴，培育现代文明意识，强化典型示范，充分塑造和着力体现东方品质的内涵特色。五是党政推动、全民参与。建立党政领导、相关部门齐抓共管、社会各界和公众广泛参与的工作机制，健全相关政策和制度体系，形成共谋共建共治共享的良好局面。

阶段步骤。①近期（到 2015 年）："美丽杭州"建设的空间布局、发展路径、政策机制基本构建，城乡生态产品供给水平持续提高，环境质量明显改善，经济发展活力增强，宜居程度不断提升，美丽人文进一步彰显，基本公共服务水平较大提高，成功创建国家生态市，全面建成小康社会。②中期（到 2020 年）："美丽杭州"建设纵深推进，生态系统持续恢复，环境质量全面改善，产业转型总体完成，全面达到国家生态文明建设示范区的目标要求，全市基本实现现代化。③远期（到 2030 年）："美丽杭州"建设取得突破性进展和标志性成果，城乡自然—经济—社会复合系统良性循环、稳定共生，山水相容、城景交融、水净气清、城乡融合的城市外在形象进一步彰显，富庶安宁、精致大气、绿色低碳、和谐包容的城市内在品质进一步形成。

主要目标："美丽杭州"建设的总体目标定位是以实现山清水秀、天蓝地净、绿色低碳、宜居舒适、道法自然、幸福和谐为主要标志，建设生态美、生产美、生活美的“美丽杭州”，成为美丽中国先行区。

其中，《三年行动计划》清晰地列出了 28 项行动任务，从产业发展、生态保护、文化建设等各个方面，提出了细致要求。杭州将建立“创建美丽杭州指数发布机制”，率先出台美丽系列标准，为“美丽中国”建设提供最翔实的样本。

十五、如何理解农村环境保护工作是生态文明建设的重要组成部分？

（一）我国农村环保形势严峻，解决农村环境问题非常紧迫

长期以来，我国城乡分割体制造成农村环境治理严重滞后于城市。改革开放以前，农村生产力水平低下，农村生产和生活废弃物基本能够被周围环境自然消纳。改革开放以来，随着农村经济的快速发展，农村环境问题日益突出。

全国农村每年产生的 90 多亿吨生活污水、2.8 亿吨生活垃圾、2.6 亿吨人粪尿，绝大多数没有处理，随意排放或倾倒。2011 年，全国化肥年施用量达到 5 704.24 万吨，但平均利用率仅 40%左右；农药年施用量约为 178.7 万吨，其中有 60%～70%残留在土壤中。初步估算，我国每年产生各类农作物秸秆约 8 亿吨，其中 30%以上未被有效利用，秸秆随处堆放或就地焚烧，污染农村环境。每年约有 50 万吨农膜残留于土壤中，残膜率达 40%。我国规模化畜禽养殖每年产生 27 亿吨动物粪便，约为工业固体废料的 3.5 倍。这些污水、垃圾、化肥、农药、农膜、粪便，不仅造成了农村水体和土壤环境恶化严重，更加速了耕地的“死亡”。据不完全调查，全国受污染的耕地约有 1.5 亿亩（1 000 万公顷），占耕地总面积的 1/10 以上，污水灌溉污染耕地 3 250 万亩（216.67 万公顷）。据农业部 2006 年统计，全国每年因重金属污染而减产粮食 1 000 多万吨，另外，被重金属污染的粮食每年可达 1 200 多万吨，经济损失至少 200 亿元。土壤污染不仅降低了耕地质量，严重影响食品安全，威胁人体健康，也降低了我国出口农产品的国际竞争力，“镉米”事件更是警示。“城市环境与农村环境唇齿相依，农村环境保护不好，不仅损害农民的利益，还会严重影响城市居民的菜篮子、米袋子、水缸子”。农村环境问题已经到了必须解决、需要加快解决的地步了。

（二）加强农村环境保护是建设生态文明的必然要求

我国农村环境呈现“点源与面源污染共存，生活污染、工业污染和农村污染叠加，各种新旧污染相互交织”的局面。农村环境问题的复杂程度和治理难度已远远超出传统工业和城市污染治理。农村环境形势十分严峻，并成为制约我国可持续发展的重要因素。“全面建设小康社会，关键在农村，环境是难点”。因此，农村环境保护在推动生态文明建设、全面实现小康目标中占有重要地位。具体表现在以下四个方面。

1．农村环境保护是我国环境保护的最大短板

环境保护是建设生态文明的主阵地。当前，农村环境保护更是我国环境保护的主战场。2007 年第一次全国污染源普查结果显示，农业源化学需氧量、总氮、总磷年排放量分别达到 1 324.09 万吨、270.46 万吨、28.47 万吨，分别占全国总排放量的 43.7%、57.2%和 67.3%。其中畜禽养殖污染已成为农业污染源之首，我国畜禽养殖业的化学需氧量、总氮、总磷的年排放量分别占农业源排放总量的 96%、38%、56%，占全国排放总量的 42%、22%、38%。然而与污染物排放大户地位极其不相称的是我国农村环境保护监管力量十分薄弱。

全国有 4 万多个乡镇，其中绝大多数乡镇没有环保机构或环保员，农村乡镇普遍存在污染事故无人管、环保咨询无处问的现象。截至 2011 年底，全国 40 858 个乡镇中，只有 18.6%的乡镇有相关机构开展环保工作，其中独立设置环保机构的乡镇只占全国乡镇的 4.5%，派出设置环保机构占 4.0%。全国每万人乡镇环保编制平均为 0.11 人，实际人员 0.17 人，编外人员比例为 54.1%。约半数乡镇环保工作人员为兼职形式，流动性很大，缺乏权威性。环境管理具有很强的专业性，但现有乡镇环保专（兼职）人员中，89.0%为初级职称及以下人员，64.7%为大专以下学历，无法适应环境管理的专业化需要。

长期以来，农村环保投入严重不足，缺乏固定的投资渠道和明确的投入政策保障，农村环境保护工作基础薄弱，大多数基层环保机构经费紧张，监测设备陈旧落后，普遍缺乏必要的监测、监察设备和能力，农村环境统计体系不健全，环境监测和环境监察工作尚未覆盖广大农村地区，农村生态环境状况底数不清、情况不明，严重制约了农村环境保护工作的开展。此外，农村环境保护管理政策、标准缺失较多，实施环境管理依据不足、管理手段少，执法监督困难重重。

2. 农村环境保护是改善和保障民生的迫切需要

环境是人们生存和发展的基本条件。环境问题是关系民生的重大问题。根据近几年来在全国部分村庄开展的环境质量监测的结果，村庄周边地表水总体为中度污染，主要污染指标为粪大肠菌群、氨氮、高锰酸盐指数。全国仍有约 3 亿农村人口还存在饮水不安全问题，不能满足农民的基本需求，一些农村饮用水水源地甚至检测出有毒有害物质，对群众身体健康构成严重威胁。

随着经济社会发展，广大群众在温饱问题得到基本解决后，对提高生活质量也有了更多的期盼，对改善农村环境质量的呼声越来越高。近年来，环境保护部接到的群众来信、来访中，反映农村环境问题的来信占总数的 70%，来访占 80%。改善农村环境，关系广大农民安居乐业，关系社会和谐稳定。

3. 农村环境保护是统筹城乡发展的重要任务

社会发展的基本宗旨是人人共享、普遍受益。推进基本公共服务均等化，是实现人人共享社会发展成果的必然选择。而环境保护作为农村社会事业的一部分，却是一个更薄弱的环节。环境保护作为政府要为社会成员提供的公益基础性服务，目前仍存在非均等化现象。全国有 4 万多个乡镇，其中绝大多数没有环保基础设施；在 60 多万个行政村中，绝大部分污染治理还处于空白状态。即使实现“十二五”农村环境综合整治目标，全国也仅有 10%的村受益。农村环保社会服务的覆盖面和公平性还相当不足，仍需要国家和地方继续加大农村环保投入。如果实现农村环境综合整治全覆盖，按照每个行政村治理需投入 100 万元，中央与地方资金比例 1∶1 测算，仅中央财政就需要投入 3 000 亿元。

4. 农村环境保护是建设美丽中国的重要领域

我国国土面积的绝大部分为广大农村地区，农村地区生态环境的好坏直接影响着我国生态文明和美丽中国建设的步伐。农业和农村是连接人与自然的主要纽带，农村村容整洁是展现人与自然和谐的重要窗口。通过加强农村环境保护、推进生态文明建设，转变农村的生产和生活方式，建设清洁田园、打造优美宜居的家园，使广大农民在发展经济、改善生活的同时，享有良好的生活环境。

（殷培红）

参考文献

[1] [美]奥尔多·利奥波德. 沙乡年鉴[M]. 侯文慧译. 长春：吉林人民出版社，1997.

[2] 恩格斯. 政治经济学批判大纲（第31卷）[M]. 北京：人民出版社，1963：166.

[3] 恩格斯. 自然辩证法[M]. 北京：人民出版社，1971：149.

[4] 马克思恩格斯全集（第23卷）[M]. 北京：人民出版社，1972：53.

[5] 马克思恩格斯全集（第3卷）[M]. 北京：人民出版社，1974：122.

[6] 马克思恩格斯全集（第25卷下）[M]. 北京：人民出版社，1974：922，864.

[7] 马克思恩格斯全集（第23卷）[M]. 北京：人民出版社，1979：56-57，560.

[8] 马克思恩格斯全集（第23卷）[M]. 北京：人民出版社，1979.

[9] 马克思恩格斯全集（第46卷下）[M]. 北京：人民出版社，1980：34.

[10] [美]泰资中心环境与教育委员会. 环境行动——节约用水[M]. 北京：商务印书馆，1999.

[11] 潘岳. 生态文明知识读本[M]. 北京：中国环境出版社，2013：107，118-119.

[12] 裴广川. 环境伦理学[M]. 北京：高等教育出版社，2002：33.

[13] 全国干部培训教材编审指导委员会. 生态文明建设与可持续发展[M]. 北京：人民出版社、党建读物出版社，2011.

[14] 世界环境与发展委员会. 我们共同的未来[M]. 王之佳，柯金良，等译. 长春：吉林人民出版社，1997.

[15] 余谋昌. 环境哲学：生态文明的理论基础[M]. 北京：中国环境科学出版社，2010：53-55.

[16] 中华人民共和国国土资源部. 中国矿产资源报告2011[M]. 北京：地质出版社，2011.

[17] 方世南. 深刻认识生态文明建设在五位一体总体布局中的重要地位[J]. 学习论坛，2013.

[18] 黄肇义，杨东援. 国内外生态城市理论研究综述[J]. 城市规划，2001（1）.

[19] 黄承粱. 生态文明简明知识读本[M]. 北京：中国环境科学出版社，2010.

[20] 贾峰. 中国没有“先污染后治理”的“资本”[J]. 世界环境，2006（04）.

[21] 李娜. 一个生态恢复的实践范本——浑善达克模式[J]. 科技导报，2011，29（25）.

[22] 刘建. 马克思的“自然生产力”思想及其当代价值[J]. 当代经济研究. 2007（12）：9-13.

[23] 柳文宗. 走出自然恢复与人工治理的困惑[J]. 中国林业，2005（20）：18.

[24] 吕烈武. 海南省万宁市水稻土重金属污染的初步研究[J]. 热带作物学报，2009.

[25] 马凯. 坚定不移推进生态文明建设[J]. 求是，2013（5）.
[26] 马凯. 加快建设节约型社会促进可持续发展[N]. 人民日报，2005-06-26.
[27] 水俣病事件[J]. 世界环境，2009（3）：7.
[28] 王如松. 生态文明与“五位一体”[J]. 经济研究参考，2013（1）.
[29] 肖荣波，蔡云楠，叶长青，艾勇军. 国内外宜居城市研究的热点与趋势[J]. 城市导刊，2009（2）.
[30] 徐绍史. 落实资源节约优先推动经济发展方式转变[J]. 中国科技投资，2011（4）：4.
[31] 杨伟民. 真正领会和坚决贯彻执行节约优先、保护优先的方针[J]. 中国经贸导刊，2013，5-6.
[32] 张延. 日本水俣病和水俣湾的环境恢复与保护[J]. 水利技术监督，2006（5）.
[33] 张玉胜. 生态文明晋级“五位一体”呼唤思维创新[J]. 环境教育，2012（12）.
[34] 张宗祜，张光辉. 大陆水循环系统演化及其环境意义[J]. 地球学报，2001.
[35] 任勇. 环境友好型社会理念的认识基础和内涵. 论环境友好型社会建设[R]. 北京：中国环境科学出版社，2006.
[36] 张力军. 落实科学发展观，构建环境友好型社会. 论环境友好型社会建设[R]. 北京：中国环境科学出版社，2006.
[37] 环境保护部. 全国农村环境综合整治“十二五”规划[R]. 2012.
[38] 国家林业局. 林业发展“十二五”规划[R]. 2011（194）.
[39] 张高丽. 大力推进生态文明建设 努力开创我国发展新局面——张高丽 6 月 17 日在政协十二届全国委员会常务委员会第二次会议上的报告[R]. 中国新闻网，2013-06-17.
[40] 东中西部区域发展和改革研究院. 中国资源节约环境友好型社会发展报告. 国家行政学院出版社，2011：12.
[41] 邓仕林. 五位一体的创新品质[N]. 解放军报，2013-02-19（7）.
[42] 坚持节约优先保护优先自然恢复为主——四论学习贯彻党的十八大精神[N]. 中国环境报，2012-11-22（1）.
[43] 蒋高明. 自然恢复可使生态治理“事半功倍”[N]. 中国社会科学报，2013-04-22（B02）.
[44] 柯教平. 资源节约，一场深刻的变革[N]. 人民日报，2009-03-26（13）.
[45] 任勇. 解读环境友好型社会理念[N]. 中国环境报，2005-11-22.
[46] 温宪元. “五位一体”总体布局：中国特色社会主义建设理论新视野[N]. 南方日报，2012-10-29（F2）.
[47] 辛向阳. 论中国特色社会主义事业“五位一体”总体布局[N]. 北京日报，2012-08-06（17）.
[48] 杨朝飞. “先污染后治理”是教训不是规律[N]. 人民日报，2013-07-06（10）.
[49] 俞海，夏光，杨小明，尚素娟. 生态文明建设如何融入国家建设全过程？[N]. 中国环境报，

2013-01-29（2）.

[50] 祝黄河. 科学把握五位一体的总体布局[N]. 人民日报，2012-11-27（7）.

[51] 曹茸. 推进升级版的新农村建设——访农业部“美丽乡村”创建活动负责人[EB/OL]. [2013-05-17] http：//www.beautifulcountryside.net/Item/260.aspx.

[52] 国家发改委. 我国城市饮用水水源地状况不容乐观[EB/OL]. [2012-07-09]. http：//www.ndrc.gov.cn/hjbh/huanjing/t20120709_490375.htm.

[53] 葛洪泽. 增强国家文化软实力刍议[EB/OL]. [2012-01-21]. http：//www.qstheory.cn/hqwg/2012/201202/201201/t20120121_135709.htm.

[54] 国外生态城市建设经典案例[EB/OL]. [2008-10-30]. http：//www.chinaenvironment.com/view/ViewNews.aspx？k=20081030104023406.

[55] 国务院新闻办公室. 中国的能源政策（2012）白皮书[EB/OL]. [2012-10-24]. http：//www.gov.cn/jrzg/2012-10/24/content_2250377.htm.

[56] 建设“美丽杭州”努力打造美丽中国建设样本[EB/OL]. [2013-07-30]. http：//zjnews.zjol.com.cn/05zjnews/system/2013/07/30/019500327.shtml.

[57] 牛文元. 建美丽中国 靠制度先行[EB/OL]. [2013-06-21]. http：//www.counsellor.gov.cn/Item/11757.aspx.

[58] 解振华在全国发展改革系统资源节约和环境保护工作会议上的讲话——扎实做好资源节约和环境保护工作加快经济发展方式转变[EB/OL]. [2011-03-17]. http：//wenku.baidu.com/view/df5e961efad6195f312ba6ae.html.

[59] 新华社. 党的十八大报告解读：如何理解推进生态文明建设，坚持节约优先、保护优先、自然恢复为主的方针？[EB/OL]. [2013-02-20]. http：//www.gov.cn/jrzg/2013-02/20/content_2335454.htm.

[60] 新华社. 习近平在中共中央政治局第六次集体学习时强调坚持节约资源和保护环境基本国策，努力走向社会主义生态文明新时代[EB/OL].[2013-05-24]. http：//www.gov.cn/ldhd/2013-05/24/content_2410799.htm.

[61] 新华社. 舌尖边的“地球绿飘带”——“三北”防护林护佑民生[EB/OL]. [2013-09-10]. http：//www.forestry.gov.cn/.

[62] 新华社. 地球绿飘带：三北工程建设进入“啃硬骨头”阶段[EB/OL]. [2013-09-11]. http：//www.forestry.gov.cn/.

[63] 徐绍史. 落实节约优先战略 加强资源节约和管理[EB/OL]. [2010-12-07]. http：//www.gov.cn/gzdt/2010-12/07/content_1760846.htm.

[64] 杨于泽. 先污染后治理开始拖现代化后腿了[EB/OL]. 中国价值网，2011-02-16. http：//news.bandao.cn/news_html/201102/20110217/news_20110217_1104977.shtml.

[65] 周生贤. 大力推进生态文明　建设努力建设美丽中国[EB/OL]. [2013-01-09]. http：//dangjian.people.com.cn/n/2013/0109/c117092-20140278-2.html.

[66] 周生贤. 建设美丽中国　走向社会主义生态文明新时代[EB/OL]. [2012-12-03]. http：//www.chinanews.com/gn/2012/12-03/4378632_5.shtml.

第三章

转变发展方式

十六、推进生态文明建设为什么必须转变发展方式?

党的十七大提出要“加快转变经济发展方式，推动产业结构优化升级。这是一项关系国民经济全局紧迫而重大的战略任务”，并将“形成节约能源资源和保护生态环境的产业结构、增长方式、消费模式”作为生态文明建设的核心目标。把“转变经济增长方式”改为“转变经济发展方式”，其内涵发生了极大的变化。经济增长强调的是量的增加，经济发展不仅要求有数量增加，更注重要求有结构改善和质量提高，不仅包含经济增长方式，还包括产业结构、收入分配、居民生活以及城乡结构、区域结构、资源利用、生态环境等方面的内容。从盲目地单纯追求 GDP 量的扩张转变为提高经济效益和经济增长质量上来。

党的十八大又进一步把转变经济发展方式定位为:“是关系我国发展全局的战略抉择”，明确提出:“要适应国内外经济形势新变化，加快形成新的经济发展方式，把推动发展的立足点转到提高质量和效益上来，着力激发各类市场主体发展新活力，着力增强创新驱动发展新动力，着力构建现代产业发展新体系，着力培育开放型经济发展新优势，使经济发展更多依靠内需特别是消费需求拉动，更多依靠现代服务业和战略性新兴产业带动，更多依靠科技进步、劳动者素质提高、管理创新驱动，更多依靠节约资源和循环经济推动，更多依靠城乡区域发展协调互动，不断增强长期发展后劲。”

建设生态文明，就是要坚决摒弃过去那种高污染、高消耗、低效益的粗放增长方式，大力推进低成本、低代价，高效益的绿色发展方式，改善和优化人与自然的关系，创造有序的生态运行机制和良好的生态环境，让人民群众在良好的生态环境下生活得更舒适、更健康。

(一) 传统发展方式导致物质资源消耗大

我国经济的快速增长与资源和要素大规模高强度投入是分不开的。特别是产业结构不合理，更是加剧了资源的紧张。近年来经济增长主要依靠第二产业带动的格局不仅没有改变，反而继续强化。第二产业增加值占国内生产总值的比重

2002 年以来一路攀升，由 44.8%提高到 2011 年的 46.6%，2006 年达到 1981 年以来的最高值 47.9%，对经济增长的贡献率维持在 50%左右，2010 年高达 56.8%。第三产业增加值占国内生产总值的比重在 2002 年达到峰值以来一路走低，对经济增长的贡献率由 45.7%降到 43.7%。服务业发展滞后，其增加值占国内生产总值的比重比中低收入国家平均水平低十几个百分点，特别是现代服务业的数量和质量远不能满足需求。第二产业特别是高耗能工业能源消耗比重过高，钢铁、有色、化工、建材四大高耗能行业用能占到全社会用能的 40%左右；制造业规模虽已位居世界第三，但缺乏自主知识产权、核心技术和世界知名品牌，高投入、高消耗、高污染、低效益的粗放发展特征明显。

今后一个时期，随着经济总量持续扩大，资源和环境硬约束将明显增大。以能源为例，2000 年以来，我国煤炭消费呈现飞跃增长趋势，年消费量从 13.2 亿吨增加到 2012 年的 37.2 亿吨，年均增长率达 9%。如果今后 10 年每年新增能源消费量仍维持在 1.7 亿吨标煤左右，到 2020 年能源消费总量将达到 50 亿吨标煤。虽然中国已成为世界第二大能源消费国，但目前人均能源消费水平仅为发达国家平均水平的 1/3。随着经济社会发展和人民生活水平的提高，未来能源消费还将大幅增长，可能在三至五年内超越美国成为世界最大能源消费国。如此大规模的能源消耗显然是不可持续的，必将对经济增长形成明显的外部约束。

（二）传统发展方式导致高排放、高污染

伴随着高资源消耗产业的迅速发展，我国主要污染物排放总量明显增大，主要污染物排放总量居世界前列。但是，环境保护的长效机制和环境监管体制仍未形成，远远滞后于形势发展需要。近年来环境突发事故增多、隐患增加，水资源供需不平衡，环境与发展的矛盾日益突出。

从环境质量状况看，不合理的开发建设造成资源质量持续下降，水和土壤质量呈恶化趋势，近 17%的土地受重金属污染，近 1/4 的地表水处于污染状态。环境保护部 2011 年对地级以上城市集中式饮用水水源环境状况调查显示，占总供水量 11.4%的水源水质不达标。2012 年，国土资源部监测的 198 个地市，近六成地下水质为差，其中 16.8%为极差（据统计，当前全国 25%的地下水体遭到污染，平原区约有 54%的地下水不符合生活饮用水标准。截至 20 世纪末，我国受污染的耕地面积达 2 000 万公顷，每年因土壤污染而减产的粮食 1 000 万吨，因受污染而超标的粮食 1 200 万吨）。在如此严峻的环境污染形势下，虽然随着经济发展水平的提高，人民健康总体状况不断提升，但是一些与环境污染相关疾病的死亡率或

患病率持续上升。过去 30 年，我国恶性肿瘤死亡率持续上升，每 10 万人由 83.65 人上升至 134.80 人。其中，与生态环境、生活方式有关的肺癌、肝癌、结直肠癌的死亡率呈明显上升趋势，肺癌死亡率上升幅度最大，每 10 万人死亡人数增加了 3.35 倍。如果不加快转变经济发展方式，我们的资源环境将难以承载，我们的经济发展将难以为继，人民的健康也难以承受。

（三）传统发展方式表现为自主创新能力不强

低成本劳动力的充分供给是中国经济高速增长的重要源泉。劳动力的充分供给源于新中国成立后的三次人口出生高峰和农村人口大规模向城市转移。但第一次和第二次人口出生高峰期出生的人群现已进入退休或接近退休年龄，劳动年龄人口正在逼近峰值，劳动力的供需形势发生新的变化。从近年来农民工中青壮年比例不断下降的情况看，劳动力供给增速下降的趋势正在逐步显现，劳动力成本迅速上升，保持经济持续较快增长必须更多依靠劳动生产率提高和科技创新的驱动。

由于自主创新能力不强，缺乏核心技术，缺少自主知识产权，缺少世界知名品牌，我们不得不更多地依靠廉价劳动力的比较优势换来微薄的利益，成为低端产品的“世界工厂”。我国出口商品中 90%是贴牌产品。我国纺织服装出口占全球纺织服装贸易总额的 24%，但自主品牌不足 1%，且没有一个世界名牌。美国《商业周刊》和国际品牌公司 2006 年公布的全球 100 个著名品牌中，美国拥有 50 个，欧洲占有 38 个，亚洲也有 11 个（其中日本 8 个、韩国 3 个），而我国却一个也没有。我国彩电、手机、台式计算机、DVD 播放机等产品的产量虽居世界第一，但关键芯片依赖进口。我国企业不得不将每部手机售价的 20%、计算机售价的 30%、数控机床售价的 20%～40%支付给国外专利持有者。

由此可见，无论是从国际科技竞争加剧的趋势看，还是从我国劳动力供给出现的新情况看，我国已经到了必须更多依靠科技进步、提高劳动者素质和管理创新等带动经济发展的阶段。必须把提高自主创新能力、建设创新型国家作为国家发展战略的核心，全面提高自主创新能力，逐步形成以科技进步和创新为基础的新竞争优势。

（四）传统发展方式不具有可持续性

高储蓄率和由此带来的高投资率是中国经济高速增长的重要因素。2010 年中国储蓄率高达52.6%，比1978年提高14.7个百分点，年均上升0.46个百分点。实证分析表明，储蓄率与人口抚养比呈逆向变化关系。过去30多年中国储蓄率持续提高与抚养比不断下降是分不开的，但这种情况将随着人口结构变化和老龄化进程加快而发生改变。与此同时，社会保障覆盖率提高，公共服务不断改善，政府用于养老、医疗和教育的支出增加。这些变化将促使高储蓄率向下调整，投资驱动经济增长的能力减弱，依靠投资支撑高速增长的经济发展方式必须进行调整。

世界经济在经历金融危机的剧烈动荡后进入复苏轨道，但复苏进程艰难曲折。发达经济体增长乏力，失业率居高不下，欧洲主权债务危机深化蔓延，国际金融市场起伏动荡，新兴经济体通货膨胀和资产价格上涨压力增大。从中长期看，全球经济正在发生调整和变化，进入一个增速减缓和经济再平衡的调整时期。发达国家大规模刺激政策使政府债台高筑，应对危机的量化宽松货币政策埋下隐患，重建财政和修复金融系统需要持续较长时间。世界经济动荡的背后，是全球经济失衡深层次逆向调整，原有的“美欧消费、东亚生产”的增长模式面临巨大的调整压力，国际市场有效需求不足成为经济复苏的重要制约因素，外部需求扩张速度明显放缓，过度依赖出口的经济发展方式不具有可持续性。不加快转变经济发展方式，就难以适应全球增长格局和需求结构的重大变化，也难以增强经济长期持续较快发展的内在动力。

正是上述问题的存在，传统发展方式才亟待转变。在生态文明建设背景下，经济发展方式的转变对于生态文明建设有着重要的意义。经济发展方式转变的成效，归根结底反映生态文明建设水平的高低。经济发展方式实现了根本转变，产业结构实现了转型升级，经济发展从粗放增长转变为集约增长，则必然表现为资源节约、环境友好、人与自然和谐相处，凝结为生态文明的建设成果。如果没有经济增长方式的根本转变，就不可能有真正意义上的生态文明建设成就。转变经济发展方式是一项宏大而复杂的系统工程。综合来看，转变经济发展方式的各项任务密切联系、相互包容、相互促进，只有统筹兼顾，全面完成各方面任务，才能实现经济发展方式的转变，为经济持续较快健康发展奠定坚实基础。

十七、怎样理解和认识环境库兹涅茨曲线？

环境质量与经济增长之间的关系是当下经济社会发展中最重要的关系之一。随着经济增长与物质生活条件的丰富，环境质量每况愈下，环境污染事故频发，这与人们对环境质量的要求形成了巨大的落差。如何理解环境质量与经济增长之间的动态关系，环境库兹涅茨曲线作为一种重要的研究工具，从传入中国开始便得到广泛的关注与应用。

（一）库兹涅茨曲线的提出和应用

库兹涅茨曲线由诺贝尔经济学奖获得者西蒙·库兹涅茨[①]于20世纪50年代首先提出，他认为一个地区的收入不均的现象会随着该地区经济的增长呈先扩大后减小的趋势，以人均收入水平为横坐标，收入分配均等水平为纵坐标，这个倒U型的变化曲线被称为库兹涅茨曲线。

20世纪90年代初，美国经济学家格鲁斯曼和克鲁格等学者首先把库兹涅茨曲线的思想应用到环境质量与经济增长关系的研究中。他们对43个国家的面板数据进行分析，发现部分环境污染物（如颗粒物、二氧化硫等）排放总量与经济增长的长期关系呈现出倒U型曲线关系，即随着经济不断增长，这些环境污染物的排放量先是增加，到了一定点后又趋于下降。据此得出结论：环境污染与人均收入间的关系为“污染在低收入水平上随人均 GDP 增加而上升，高收入水平上随GDP增长而下降”，并把环境质量与人均GDP关系的曲线作为一种工具，用来预测墨西哥政府开始向环境保护加强力量的时间点——环境库兹涅茨拐点。1992年世界银行在《世界发展报告》中以“发展与环境”为主题，引用了该观点，从而

①西蒙·库兹涅茨，俄裔美国著名经济学家，“美国的G.N.P.之父”。1901年4月30日生于乌克兰，1985年7月8日卒于美国哈佛大学所在地。从事的研究：经济周期、国民收入核算、经济增长。1955年所提出来的收入分配状况随经济发展过程而变化的曲线，仅为公式关系，并非理论模型。当被用于衡量经济与社会问题、法律秩序关系时，纵坐标由收入差距变为社会纠纷矛盾。1971年获诺贝尔经济学奖。1946年曾任中国国家资源委员会顾问。1961—1970年，任美国社会科学研究会中国经济委员会主席。

扩大了环境质量随收入增长而变化的研究的影响。Panayotou 在 1993 年正式将这种环境质量与人均收入间的关系称为“环境库兹涅茨曲线”。此后，环境库兹涅茨曲线成为研究经济增长对环境因素影响的一个重要方法。

环境库兹涅茨曲线，简称 EKC（the environmental Kuznets curve），揭示了环境质量（可以用污染程度来表示）在前期会随着经济（使用人均收入来描述）增加而恶化，当收入水平上升到一定程度，环境质量又会随着收入的增加而改善，总的看来即环境质量与收入水平呈倒 U 型曲线的关系。EKC 曲线表明，当一个国家处于经济发展水平较低的阶段时，其环境污染程度通常也较低，环境质量也较高。随着经济增长，人均收入水平的增加，环境污染会逐渐加剧。当经济发展达到一定水平，也就是说到达某个临界点或称“拐点”以后，随着人均收入的进一步增加，环境污染的程度逐渐减缓，环境质量逐渐得到改善，这个拐点被称为“环境库兹涅茨拐点”。

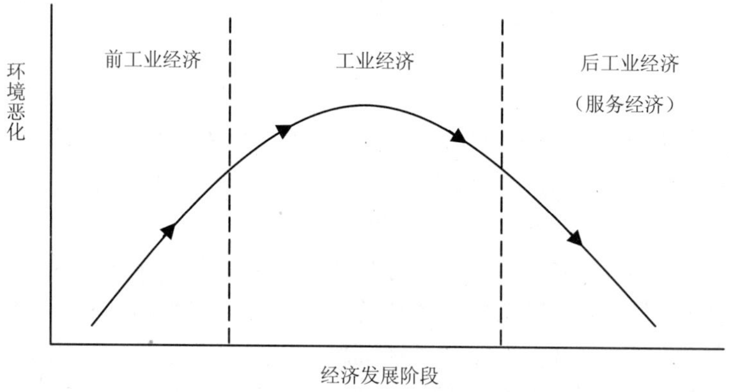

图 3-1　环境库兹涅茨曲线：发展与环境的关系（Panayotou，2003）

（二）国外 EKC 研究的结论

从国外 EKC 实证研究的普遍结果看，倒 U 型的 EKC 是发达国家发达地区和新兴工业化国家在工业化时期所普遍适用的，如美国、西欧、日本、韩国、新加坡、中国香港等。但不同污染物有不同的拐点，不同国家也有不同的拐点。

环境的这种先恶化而后改善的变化趋势曾经是不少工业化国家在经济发展过程中走过的道路。但是，学界并没有认同从部分环境污染指标分析中所得出的“环境库兹涅茨曲线”是一个环境污染的普遍规律，更没有认同“先污染后治理”是经济发展过程中不可改变的规律。环境质量的改善并不唯一的与收入水平相关联，也不会自动地发生，而是有赖于全社会环保意识的提高、环境政策的严格实施，以及技术进步的支持。例如，世界银行（1992）认为一个国家环境政策的选定可能带来大大优于或劣于处于同样收入水平国家的环境条件。生产消费结构、国际贸易、政治和收入的不平衡、经济活动的集约化程度、能源价格等都可能是影响环境质量的重要因素。

此外，一些学者的实证研究结果也发现，不同的污染物可能存在不同的曲线形式，例如，大气和水环境质量指标、重金属和有毒物质指标存在倒 U 型曲线，而其他环境资源指标，则呈不明显的倒 U 型关系。如清洁水短缺率、垃圾产生量等与日常生活密切相关的环境指标随收入水平增长而上升，衡量生物多样性的指标呈 N 型。而对于碳排放和化石燃料消耗指标，一些研究的结果显示在很高的收入水平下才出现转折点，而另一些研究结果显示它们随收入水平增长而上升。

从国外 EKC 实证研究的基本判断中可以得到如下启示：

第一，经济发展与环境污染水平之间具有显著的环境库兹涅茨曲线现象，但不同区域、不同环境指标，拥有不同的 EKC 轨迹及其转折点和实现转折点的时间跨度，且环境质量随着经过发展水平提高而不断得到改善是有优先序的。即首先得到改善的是基本维持生存的环境质量，如清洁饮用水与污水下水道设施等，随着经济发展和收入提高不断地得到改善；其次是与生活舒适程度密切相关的环境指标，如空气污染物、有机物与重金属造成的水污染等；最后是与生态平衡有关而且影响深远的，如二氧化碳排放与生物多样性等。

第二，经济发展水平不可能广泛地解释环境质量变化的全过程。影响环境质量的因素，除了经济发展水平外，还包括生产消费结构、国际贸易、政治和收入的不平衡、经济活动的集约化程度、能源价格、国家环境意志等。

第三，EKC 模型仅用来说明收入水平与环境污染之间存在着相互关系，其转折点的估计值仅仅是建立在若干跨国数据和时间序列数据的实证分析基础上，该模型只能是对经验数据进行检验与验证，而并不能用于预测，切忌将其作为指导和制定被动等待改善环境质量政策的借口。

第四，环境质量改善并不会自动发生，它有赖于全社会环保意识的提高、环境政策的严格实施及技术进步的支持。尤其一个国家环境政策的选定可能带来大大优于或劣于处于同样收入水平国家的环境条件。

（三）环境与经济的脱钩理论

“脱钩”（Decoupling）一词始于经济合作与发展组织（OECD），主要用于描述经济增长对资源、环境依赖程度，即在一定时期内，当某种资源消耗的速度，或某一环境质量指标恶化的速度，或某种环境压力指标变化的速度小于经济增长的速度时，为发展经济而付出的资源、环境代价相对减少，经济增长与环境退化相对挂钩；当资源消耗总量在减少，或环境质量在改善、环境压力在降低时，则认为经济增长与环境退化之间脱钩（如图 3-2 所示）。

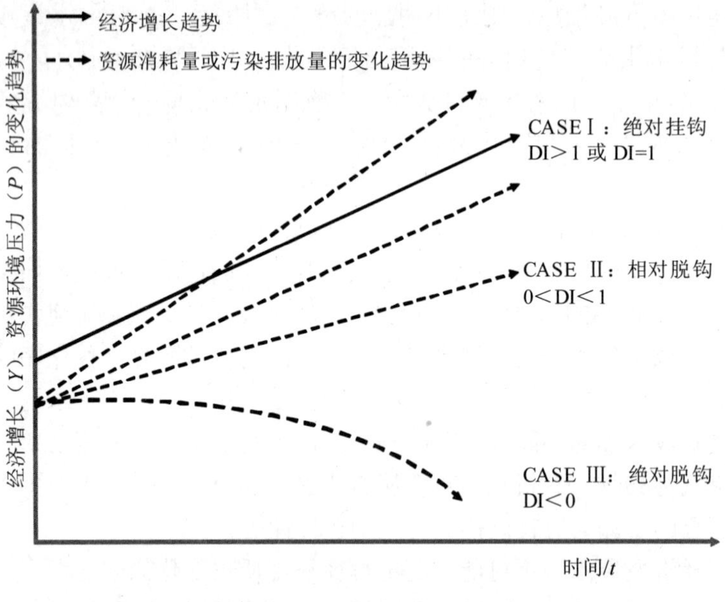

图 3-2　经济增长与资源环境压力关系的三种情景

从环境库兹涅茨曲线上看，经济增长与资源环境压力关系可分为 ABC 三个阶段（图 3-3 DI 为脱钩指数）。

从我国 1990—2007 年经济增长与环境退化关系变化情况看，中国实现环境退化与经济增长脱钩面临巨大的挑战。例如，巨大的人口数量、以低资源能源效率和高污染排放强度为特征的粗放的经济增长方式、以重化工业为主的工业化中期阶段、快速的城市化、处于“世界产品加工中心”和高度依赖产品贸易的参与经济全球化的方式以及不断升级的消费结构和模式等。综合这些挑战因素的发展态势看，在经济增长与主要资源环境压力指标之间的关系上，中国有望在 2030 年之后实现绝对脱钩，生态环境质量得到全面和较大幅度的改善。

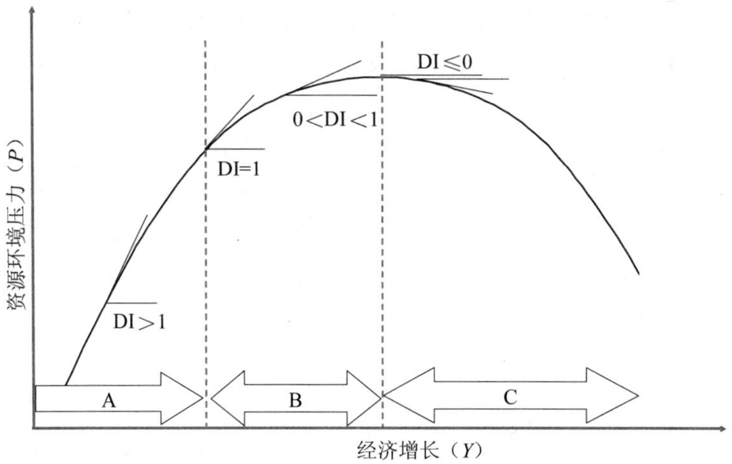

图 3-3 经济增长与资源环境压力关系的三个阶段

（四）正确看待环境库兹涅茨曲线的现实意义

环境库兹涅茨曲线是基于历史数据，对部分国家和地区环境质量与经济增长间关系的一种描述，它的一些主要结论对于我国的生态文明建设工作具有重要指导意义。我国是一个人口众多、人均资源相对匮乏的国家，如果我们对环境问题掉以轻心，不计后果的寻求发展，很可能会超过环境的“承载阈值”，带来无法估量甚至不可逆转的严重后果。

发达国家的经验告诉我们，环境的改善是要靠大规模的资本和技术投入才能实现的。我国的环保投入远远低于发达国家，并且还存在地区之间严重不平衡的问题。环境库兹涅茨曲线不能成为环保工作无可作为“宿命论”的理论依据，更不应成为环保工作不得力的托词与借口。如果环境库兹涅茨曲线是客观世界的真实反映，那么我们应该致力于加快经济建设，同时努力缩短库兹涅茨曲线拐点到来的时间。因为从各国发展的历史经验来看，环境趋于改善的拐点从来不会自动的出现，我们不能“躺在库兹涅茨曲线上”等待拐点的到来，而应该主动地实施严格的环保政策，通过市场、政府、消费者的多方协调努力，共同处理好环境问题，缩短库兹涅茨曲线拐点到来的时间。如果 EKC 曲线并不能完全解释现实世界中环境质量与收入的关系，则警醒我们不要期望环境质量能够通过收入增长而自行解决，更应该作出主动的努力去改善环境。

中国的地区之间、城乡之间不均衡发展也为环境问题增添了新的挑战。在发达地区为改善环境、降低污染作出努力的同时，一些欠发达地区却在用环境污染来换取经济发展。虽然环境的这种先恶化而后改善的变化趋势曾经是不少工业化国家在经济发展过程中所走过的道路，但并非表示它就是一个环境污染的普遍规律，更不能认为“先污染后治理”是经济发展过程中不可改变的规律。特别是在人类对地球环境和生态系统有了更加完整的认识，人类对地球环境和生态系统的压力在很多方面已经接近其“承载阈值”的时候，我们不能坐等所谓“拐点”的到来，而应该主动能动，有所作为。环境持续恶化很大程度上是人类制度上的失败、政策上的失败。

我们坚决不能走“先污染后治理”的发展道路，因为我们所处的时代已经不同于西方在早期的工业化过程中所面临的环境。当时西方国家对所需的大量资源和劳动力，可以轻易地从其他不发达国家中获取，因此它们可以实行高投入、高消耗、高污染生产方式，而不顾忌资源和环境后果。很显然，这种时代已经不复存在，目前已经出现了周期性的“能源危机”，各个国家所能获得或拥有的资源也在不断紧缩。西方发达国家都在努力地节约使用资源能源，减少环境污染。我国不具有挥霍资源环境的资本，也无法将环境污染对其他国家进行转移，治理环境污染的成本也越来越高。因此，我们在保护环境的同时，还应该考虑到地区之间存在的差异，协调各地区本身的发展与环境的关系，还应该协调地区之间的环境问题，避免一些落后地区走“先污染后治理”的老路。这就需要我们坚定地实施可持续发展战略，走新型工业化发展道路，把环境保护提到与经济同等重要的位置，坚持在保护中发展，在发展中保护。

十八、如何体现环境保护优化经济发展的作用？

环境不是被经济增长所牺牲、排斥的因素，环境保护也不应被视为经济活动的一种负担，经济增长和环境保护可以相互支持、相互促进。脱离经济发展抓环境保护是“缘木求鱼”，离开环境保护抓经济发展是“竭泽而渔”。我们必须牢固树立保护生态环境就是保护生产力、改善生态环境就是发展生产力的理念，以保护促发展、以发展促保护，实现经济社会发展与生态环境保护的平衡协调。

（一）环境保护优化经济发展的内涵

环境保护优化经济发展，就是指把环境保护作为改善和促进经济增长的一种手段，从而达到环境保护与经济发展双重目标。在加快转变经济发展方式的新形势下，环境保护被赋予的这一特殊而重要的功能，就是从环境保护的角度对经济发展提出基础性要求，通过加强环境保护法律、法规、标准等，促使经济发展提高资源利用效率、转变发展方式，实现经济发展与环境保护的双重目标。在这个意义上，环境保护与经济发展实现了统一和融合。

环境保护优化经济发展体现在两个方面。一方面，环境保护可以提升经济发展的基础条件——环境承载力。保护环境能有效缓解经济发展对生态环境的冲击，在享有经济发展带来物质财富的同时，也能保持清新宜人、整洁有序的生活环境，金山银山与绿水青山兼得；另一方面，环境保护制约的是粗放型的经济发展模式，而不是阻碍经济发展。环保政策的调控对象具有强烈适应能力和自我调节能力，他们能够根据外部约束条件的变化及时调整自己的行为，并从这种变化中发现或创造出新的发展机会。因此，严格的环保政策可以促进经济行为主体加快技术创新，提高资源利用效率并尽量利用循环再生资源。通过对企业发展绿色产业的经济激励，可以提高经济系统整体质量，增强国家经济的整体竞争能力。

（二）环境保护优化经济发展的理论解释

以环境保护优化经济发展要求把环境承载力作为经济发展的基础条件，走少排放、低排放道路，强化对经济行为主体一种外在的、强制的约束条件，促使其通过技术创新，提高资源利用效率，激励其通过绿色发展获得新的经济效益。

1992 年，美国学者迈克尔·波特研究表明，严格的环境管制会通过鼓励创新和技术进步，可以更有效率地使用原料、能源及劳动力等，降低产品的总成本或提高产品价值，促进企业竞争力提升。他以化工行业为例，29 家工厂为了避免浪费资源而进行技术创新，在 181 项预防浪费的行动中，只有一项活动的结果导致成本增加；在 70 项影响产量变动的行动中，有 68 项带来产量明显上升，其中还有 30 项使得平均产量上升了 7%。波特关于环境管制刺激企业提升竞争力的论断被称为“波特假说”。

对于环境管制促进企业竞争力提升这一现象，波特用创新补偿论和先动优势论进行了解释。创新补偿是指由于环境管制的压力，企业加快了技术创新，由此带来的利益可以补偿环保成本；先动优势是指环境管制把一部分落后企业排除出了市场，使遵守环境法规的企业获得了更多的市场份额，从而增加了企业利润。英国产业联合会也认为，对自然资源更为有效地利用以及对新方法的需求，可以为企业提供新的商机。欧盟环保署以欧洲的经济增长和提供工作岗位为着眼点，认为环境管制可以降低工业商业的成本，也可以为环境友好型的商品和服务提供市场。

（三）环境保护优化经济发展的途径

1. 促进产业发展模式的优化转变

环境保护标准的提升可以倒逼生产标准、生产工艺和生产技术的持续改进，可以促进产业发展模式的转变。20 世纪 60 年代，日本政府迫于国内减少公害和节约资源的社会压力，同时也为了应对美国的汽车环境技术贸易壁垒，1964 年至 1978 年，先后颁布了 14 项有关降低汽车尾气排放的法律、法规和标准，汽车公司也主动投入大量资金进行技术研发，日本的汽车节能减排技术逐渐超过了美国。在随后的石油危机中，日本凭借其先进的节能技术，市场份额快速上升，稳居世界汽车业霸主的地位。我国在改革开放初期引进国外汽车生产技术时，对汽车尾气排放标准要求不高，为了降低成本，甚至省略了车辆尾气净化装置和尾气治理生产线。随着汽车数量大增，汽车尾气污染已经成为城市大气的重要污染源，为了满足公众对环境质量的要求，提高汽车尾气排放标准成为必然趋势。在北京先后实施了国Ⅱ、国Ⅲ和国Ⅳ标准。环保标准的提高，不仅改善了城市大气环境质量，而且引起了汽车工业技术的大幅度变革。一些落后的、污染重的汽车生产技术被逐步淘汰，新的先进技术和工艺得到开发和应用（如化油器技术改成了电喷技术）。我国汽车工业也因此获得了一个重要发展机遇，在满足国际环境标准的同时，又具有较强的价格竞争优势，成功打入了欧美发达国家的市场。

2．循环经济可以间接增加企业的效益

排放标准的提升促使企业重新认识传统“废弃物”的成本与价值，过去的废弃物经过循环利用和环保产业的再造，成为企业新的利润增长点。如济南钢铁公司对“三废”进行综合治理，煤气用于发电，冶金渣转变为建筑材料，废水经过处理重新再利用，取得了良好的经济效益。江苏省昆山市电子信息产业蓬勃发展，电子废弃物数量也随之快速增加。昆山市为此组建成立了 20 多家专门“吃废”的企业，短短几年间就形成了以电子信息产业为依托，以大力发展循环经济和构筑资源节约型体系为特色的新型工业化“链环群”。

3．环境保护可以促进区域产业结构优化升级

通过严把环境准入关口、强制淘汰落后产能、有效控制污染增量、积极支持技术改造等手段，可以推动产业结构调整，促进发展方式转变。“十一五”期间，山西省通过区域限批、限期淘汰等措施，关闭了六七千家小煤矿、两三千家小焦化厂，对未完成限期治理任务的 20 台电力机组予以关闭，对 32 台机组停产治理，对 124 台机组进行了处罚。这些措施不但使 11 个重点城市二级以上天数比上年增长 8.67%，地区环境质量改善很多，而且为后续的产业转型腾出了环境承载能力。随后上马的 160 多个材料工业项目、370 多个装备制造业项目、100 个煤化工项目，大大优化了区域产业结构。

4．环境保护可以促进行业市场竞争力的提升

严格的环保政策和环保标准短期会提高企业成本、削弱竞争力，从长期来看，能有效刺激企业的技术创新和管理创新。众多企业的共同作用下，整个产业的竞争力必然会得以整体提升。“九五”和“十五”期间，山东省分批关闭了治理无望的草浆造纸企业生产线，保留的企业则投入巨资进行污染治理，全省造纸企业个

数减少到 246 家，COD 下降了 66%，产量却增加了 188%。有学者比较了中国与美国的实际经验，认为加强环境保护不会削弱产业的国际竞争力。美国实施了较严厉的环境保护管制，但其污染密集型产业的国际竞争力并没有削弱。环境管制提升国际竞争力的逻辑前提是环境保护的实施必须触发生产的高效率，使污染排放和生产成本均得以降低。荷兰花卉企业为了应对严苛的限制施用化学药剂的环境法规压力，在花卉栽培技术上不断创新，不断提高水肥资源的使用效率，降低化学药剂的使用量，同时也降低了成本，并获得了更佳的产品品质，提升了其花卉产业在全球的竞争力，使荷兰出口的鲜花占全球市场数量的 65%。

环境保护的严格要求也改变了市场准入条件，使落后的技术和产业被淘汰出局，使先进生产力得到更大的发展机会。因此，加强环境保护可以更好地促进而不是妨碍经济发展，这一结论在一些发达国家的发展历程上也得到了印证。瑞典、德国、日本、美国等发达国家都经历了以严格的环境政策促使经济转型的历史阶段。那些经历了严格环境政策“洗礼”的企业，很多已发展为先进生产力的典型，成为具有强大竞争力的跨国公司。

十九、为什么要淘汰落后产能，我国“十二五”落后产能淘汰的重点是什么？

落后产能是指产品的生产技术或能耗和污染排放达不到国家法律法规、产业政策所规定的标准的生产能力。淘汰落后产能是转变经济发展方式、调整经济结构、提高经济增长质量和效益的重大举措，是加快节能减排、积极应对全球气候变化的迫切需要，是走中国特色新型工业化道路、实现工业“由大变强”的必然要求。我国落后产能的淘汰工作始于 20 世纪 80 年代初。1981 年和 1989 年国务院两次下文要求一批小钢铁厂关停并转；1998 年至 1999 年，我国纺织业共压缩淘汰 906 万棉纺锭。进入 21 世纪以来，特别是金融危机爆发以来，推进产业结构调整和优化升级迫在眉睫，加快落后产能的淘汰成为政府重要工作内容。

（一）我国淘汰落后产能的主要原因

1．淘汰落后产能是实现节能减排目标的保障

2011 年我国制定实施的《中华人民共和国国民经济和社会发展第十二个五年规划纲要》提出，“十二五”期间我国节能减排的目标为：单位国内生产总值能源消耗降低 16%，单位国内生产总值二氧化碳排放降低 17%。主要污染物排放总量显著减少，化学需氧量、二氧化硫排放分别减少 8%，氨氮、氮氧化物排放分别减少 10%。落后产能是实现节能减排目标的严重阻碍。以火力发电为例，我国火力发电能耗高、污染重的主要原因是结构“小型化”。2005 年，全国平均单机容量仅为 6.09 万千瓦，单机容量 10 万千瓦及以下小火电机组有 1.15 亿千瓦，占火电装机容量的 29.6%。从煤炭消耗看，大型高效发电机组每千瓦时供电煤耗为 290～340 克，中小机组则达到 380～500 克，高出 100～200 克。从污染物排放看，2005 年，小火电机组排放的二氧化硫和烟尘排放量分别占电力行业总排放量的 35%和 52%。

2. 淘汰落后产能是缓解产能过剩的有效途径

目前，中国传统制造业产能普遍过剩，特别是钢铁、水泥、电解铝等高消耗、高排放行业尤为突出。《国务院关于化解产能严重过剩矛盾的指导意见》（国发[2013]41 号）指出，2012 年底，我国钢铁、水泥、电解铝、平板玻璃、船舶产能利用率分别仅为 72%、73.7%、71.9%、73.1%和 75%，明显低于国际通常水平。产能严重过剩越来越成为中国经济运行中的突出矛盾和诸多问题的根源。从全局和长远来看，遏制矛盾进一步加剧，引导好投资方向，对加快产业结构调整，促进产业转型升级，防范系统性金融风险，保持国民经济持续健康发展意义重大。

以钢铁为例，2000 年至 2012 年，粗钢产量从 1.285 亿吨增加到 7.17 亿吨，增长 5.58 倍，我国粗钢需求仅 5 亿吨左右，约 1/4 的钢铁及制成品依赖国际市场。然而钢厂面临来自上下游、银行、地方政府等多方面压力，为了保住市场份额，只能保持生产规模。如不及时加以控制，粗钢产能过剩矛盾将进一步加剧。从水泥行业看，新型干法水泥建设项目近年来呈爆发性增长，2012 年仍有 216 条在建生产线，2013 年建成投产后，新型干法水泥产能预计将达到 31.33 亿吨。2011 年我国水泥实际产量不到 21 亿吨，按照近 5 年水泥产量 11%左右平均增长率测算，2013 年将达到 26 亿吨。

特别需要关注的是，不仅钢铁、水泥等产能过剩的传统产业仍在盲目扩张，一些地区违法、违规审批，未批先建、边批边建的现象又有所抬头，落后产能过剩严重。在产能过剩特别是供过于求的市场环境下，企业之间为了争夺有限的市场需求势必展开激烈竞争，相互杀价进行惨烈的价格战，甚至不惜以低于生产成本的价格来进行销售，其结果必将削弱企业的盈利能力和研发投入能力，进而导致企业技术创新能力不足，强化企业对价格战和恶性竞争的依赖，行业发展陷入恶性循环。

对于部分行业出现的产能过剩和重复建设，如不及时采取措施加以化解，势必会加剧市场恶性竞争，造成行业亏损面扩大、企业职工失业、银行不良资产增加、能源资源瓶颈加剧、生态环境恶化等问题，直接危及产业健康发展，甚至影响到民生改善和社会稳定大局。

3. 淘汰落后产能有利于推进产业结构调整

我国正面临着资源短缺与环境恶化的严峻挑战，不可能继续走传统的粗放型发展道路，转变经济发展方式势在必行。加快转变经济发展方式，就是要实现经济粗放型增长向集约型发展转变，从粗放经营到自主开发转变，提升具有自主知识产权的产品比重，走精细化、精益化之路。淘汰落后产能有利于产业结构优化、提高产业技术水平，对我国工业乃至整个国民经济的可持续发展具有重大意义。

国务院在 2011 年 12 月 30 日印发的《工业转型升级规划（2011—2015 年）》中明确提出，“工业转型升级是我国加快转变经济发展方式的关键所在，是走中国特色新型工业化道路的根本要求，也是实现工业大国向工业强国转变的必由之路”。该规划的颁布意味着产业转型升级已经成为我国“十二五”经济发展的重要任务。按照《工业转型升级规划（2011—2015 年）》的界定，“转型就是要通过转变工业发展方式，加快实现由传统工业化向新型工业化道路转变；升级就是要通过全面优化技术结构、组织结构、布局结构和行业结构，促进工业结构整体优化提升。”淘汰落后产能契合了工业转型升级的要求，淘汰落后产能主要是淘汰不符合“科技含量高、经济效益好、资源消耗低、环境污染少”的新型工业化要求的设备、生产工艺和产品，通过淘汰落后产能，能够为先进生产能力腾出市场空间，有利于提高产业的整体技术水平，有利于生产能力向大型企业和优势企业集中，因而对优化产业组织结构具有积极的意义。

（二）我国淘汰落后产能的总体要求和政策体系

为加强对淘汰落后产能工作的领导，我国成立了由工业和信息化部牵头，国家发改委、监察部、财政部、人力资源和社会保障部、国土资源部、环境保护部、农业部、商务部、人民银行、国资委、税务总局、工商总局、质检总局、安全监管总局、银监会、电监会、能源局等部门参加的淘汰落后产能工作部际协调小组，统筹协调淘汰落后产能工作，研究解决淘汰落后产能工作中的重大问题。

近年来，随着加快产能过剩行业结构调整、抑制重复建设、促进节能减排政策措施的实施，淘汰落后产能工作在部分领域取得了明显成效。但是，由于长期积累的结构性矛盾比较突出，落后产能退出的政策措施不够完善，激励和约束作用不够强，部分地区对淘汰落后产能工作认识存在偏差、责任不够落实，当前我国一些行业落后产能比重大的问题仍然比较严重，已经成为我国落实应对气候变化举措、完成节能减排任务、实现经济社会可持续发展的严重制约。为此，需要不断完善淘汰落后产能的政策体系。当前，我国淘汰落后产能的政策重点如下。

1. 严格市场准入

强化安全、环保、能耗、物耗、质量、土地等指标的约束作用，尽快修订《产业结构调整指导目录》，制定和完善相关行业准入条件和落后产能界定标准，提高准入门槛，鼓励发展低消耗、低污染的先进产能。加强投资项目审核管理，尽快修订《政府核准的投资项目目录》，对产能过剩行业坚持新增产能与淘汰产能“等量置换”或“减量置换”的原则，严格环评、土地和安全生产审批，遏制低水平重复建设，防止新增落后产能。改善土地利用计划调控，严禁向落后产能和产能严重过剩行业建设项目提供土地。支持优势企业通过兼并、收购、重组落后产能企业，淘汰落后产能。

2．强化经济和法律手段

充分发挥差别电价、资源性产品价格改革等价格机制在淘汰落后产能中的作用，落实和完善资源及环境保护税费制度，强化税收对节能减排的调控功能。加强环境保护监督性监测、减排核查和执法检查，加强对企业执行产品质量标准、能耗限额标准和安全生产规定的监督检查，提高落后产能企业和项目使用能源、资源、环境、土地的成本。采取综合性调控措施，抑制高消耗、高排放产品的市场需求。

3．加大执法处罚力度

对未按期完成淘汰落后产能任务的地区，严格控制国家安排的投资项目，实行项目“区域限批”，暂停对该地区项目的环评、核准和审批。对未按规定期限淘汰落后产能的企业吊销排污许可证，银行业金融机构不得提供任何形式的新增授信支持，投资管理部门不予审批和核准新的投资项目，国土资源管理部门不予批准新增用地，相关管理部门不予办理生产许可，已颁发生产许可证、安全生产许可证的要依法撤回。对未按规定淘汰落后产能、被地方政府责令关闭或撤销的企业，限期办理工商注销登记，或者依法吊销工商营业执照。必要时，政府相关部门可要求电力供应企业依法对落后产能企业停止供电。

（三）我国淘汰落后产能的重点

据《工业转型升级规划（2011—2015 年）》，“十二五”期间，我国淘汰落后产能的重点见专栏 3-1。

针对我国日益严峻的大气污染形势，2013 年 9 月 12 日，国务院出台《大气污染防治行动计划》，该计划对未来一个时期内的淘汰落后产能任务和重点进行了规定。《大气污染防治行动计划》提出：“结合产业发展实际和环境质量状况，进一步提高环保、能耗、安全、质量等标准，分区域明确落后产能淘汰任务，倒逼产业转型升级。”采取经济、技术、法律和必要的行政手段，提前一年完成钢铁、水泥、电解铝、平板玻璃等 21 个重点行业的“十二五”落后产能淘汰任务。2015 年再淘汰炼铁 1 500 万吨、炼钢 1 500 万吨、水泥（熟料及粉磨能力）1 亿吨、平板玻璃 2 000 万重量箱。对未按期完成淘汰任务的地区，严格控制国家安排的投资项目，暂停对该地区重点行业建设项目办理审批、核准和备案手续。2016 年、2017 年，各地区要制定范围更宽、标准更高的落后产能淘汰政策，再淘汰一批落后产能。”

专栏 3-1　主要行业淘汰落后产能的重点

钢铁：重点淘汰 90 平方米以下烧结机、8 平方米以下球团竖炉、400 立方米及以下高炉、30 吨及以下电炉、转炉。

焦炭：重点淘汰炭化室 4.3 米（捣固焦炉 3.8 米）以下常规机焦炉、未达到焦化行业准入条件要求的热回收焦炉等产能。

铁合金：重点淘汰 6 300 千伏安及以下普通铁合金矿热炉等产能。

有色金属：铜冶炼重点淘汰密闭鼓风炉、电炉、反射炉等落后产能。电解铝重点淘汰 100 千安及以下小预焙槽等产能。铅冶炼重点淘汰采用烧结机、烧结锅、烧结盘、简易高炉等工艺设备。淘汰落后的再生铜、再生铝、再生铅生产工艺及设备。

电石：重点淘汰开放式电石炉，单台炉变压器容量小于 12 500 千伏安的电石炉等落后设备。逐步淘汰高汞触媒电石法聚氯乙烯生产工艺。

水泥：重点淘汰 3.0 米以下水泥机械化立窑，小型水泥回转窑，水泥粉磨站直径 3.0 米以下的球磨机等产能，淘汰落后生产能力 2.5 亿吨。

平板玻璃：全部淘汰平拉（含格法）普通玻璃生产线。

造纸：重点淘汰单条年生产能力 3.4 万吨以下的非木浆生产线，年生产能力 5.1 万吨以下的化学木浆生产线，年生产能力 1 万吨以下的废纸制浆生产线等产能。

制革：重点淘汰年加工生皮能力 5 万标张牛皮以下的生产线，年加工蓝湿皮能力 3 万标张牛皮以下的生产线等产能。

印染：重点淘汰 74 型染整设备、浴比大于 1：10 的棉及化纤间歇式染色设备等落后设备。

化纤：重点淘汰湿法氨纶生产工艺，硝酸法腈纶常规纤维生产工艺，年产 2 万吨以下常规黏胶短纤维生产线等产能。

二十、为什么要发展现代新兴产业?

(一)现代产业体系

“十二五”规划明确了现代产业体系是指发展结构均衡、组织合理、布局优化、技术先进、清洁安全、附加值高、吸纳就业能力强的产业体系。党的十八大报告秉承“十二五”规划提出发展现代产业新体系,具体如下。

结构均衡:一方面体现为产业体系的构成要完整,产业之间的比例关系要均衡。产业结构不合理突出表现在第三产业的比重偏低,第二产业特别是工业比重过高。另一方面体现为产业组织结构的协调,即适应各行业技术经济特点,形成大中小企业协调的分布格局。

组织合理:是指大力推动规模经济显著行业企业强强联合、跨地区兼并重组、境内外并购和投资合作,提高产业集中度,推动企业集团化发展;放宽适合小企业和微型企业发展的行业的市场准入,降低准入门槛,营造良好的创业环境;实施龙头企业带动,引导中小企业集聚,发展专业化配套企业,提高企业间专业化协作水平。

布局优化:是指产业布局要适合市场、资源、区位指向的特点,与当地的环境容量、水资源、运输条件和能源供应状况相适应,政府积极引导产业集群发展,促进企业向园区集聚,减少资源跨区域大规模调动。

技术先进:主要指产业自身的技术水平要高和代表先进技术的行业所占比重要高。大力推进科技创新,着力提高企业创新能力,加强企业技术改造,提高各行业使用高新技术的比重,提高科技含量。大力发展技术含量较高的战略性新兴产业,尽快培育形成新的经济增长点,使之逐步成为国民经济的先导性、支柱性产业。

清洁安全:体现了以最小的资源环境代价来保持经济的快速发展。清洁就是要形成低消耗、少排放、可循环的产业体系和产业结构,安全就是重要行业和关键领域要在国际国内竞争中保持独立的产业地位和竞争优势,也包括在生产过程中保证安全性。通过强化节能减排，推广低碳技术，发展循环经济，加强生态环保，大幅度减少单位国内生产总值能源和其他矿产资源消耗，从源头上减少污染物和二氧化碳排放量；维护公平竞争，提高主要产业抗御风险的能力；加强战略资源的保障水平；坚持高载能、高排放产业的内需主导定位和发展方向。

附加值高：主要指在产业体系中居于“微笑曲线”[①]两端的附加值较高的产业链所占比重较高。重点是加强知识产权保护，促进企业掌握核心技术和关键技术，拥有更多专利技术；加强品牌创新，拥有更多国际国内知名品牌和知名企业；在完善产业链中，应着力加强商务模式创新、技术开发、产品设计以及流通、营销、金融操作等附加值高的环节；全面加快服务业特别是现代服务业的发展。

吸纳就业能力强：是对以服务经济为主体的现代产业体系的直观体现。服务业的要素投入以人力资本密集为特征。加快构建以服务经济为主体的现代产业体系，可以直接带动就业的增加，真正启动以消费需求为主体的内生型增长模式，实现经济发展方式的根本转变。

（二）新兴服务业

1997 年 9 月党的十五大报告中首次提出了“现代服务业”。现代服务业是指以现代科学技术特别是信息网络技术为主要支撑，建立在新的商业模式、服务方式和管理方法基础上的服务产业。它既包括随着技术发展而产生的新兴服务业态，也包括运用现代技术对传统服务业的改造和提升。

新兴服务业是相较于传统服务业而言的。《现代服务业科技发展“十二五”专项规划》将其定义为“伴随着信息网络技术的发展、社会分工的细化和消费结构的升级而产生的新的服务形态”。新兴服务业的“新”主要体现在三个方面：随着社会分工深化而产生新的服务对象；随着科技发展而出现新的服务手段；随着管理创新而产生新的服务模式。据此可以把新兴服务业分为三大类：一是为新的市场需求服务的服务业，即新的服务行业，如节能服务业、海洋服务业、邮轮服务业、信息通信服务业、文化创意业、家政服务业等；二是在传统服务业基础上由于运用新资源、新技术或新方法发展起来的新兴服务业，如电子银行业、电子认

---

① “微笑曲线”即“产业微笑曲线”，是描述产业链中不同环节的产业附加值大小分布的曲线，因曲线形式为两端向上而得名。一般地，微笑曲线中间是制造；左边是研发，属于全球性的竞争；右边是营销，主要是当地性的竞争。在产业链中，附加值更多体现在两端，设计和销售，处于中间环节的制造附加值最低。当前制造产生的利润低、供过于求的情况下，产业未来应朝微笑曲线的两端发展，也就是在左边加强研发，创造智慧财产权，在右边加强客户导向的营销与服务。

证、卫星科技服务业等；三是由新的服务模式形成的产业，如远程教育、地理信息服务系统、远程医疗、网络购物、连锁经营、折扣店等。

新兴服务业中既有劳动密集型服务业，如家政服务业、房地产中介服务业等，也有劳动和知识密集并重的服务业，如动漫游戏、咨询设计等。因此，发展新兴服务业，既符合我国劳动力多层次、多元化的特点，也是扩大劳动就业、缓解就业压力的重要途径。

新兴生产性服务业可以促进我国制造业实现从制造业大国到强国的转变。我国产业分工多处于"微笑曲线"的底端，发展新兴生产性服务业，为制造业在新产品设计、生产工艺改进、营销渠道开拓等方面提供支持，可以帮助制造业集群突破原有产业界限、向上下游和相关产业延伸、帮助企业获得新的价值增长点。国际经验证明，当今企业的生产方式相互模仿日益增加，而服务逐渐成为差异竞争的主要手段和收入赢利的主要来源。现在许多领先的制造商都是在其传统制造业业务上通过增加服务从而获得竞争优势的。比如，IBM 曾经是典型的制造企业，但现在 70%以上的收入均来自于服务，特别是信息服务；海尔曾经是传统家电企业，如今也逐步向制造服务企业转型，并在同业竞争中以"服务"取胜。新兴服务业为企业采用先进的生产方式和销售方式提供了支撑，是提高综合竞争力不可或缺的重要手段。

（三）战略性新兴产业

战略性新兴产业是以重大技术突破和重大发展需求为基础，对经济社会全局和长远发展具有重大引领带动作用，知识技术密集、物质资源消耗少、成长潜力大、综合效益好的产业。《"十二五"国家战略性新兴产业发展规划》将我国战略性新兴产业明确为 7 大类、23 个方向，如图 3-4 所示。

2010 年 9 月 8 日国务院审议并通过《国务院关于加快培育和发展战略性新兴产业的决定》提出："到 2020 年，战略性新兴产业增加值占国内生产总值的比重力争达到 15%左右，吸纳、带动就业能力显著提高"，"节能环保、新一代信息技术、生物、高端装备制造产业成为国民经济的支柱产业，新能源、新材料、新能源汽车产业成为国民经济的先导产业"。

战略性新兴产业是引导未来经济社会发展的重要力量。当前，全球经济竞争格局正在发生深刻变革，科技发展正孕育着新的革命性突破，世界主要国家纷纷加快部署，推动节能环保、新能源、信息、生物等新兴产业快速发展。发展战略性新兴产业已成为世界主要国家抢占新一轮经济和科技发展制高点的重大战略。

我国要在未来国际竞争中占据有利地位，必须加快培育和发展战略性新兴产业，掌握关键核心技术及相关知识产权，增强自主发展能力。

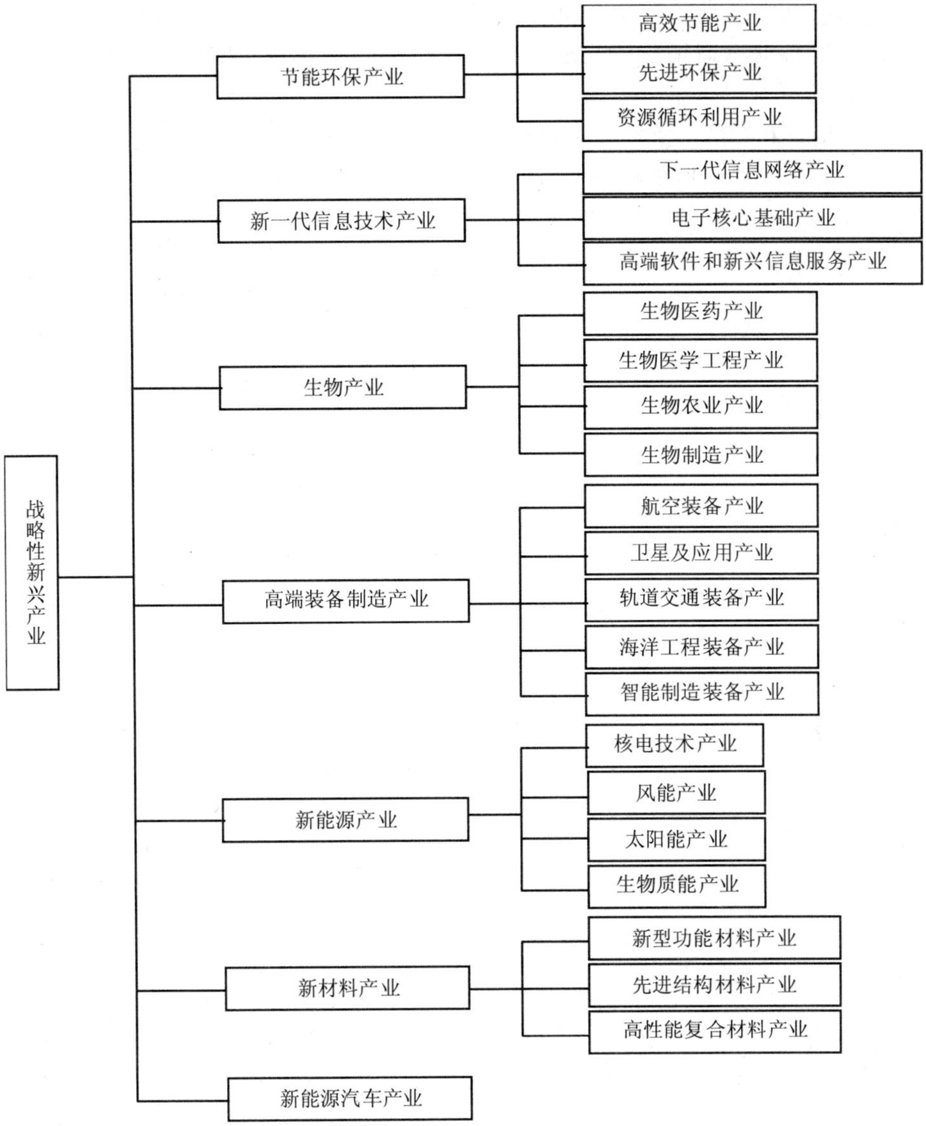

图 3-4 我国的战略性新兴产业

（根据国务院《“十二五”国家战略性新兴产业发展规划》整理）

加快培育和发展战略性新兴产业是我国全面建设小康社会、实现可持续发展的必然选择。我国人口众多、人均资源少、生态环境脆弱，又处在工业化、城镇化快速发展时期，面临改善民生的艰巨任务和资源环境的巨大压力。大力发展战略性新兴产业，加快形成新的经济增长点，创造更多的就业岗位，更好地满足人民群众日益增长的物质文化需求，促进资源节约型和环境友好型社会建设。

加快培育和发展战略性新兴产业是推进产业结构升级、加快经济发展方式转变的重大举措。战略性新兴产业以创新为主要驱动力，辐射带动力强，加快培育和发展战略性新兴产业，有利于加快经济发展方式转变，有利于提升产业层次、推动传统产业升级、高起点建设现代产业体系，体现了调整优化产业结构的根本要求。

二十一、什么是清洁生产，相关国家政策有哪些？

（一）清洁生产的产生与发展

“清洁生产”（Cleaner Production）一词起源于1960年的美国化学行业的污染预防审计。1976年，当时的欧共体在“无废工艺和无废生产国际研讨会”上提出无废工艺和无废生产是“消除污染的根本途径”。1979年4月欧共体理事会正式提出推进清洁生产的政策。1984年起，由欧共体环境事务委员会拨款支持建立清洁生产示范工程。1989年联合国环境规划署与环境规划中心制定了《清洁生产计划》。1992年6月，在巴西召开的“联合国环境与发展大会”上，通过了《21世纪议程》，号召工业提供能效，开展清洁技术，更新替代对环境有害的产品和原料，推动实现工业可持续发展。1998年联合国环境规划署出台了《国际清洁生产宣言》，促进了清洁生产在全球范围内的推广。

在我国，从环境保护事业起步之初就认识到“防治工业污染的根本途径是通过技术改造最大限度地把‘三废’消除在生产过程中”。1992年，我国积极响应联合国环境与发展大会提出的可持续发展战略，将推行清洁生产列入国务院的《环境与发展十大对策》中。1993年第二次全国工业污染防治会议上，明确了清洁生产在我国工业污染防治中的地位，提出“工业污染预防必须从单纯的末端治理向生产过程控制转变，实行清洁生产”。1997年，原国家环保局制定并发布了《关于推行清洁生产的若干意见》，要求地方环保主管部门将清洁生产管理纳入已有的环境管理政策中。1999年，原国家经贸委发布了《关于实施清洁生产示范试点的通知》，选择了北京、上海等10个试点城市和石化、冶金等5个试点行业开展清洁生产示范和试点。同年，全国人大环境与资源保护委员会将《清洁生产法》列入立法计划，2003年1月1日《清洁生产促进法》开始实施。

（二）清洁生产的基本内涵

1. 清洁生产的定义

清洁生产思想是将整体预防的环保战略持续应用于生产过程、产品和服务中，以增加生态效率和减少人类及环境风险。比较全面、有代表性的清洁生产定义主要有以下几个。

（1）在联合国环境规划署与环境规划中心的定义

清洁生产，是指将综合预防的环境策略持续地应用于生产过程和产品中，以减少对人类和环境的风险性，包括节约原料和能源，淘汰有毒原材料并在全部排放物和废物离开生产过程以前减少它的数量和毒性。对产品而言，清洁生产策略旨在减少产品在整个生命周期过程（从原料开采到产品的最终处理）中对人类和环境的影响。清洁生产不包括末端治理技术。

（2）在《中国21世纪议程》中的定义

清洁生产，是指既可满足人们的需要又可合理使用自然资源和能源并保护环境的实用生产方法和措施，其实质是一种物料和能耗最少的人类生产活动的规划和管理，将废物减量化、资源化和无害化，或消灭于生产过程中。同时对人体和环境无害的绿色产品的生产也将随着可持续发展进程的深入而日益成为今后产品生产的主导方向。

（3）在中国《清洁生产促进法》中的定义

清洁生产，是指不断采取改进设计、使用清洁的能源和原料、采用先进的工艺技术与设备、改善管理、综合利用等措施，从源头削减污染，提高资源利用效率，减少或者避免生产、服务和产品使用过程中污染物的产生和排放，以减轻或者消除对人类健康和环境的危害。

2. 清洁生产的主要内容

清洁生产的内容可以简要地概括为“三清一控”，即清洁的原料和能源、清洁的生产过程、清洁的产品以及贯穿于清洁生产过程的全过程控制。

（1）清洁的原料与能源

一方面要求在产品生产中要尽量用无污染、少污染的能源和原料替代毒性大、污染重的能源和原材料；另一方面，所选用的原料和能源要在生产中尽量充分被利用，只有原料利用率和能源转换率提高，废物排放才会减少。

（2）清洁的生产过程

一方面要求尽量使用消耗少、效率高、无污染、少污染的工艺、设备替代消耗高、效率低、排污量大的工艺和设备；另一方面要求最大限度地利用能源和原材料，强化企业管理，减少跑冒滴漏引起的物料流失。

（3）清洁的产品

产品设计应使产品功能性强，既满足需要又要省料耐用，遵循“精简零件、容易拆卸”、“稍微整修可重复使用”、“经过改进能够实现创新”、“产品对生产人员和消费者无害”、“产品生命周期的环境影响小、争取零排放”、“最终废弃后易于分解成无害物”等六大原则。

（4）贯穿于清洁生产过程的全过程控制

包括两个方面的全过程控制：一是生产原料或物料转化的全过程控制，也即产品的生命周期全过程控制，包括从原材料价格、提炼到产品产出、使用直至报废处理各个环节所需采取的污染预防控制措施；二是生产组织的全过程控制，也即工业生产的全过程控制，包括从产品的开发、设计、生产、包装到运营管理中，所采取的防止污染发生的必要措施。

3. 清洁生产与生态工业和循环经济的关系

20 世纪 80 年代以来，国际组织和理论界从不同角度提出了清洁生产、生态工业和循环经济的概念，并开展实践探索。在我国，从清洁生产、生态工业到循环经济的逐渐兴起，体现了人们对推动工业生态化转型认识的逐渐深入过程。随着清洁生产活动的深入开展，人们逐渐认识到清洁生产不能局限于单个分散企业的范围内，需要推动每个行业、整个工业体系的生态化发展，因此促进了工业生态学和工业生态园的迅速发展。20 世纪 90 年代中期以来我国在企业清洁生产、生态工业园区等方面的工作为推进循环经济发展积累了政策经验和实践模式。2002 年，在全球环境基金第二届成员国大会上，我国正式提出要发展循环经济，并认为“只有走以最有效利用资源和保护环境为基础的循环经济之路，可持续发展才能得到实现”。循环经济开始迅速发展，发展理念广泛普及。

清洁生产、生态工业和循环经济三个概念的核心理念都是为了降低污染、提高资源利用效率、保护环境、维持生态平衡，促进可持续发展，但在具体实施的层面和实施方法上存在较多差异。

从实施层次上看，从清洁生产到生态工业（园区），再到循环经济，其要求是逐层递进的，可依次理解为企业层面的小循环、园区层面的中循环和经济系统的大循环三个层面。清洁生产偏重于单个的企业层次，更多地注重企业生产过程和产品生命周期中对资源的合理有效利用和污染物产生量的削减，是生态工业和循环经济发展的基石。生态工业主要注重企业集团、企业间（工业区）、地区间工业体系的生态化、系统化和网络化。生态工业园区是在空间上按照生态学原理和经济学规律组织生产体系，形成的复合型的生态企业群，以降低园区或工业系统的污染排放量和资源消耗量。而循环经济则是在企业清洁生产和工业体系生态化的基础上，进一步扩展至农业、服务业等整个经济运行体系中，从生产、消费、流通、废弃物处理的全过程建立起的一种新经济运行模式，主要是要克服传统经济系统“资源—产品—废物”的开放、不可持续的单向资源利用方式所产生的高消耗、高排放弊端，建立“资源—产品—再生资源”的可持续的循环型经济系统，解决整个经济系统的资源效率和清洁化问题。从本质上看，循环经济是一种生态经济，生态工业、生态农业都是循环经济在的具体表现形式，而生态工业园区则是循环经济在具体区域上的体现。

从实施方法和技术要求看，清洁生产是在单个企业或组织之内将环境保护延伸到该组织有关的各个环节，要求在实施时从组织生产、营销、财务和环保等各个领域进行清洁生产审计，提高组织的环境绩效。生态工业在实施过程中，注重建立企业或组织的共生关系，通过不同企业或工艺流程间的横向耦合及资源共享，实现资源充分利用、减少废物排放，更多方法还是集中在工业范畴内的技术创新和产业政策。而循环经济要求在全社会范围建立起循环利用的经济体系，不仅要求相关技术创新和产业政策外，更要求有相应的消费政策和管理政策的配套和创新。

（三）我国推动清洁生产实施的相关政策

环境保护部根据《环境保护法》和《清洁生产促进法》已经陆续制定和发布了 57 个行业和部门产品的清洁生产标准。国务院清洁生产综合协调部门会同国务院环境保护、工业、科学技术、建设、农业等有关部门定期发布清洁生产技术、工艺、设备和产品导向目录（《清洁生产促进法》第十一条）。并主要通过强制与自愿相结合的方式推动企业开展清洁生产。主要政策手段如下。

1. 清洁生产审核

清洁生产审核，是指按照一定程序，对生产和服务过程进行调查和诊断，找出能耗高、物耗高、污染重的原因，提出减少有毒有害物料的使用、产生，降低能耗、物耗以及废物产生的方案，进而选定技术经济及环境可行的清洁生产方案的过程（《清洁生产审核暂行办法》第二条）。

清洁生产审核分为自愿性审核和强制性审核。有下列情形之一的企业，应当实施强制性清洁生产审核（《清洁生产促进法》第二十七条）：

1）污染物排放超过国家或者地方规定的排放标准，或者虽未超过国家或者地方规定的排放标准，但超过重点污染物排放总量控制指标的。

2）超过单位产品能源消耗限额标准构成高耗能的。

3）使用有毒、有害原料进行生产或者在生产中排放有毒、有害物质的。

2．鼓励措施

《清洁生产促进法》第三十条至第三十四条规定了有关鼓励措施，如通过建立清洁生产表彰奖励制度鼓励企业自愿开展清洁生产审核；在中小企业发展基金中安排适当数额支持中小企业实施清洁生产；依法利用废物和从废物中回收原料生产产品的，按照国家规定享受税收优惠；企业用于清洁生产审核和培训的费用，可以列入企业经营成本等。

专栏 3-2　国际推进清洁生产的主要特点

1）把推动清洁生产和推广国际标准化组织 ISO 14000 的环境管理制度（EMS）有机结合在一起。

2）提高自愿协议推动清洁生产。

3）政府通过优先采购行动对清洁生产进行推动。

4）中小型企业是推广清洁生产的主要对象。

5）依赖经济政策推进清洁生产。

6）社会各部门广泛参与。

7）在高等教育中增加清洁生产课程。

8）科技支持成为发达国家推进清洁生产的重要支持力量。

（四）与清洁产品有关的环境管理手段

1．环境标志认证

环境标志也称绿色标志、生态标志，是指由政府部门或公共、私人团体依据一定的环境标准向有关厂家颁布证书，证明其产品的生产使用及处置过程全部符合环保要求，对环境无害或危害极少，同时有利于资源的再生和回收利用的一种特定标志。环境标志表明该产品不但质量符合标准，而且在生产、使用、消费及处理过程中符合环保要求，对生态环境和人类健康均无损害。

环境标志起源于 20 世纪 70 年代末的欧洲。1978 年，德国第一个建立了环境标志制度，开始执行“蓝天使”计划。美国于 1988 年开始实施环境标志制度，如“能源之星”。此后日本、芬兰、冰岛、瑞典、加拿大等越来越多的国家开始推行环境标志制度。我国于 1993 年批准环境标志图案，1994 年成立了“中国环境标志产品认证委员会”，制定了一些相关管理文件。

实施环境标志制度是推动清洁生产的重要途径。环境标志可以帮助和促进消费者选择环境友好的产品，不仅有利于生产经营者和消费者利益，而且也对开拓环境友好产品市场、发展生态工业和循环经济起到积极推动作用。

2. ISO 14000 环境管理标准

清洁生产的实现至少需要具备两个相辅相成的条件：一是技术革新，采取资源利用效率高、污染排放小的新工艺、新方法；二是完善的企业环境管理。特别是在新的技术尚未出现，或者尚未到达企业可接受的应用成本之前，企业通过加强生产过程的环境管理实现清洁生产更是一种长效途径。1992 年世界环境与发展大会提出可持续发展目标，并意识到要改变工业污染控制战略，必须从加强企业环境管理入手，建立污染预防（清洁生产）的新理念，提出通过企业的“自我决策、自我控制、自我管理”方式，把环境管理理念融入企业全面管理之中。ISO 14000 系列环境管理标准也正是在这种背景下应运而生的。

ISO 14000 环境管理标准是由国际标准化组织继制定了 ISO 9000 质量体系认证之后的第二套国际性管理系列标准。目的是为了加强组织（公司、企业）的环境意识、管理能力和保障措施，从而达到改善全球环境质量的目的。虽然 ISO 系列认证是非强制性标准，但由于这些标准的权威性、指导性和通用性，企业参与 ISO 系列认证有助于参与国际贸易和开展国际合作，ISO 14000 认证被视为进入国际市场的“绿色通行证”。同时还可以为企业带来节能降耗、增强企业竞争力、赢得客户、取信于政府和公众等诸多好处。因此，ISO 14000 认证受到众多国家企业的接受，已经逐渐发挥着国际交流与合作的准则作用。

ISO 14000 环境管理标准自 1995 年开始陆续发布，是一套完整的、操作性很强的环境管理框架文件，按照标准类型可以划分为术语标准、环境管理体系、规范、原理和应用指南、技术支持类标准等三类。内容覆盖了企业为制定、实施、实现、评审和保持环境方针所需的组织结构、策划活动、职责、惯例、程序过程和资源。

二十二、什么是循环经济？资源循环利用体系是什么？

发展循环经济是我国的一项重大战略决策，特别是在经济增长与资源环境之间的矛盾更加突出的背景下，循环经济是缓解“资源有限、需求无限”这对矛盾的重要途径。因此，也是加快转变经济发展方式，建设资源节约型、环境友好型社会，推进生态文明建设的必然选择。

（一）循环经济的发展

20 世纪 90 年代以来，循环经济在发达国家已经成为一股潮流和趋势。从早期的废物处理模式开始，发展到生产系统减量化模式，近年来又深入到消费和产品服务方面，出现了产品租赁服务、零配件维修和回收服务等循环经济模式。

1. 德国的循环经济发展

德国 1991 年通过的《包装条例》是世界首部按照“资源—产品—再生资源”的物质循环思路要求生产者负责废弃物回收和利用的法律。1996 年又颁布实施了《循环经济与废物管理法》，使循环经济不仅与企业也和民众的生活行为关联起来。该法的核心内容是对废物问题解决的优先顺序提出了基本原则和相关管理政策。其核心理念是企业界在生产阶段和消费者在使用阶段要尽量避免各种废弃物的产生，如果源头不能削减必须要尽量循环再利用，只有那些必须产生且不能再利用的废弃物才运行排放但必须作无害化处置。随后，德国又根据不同行业特点，分别制定了促进相应行业发展循环经济的法规，如《饮料包装押金规定》《废旧汽车处理规定》《废旧电车处理规定》，以及《废木料处理办法》等。并由此形成了德国废物处置的法制化、管理的规范化、废弃物清除的标准化、废弃物利用的市场化和效益化等突出的管理特色，废弃物减量化效果突出。

2. 日本的循环经济发展

2000年，日本提出建设自然资源消耗和环境幅度最小化的循环型社会，并召开第一届环保国会，通过和修改了多项环保法规，其中多数与循环社会建设相关，例如《推进形成循环型社会基本法》《特定家庭用设施再商品化法》《促进资源有效利用法》《食品循环资源再生利用促进法》《建筑工程资材再资源化法》《容器包装循环法》《绿色采购法》《废弃物处理法》等。

日本循环经济发展不仅注重废弃物的循环再生、发展静脉产业，而且特别注重从经济社会系统的输入端，提高资源生产率和循环利用率。除了继承早期的以降低单位制品能源资源消耗的各种方法以外，还大力开展清洁生产和绿色制作，推行适时、适量生产，加大可再生资源能源利用。

专栏3-3　城市是可回收金属的仓库

日本虽然是一个自然资源禀赋匮乏的国家，但是在其工业发展中大量使用世界金属资源，现在大部分积蓄在产品和废弃物中。如果从资源循环再利用角度看，这种富集过程给日本留下了巨大的矿产财富，也使得日本成为一个资源大国。日本东北大学选矿精炼研究所教授提出“城市矿山”概念。他们指出，城市里积累在电子电器、机电设备产品和废料中的可回收金属“蕴藏量”丰富。日本国内黄金可回收量为6 800吨，占现有总储量42 000吨的16%，超过世界黄金储量最多的南非；银的可回收量达6 000吨，占世界总储量的23%，超过储量世界第一的波兰；稀有金属铟是制造液晶显示器和发光二极管的原料，目前面临资源枯竭，日本可回收的蕴藏量占世界自然储量的38%，居世界首位。

3. 美国的循环经济发展

美国联邦层面没有专门针对循环经济的法规，有关资源回收和废物再循环利用的要求体现在1976年的《资源保护回收法》和1989年的《纵横废物管理法》中。自20世纪80年代中期俄勒冈、新泽西、罗德岛等州先后制定促进资源再生循环法规以来，现在已超过半数以上的州制定了不同形式的再生循环法规。

总体来看，国际上循环经济发展具有以下几个特点：循环经济在资源短缺国家尤其得到重视；立法是推进循环经济的根本保障；市场化运作和生产者责任延伸制度是重要手段；分层次推进是各国发展循环经济的基本方式。

4. 我国的循环经济发展

循环经济理论自20世纪末开始传入我国后，实践中取得了巨大进展。我国已颁布《循环经济促进法》《清洁生产促进法》《废弃电器电子产品回收处理管理条例》《再生资源回收管理办法》等法规规章和200多项循环经济相关国家标准，引导和推动我国循环经济快速发展。

2005年10月和2007年12月我国先后两批开展循环经济试点工作，涉及重点行业13个，重点领域9个，产业园区33个，省（市）10个；2009年国务院批复《甘肃省循环经济总体规划》和曹妃甸、柴达木循环经济试验区；26个省（自治区、直辖市）中，有133个市区县、256个园区、1 352家企业开展了省级循环经济试点。

党的十八大报告提出“发展循环经济，促进生产、流通、消费过程的减量化、再利用、资源化”，以“推动资源利用方式根本转变”。“十二五”规划中明确提出大力发展循环经济，“按照减量化、再利用、资源化的原则，减量化优先，以提高资源产出效率为目标，推进生产、流通、消费各环节循环经济发展，加快构建覆盖全社会的资源循环利用体系”，并确立了资源综合利用、废旧商品回收体系示范、“城市矿产”示范基地、再制造产业化、餐厨废弃物资源化、产业园区循环化改造和资源循环利用技术示范推广等七项循环经济重点工程。2013年1月23日，国务院发布《循环经济发展战略及近期行动计划》，从构建循环型工业体系、构建循环型农业体系、构建循环型服务业体系和推进社会层面循环经济发展四个重点方面细化“十二五”规划要求，实施循环经济“十百千”示范行动，指导和推动我国循环经济加快发展。

（二）循环经济的基本内容

1. 循环经济的基本特征

我国《循环经济促进法》中的定义是：“循环经济，是指在生产、流通和消费等过程中进行的减量化、再利用、资源化活动的总称”。学术界从不同角度定义了循环经济，体现了循环经济的不同特征。

从资源综合利用角度，循环经济是一种以资源的高效利用和循环利用为核心，以“减量化、再利用、资源化”为原则，以“低消耗、低排放、高效率”为特征，符合可持续发展理念的经济增长模式，是对“大量生产、大量消费、大量废弃”

的传统增长模式的根本变革。

从环境保护角度，循环经济是把清洁生产、资源综合利用、生态设计和可持续消费等融为一体的经济活动。在环境保护上表现为污染的“低排放”甚至“零排放”。

从技术范式角度，循环经济是对“资源—产品—再生资源”的闭环流动型经济的简称，目的是要最终实现“最佳生产、最佳消费、最少废弃”。从简单线性模式转向系统模式是循环经济技术方式的核心特征。

从人与自然关系角度，循环经济是把清洁生产和废弃物的综合利用融为一体的经济，本质是一种生态经济，要求用生态学规律来指导人类社会的经济活动，按照自然生态系统物质循环和能量流动规律重构经济系统，使得经济系统和谐地融入自然生态系统的物质循环过程中，进而建立起一种新形态的经济。

从经济形态和增长方式角度，循环经济是一种新的经济形态和经济发展方式。它以资源循环为主要特征，以环境友好的方式利用资源，将保护环境和发展经济有机地结合起来，把人类生产活动纳入自然循环过程中，所有的原料和能源都在不断循环的经济过程中得到合理和高效利用，从而把经济活动对自然环境的影响控制在尽可能小的程度。

表 3-1　循环经济与传统经济的比较

比较项目	传统经济	循环经济
物质流动方式	单向流动的开放线性经济 （资源—产品—废弃物）	循环流动的闭环性经济 （资源—产品—再资源化）
资源利用	一次性利用、高资源消耗	循环利用、高资源生产率
环境影响	高污染排放	零排放或低排放
追求目标	经济利益最大化	经济、社会和环境效益统一
经济增长方式	数量型增长	内涵式发展
环境治理模式	末端治理	预防为主、全过程控制
理论基础	传统经济理论	生态系统理论、生态经济理论

2. 循环经济的主要原则

20 世纪 80 年代，美国杜邦化学公司就在其生产过程中成功运用了“3R 制造法”（即 reduce，reuse，recycle，减量化、再利用、再循环）和零排放理论，以达到少排放甚至零排放的环境保护目标。该方法得到世界普遍认可。

根据我国《循环经济促进法》，“减量化，是指在生产、流通和消费等过程中减少资源消耗和废物产生”；“再利用，是指将废物直接作为产品或者经修复、翻新、再制造后继续作为产品使用，或者将废物的全部或者部分作为其他产品的部件予以使用”；“资源化，是指将废物直接作为原料进行利用或者对废物进行再生利用”。

3. 循环经济体系的构成

从资源循环利用体系的角度看，循环经济是由“动脉产业”和“静脉产业”组成的一个完整的物质流体系。开发利用自然资源并以非废弃物作为原料的产业被称为动脉产业，垃圾回收和再资源化利用的产业被称为静脉产业。发展静脉产业可以协调“垃圾过剩和资源短缺”两大难题，通过垃圾的再循环和资源化利用把资源利用带入良性循环的状态。

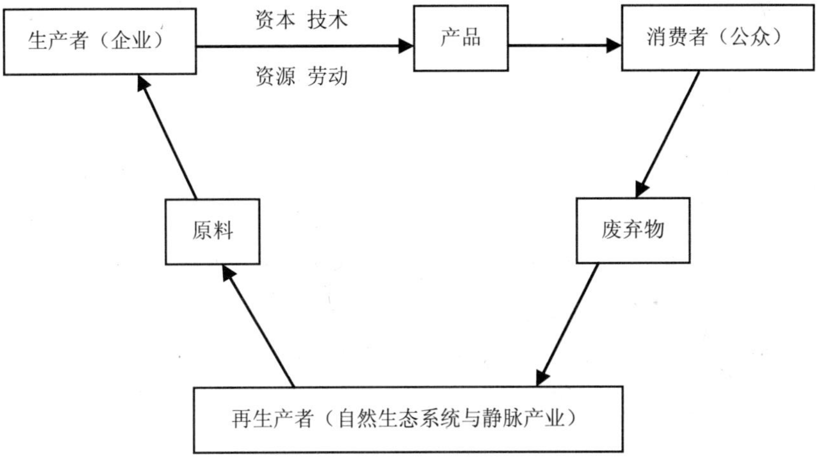

图 3-5 循环经济体系示意图

我国经济增长过程中环境代价过大，一个重要原因之一是由于动脉产业与静脉产业的断裂，没有形成循环耦合、协调发展的有机统一资源循环体系。动脉产业“造血”（废弃物）过多，即污染物排放过多，环境污染代价过大；由于没有充足的回流“静脉”进行动脉血再造，从而导致资源危机和环境问题。因此从根本上尽快扭转我国经济增长环境代价过大的局面，又好又快地推进可持续发展，迫切需要构建我国循环经济“静脉产业”发展体系。

专栏3-4 我国发展循环经济的激励措施

我国《循环经济促进法》第四十二条至第四十八条规定了发展循环经济的激励政策：

1）国务院和省、自治区、直辖市人民政府设立发展循环经济的有关专项资金，支持循环经济的科技研究开发、循环经济技术和产品的示范与推广、重大循环经济项目的实施、发展循环经济的信息服务等。

2）将循环经济重大科技攻关项目的自主创新研究、应用示范和产业化发展列入国家或者省级科技发展规划和高技术产业发展规划，并安排财政性资金予以支持。

3）国家对促进循环经济发展的产业活动给予税收优惠，并运用税收等措施鼓励进口先进的节能、节水、节材等技术、设备和产品。

4）将节能、节水、节地、节材、资源综合利用等项目应列为地方政府重点投资领域。

5）对符合国家产业政策的节能、节水、节地、节材、资源综合利用等项目，金融机构应当给予优先贷款等信贷支持，并积极提供配套金融服务。

6）对利用余热、余压、煤层气以及煤矸石、煤泥、垃圾等低热值燃料的并网发电项目，价格主管部门按照有利于资源综合利用的原则确定其上网电价。

7）国家鼓励通过以旧换新、押金等方式回收废物。

8）政府使用财政性资金进行采购的，应当优先采购节能、节水、节材和有利于保护环境的产品及再生产品。

9）地方政府应当对在循环经济管理、科学技术研究、产品开发、示范和推广工作中作出显著成绩的单位和个人给予表彰和奖励。

（三）我国循环经济发展的主要任务

在生产环节，注重各个环节资源循环的同时还应强化政策和技术支撑，加强规划指导、财税金融等政策支持，完善法律法规和标准，实行生产者责任延伸制度，制订循环经济技术和产品名录，建立再生产品标志制度，建立完善循环经济统计评价制度；开发应用源头减量、循环利用、再制造、零排放和产业链接技术。加快推行清洁生产，在农业、工业、建筑、商贸服务等重点领域推进清洁生产示范，从源头和全过程控制污染物产生和排放，降低资源消耗。加强共伴生矿产及尾矿综合利用，提高资源综合利用水平。推进大宗工业固体废物和建筑、道路废弃物以及农林废物资源化利用，工业固体废物综合利用率达到 72%。按照循环经济要求规划、建设和改造各类产业园区，实现土地集约利用、废物交换利用、能量梯级利用、废水循环利用和污染物集中处理。推动产业循环式组合，构筑连接循环的产业体系，提高资源产出率。

在流通环节，健全资源循环利用回收体系，完善再生资源回收体系，加快建设城市社区和乡村回收站点、分拣中心、集散市场“三位一体”的回收网络，推进再生资源规模化利用。加快完善再制造旧件回收体系，推进再制造产业发展。建立健全垃圾分类回收制度，完善分类回收、密闭运输、集中处理体系，推进餐厨废弃物等垃圾资源化利用和无害化处理。

在消费环节推广绿色消费模式。首先，树立绿色消费理念，推动全社会树立和践行文明、节约、绿色、低碳、循环的消费理念，引导节约消费、适度消费，反对铺张浪费；发扬勤俭节约的优良传统，摒弃讲排场、摆阔气、奢侈浪费的陋习，提高全社会节能、节水、节材、节粮意识。其次，倡导绿色生活方式，鼓励消费者购买和使用节能环保产品、节能省地住宅，减少使用一次性用品；鼓励自备购物袋，禁止使用超薄塑料购物袋；强化法规标准建设，限制企业对商品进行过度包装，引导消费者抵制过度包装商品；倡导绿色、环保、简约、实用的装修理念，抵制奢华、过度装修住宅；鼓励外出就餐适度点餐、餐后打包，婚丧嫁娶等红白喜事用餐从简操办；倡导生态旅游，杜绝随意丢弃垃圾，自觉进行垃圾分类；鼓励网上购物、视频会议、无纸化办公，珍爱野生动植物。最后，政府机构带头厉行节约，在节能、节水、节纸、节粮等方面率先垂范，切实建设节约型政府；同时强化政府绿色采购制度，严格执行强制或优先采购节能环保产品制度，提高政府采购中再生产品和再制造产品的比重；政府机关食堂完善用餐收费制度，健全公务接待用餐管理制度，避免政府机关食堂、公务接待用餐浪费。

二十三、什么是低碳经济？它是在什么背景下提出的？

（一）低碳经济提出的国际背景

全球气候变暖严重影响人类环境和自然生态，导致水资源失衡、农业减产、生态系统严重损害，对人类可持续发展带来了巨大冲击。遏制全球变暖已经成为世界各国都无法回避的责任，政府间气候变化专门委员会（IPCC）全球气候变化研究第四次评估报告表明，气候变暖的原因除了自然因素影响以外，主要是归因于人类活动，特别是与人类活动中排放二氧化碳的程度密切相关。在人类生产、生活中，为了获取能源而大量消耗化石能源，致使地层中沉积碳库的碳以较快的速度流向大气碳库，从而引发了温室效应、环境污染等灾难性问题。IPCC 评估报告的结论是：为实现全球温度上升的控制目标，未来10～20年必须扭转碳排放增长趋势，2050年必须低于目前排放水平甚至减半。由此，以低碳经济模式为基本内涵的发展模式就提到了日程之上。

“低碳经济”概念首先由英国在2003年《我们未来的能源——创建低碳经济》（*Our Energy Future：Creating a Low Carbon Economy*）的白皮书中提出，希望借此理念突破气候变化与能源安全的双重约束。《我们未来的能源——创建低碳经济》白皮书指出，“随着这些挑战（气候变化、能源短缺、能源基础设施老化）而来的是新的机会。这是一个果断地将英国导向低碳经济的机会，其特征是更高的资源生产率——用更少的自然资源和污染排放获得更大的产出——将带来更高生活水平和更好生活质量。这是一个开发、应用和出口前沿技术的机会，将催生更多的工商业活动和就业机会。而且，这还是一个在欧洲和全球范围内，让英国在发展环境可持续的、可靠的、竞争性的能源市场中取得领先地位的机会，而这样的能源市场将支撑世界各地的经济增长。”从这些论述中，不难看出英国倡导的低碳经济主要是针对能源领域的低碳发展，并从能源生产率提高的角度（用更少的自然资源和污染排放获得更大的产出）刻画了低碳经济的主要特征。

随后，Johnston 等学者探讨了英国大量减少住房二氧化碳排放的技术可行性，认为利用现有技术到 21 世纪中叶实现在 1990 年基础上减排 80%是可能的。Treffers 等学者探讨了德国在 2050 年实现 1990 年基础上减少温室气体排放 80%的可能性，认为通过采用相关政策措施，经济的强劲增长和温室气体排放的减少的共同实现是可能的。Kawase 等学者回顾和描绘了长期气候稳定的情景，将排放变化分解为三个因素：二氧化碳强度、能源效率和经济活动等，指出为实现 60%～80%的减排目标，总的能源强度改进速度和二氧化碳强度减少速度必须比以前 40 年的历史变化速度快 2～3 倍。

低碳经济概念一经提出，很快得到许多国家的响应。2008 年世界环境日的主题是“转变传统观念，推行低碳经济”。该主题要求各国政府、企业、社区共同采取措施，减少碳排放，促进建立低碳经济体系和生活方式，在全球范围内实现绿色经济、清洁经济，以及大幅减少低效矿物燃料的使用，及时开发新型的可再生能源。这体现了国际社会对低碳经济的高度重视，并已经展开行动。

专栏 3-5 英国提出低碳经济的碳排放背景

1990 年以来，英国温室气体排放结构发生明显变化，废弃物、工业过程和农业领域是主要减排领域，能源和交通领域则成为英国控制温室气体增长的主要领域。1990—2007 年金融危机前，能源领域作为英国温室气体最大的排放源，所占总排放量的比例上升明显，从 1990 年的 79.5%上升到 2007 年的 84.9%。英国第二大排放源农业领域排放比例基本不变，2007 年约占总排放量的 7.3%。工业过程和废弃物领域排放比例均有明显下降趋势，分别由 7.1%下降到 4.9%、由 6.0%下降到 2.8%。工业过程和废弃物领域减排效果明显，分别为 41.6%和 60.3%，而能源领域减排了 10.3%，明显低于农业领域 7.7 个百分点。工业和废弃物领域的减排潜力基本用尽，能源领域是影响英国未来实现减排目标的最关键领域。但是受世界石油价格飞涨和北海油田开采能力下降的因素影响，英国自 1999 年以来煤炭占能源消费总量的比例有所回升，至 2003 年回升了 3.8 个百分点，至 2006 年回升了 6.6 个百分点。因此，提高能源利用效率、加快非化石能源利用成为英国温室气体减排的必要而紧迫的战略选择。

（二）部分国家和地区的低碳经济发展模式

1. 英国：气候立法和市场机制主导

英国是世界上对气候变化研究最全面和系统的国家之一，是最早提出低碳发展目标的国家，是第一个将二氧化碳减排目标和计划纳入国家立法的国家，也是第一个在国内实施排放市场交易的国家和第一个公布“碳预算”的国家。英国已初步形成了以市场为基础，以政府为主导，以全体企业、公共部门和居民为主体的互动体系，从低碳技术研发推广、政策发挥建设到国民认知等诸多方面，都处在了世界领先位置。

2007 年 3 月，英国通过《气候变化草案》，为英国的温室气体减排建立了一个具有法律约束的长期减排计划和政策体系。《气候变化法》全文共 6 个部分，101 条和 8 个附表。“碳预算”是“碳排放预算”的简称，是借用财政科学中预算的概念，表示在给定的一段时间内允许排放到大气中碳的数目。为实现减排目标，《气候变化法》要求英国政府制定“碳排放预算”，每五年为一个预算周期，对未来 15 年设定呈阶段递减的三个碳排放预算（三个预算周期分别为 2008—2012 年，2013—2017 年和 2018—2022 年，分别比 1990 年排放水平降低 22%，28%和 34%）。英国政府每年必须向议会提交一份控制碳排放、执行预算情况的报告，政府部门必须负责各自领域碳排放预算的执行，不能完成碳排放削减目标的政府部门将受到司法审查。英国发展低碳经济比较注重运用市场手段和经济政策。例如英国最早于 2002 年启动温室气体排放贸易计划（UK-ETS），并取得了较好减排效果。至 2007 年参加欧盟温室气体排放交易之前，累计减排 700 万吨二氧化碳当量。英国的温室气体排放贸易实践为欧盟的交易体系设计和管理提供很多借鉴。此外，英国采用综合经济手段实现废弃物领域减排与非化石能源替代的双赢目标，效果明显。为了从源头减少垃圾产生量，英国对每吨垃圾填埋量征收 40 英镑的垃圾填埋税（到 2010/2011 年提高到 48 英镑/吨填埋量），同时启动了垃圾填埋交易系统（LATS）。并通过可再生能源配额（Renewable Obligation）政策促进填埋气回收。填埋气发电每兆瓦·时可获得 0.25 个可再生能源信用额度（ROC），以抵消发电厂的减排额度。垃圾焚烧与热电联产技术结合将得到 1 个 ROC/兆瓦·时，而使用生物厌氧分解和高温分解技术可获得 2ROCs/兆瓦·时。通过上述措施/政策，英国有 70%的填埋气被回收用于能源供应。同时，固体废弃物领域也是英国减排贡献最大的领域。1990—2007 年，英国废弃物领域减排总量（－27.7 兆吨二氧化碳当量）占英国总减排量的 22.5%，超过能源工业（－22.2 兆吨二氧化碳当量）和工业过程减排量（－22.5 兆吨二氧化碳当量）。

2. 日本：建设低碳社会

日本是首先提出建设低碳社会的国家。认为低碳社会应该是这样一个社会：采取与可持续发展原则相容的行动，满足社会中所有团体的发展需要；为实现全球努力作出公平贡献，通过削减全球大气里的二氧化碳和其他温室气体的排放，使其密度达到一个可以避免危险气候变化的水平；表现出高水平的能源效率，使用低碳能源和生产技术；采取与低水平温室气体排放相一致的消费模式和行为。可见，日本提出的低碳社会除了要发展低碳技术以外，更强调每个地球公民都是温室气体的排放者，有责任承担起碳减排的义务，通过采取低碳的生活方式，形成具有低碳消费意识的公平社会。

2008 年 7 月 26 日，日本政府公布了《低碳社会行动计划》。该计划是对“福田蓝图”的具体化，从目标、行动和具体措施等各方面进行了细化。2009 年，为应对全球金融危机，日本提出了经济刺激计划中，强调要发展节能、新能源和绿色经济，具体措施涵盖了提高太阳能普及率、发展环保汽车、发展生物技术和产业等。2009 年 4 月，日本政府公布的《绿色经济与社会变革》政策草案，力图通过环境投资，把日本打造成为“绿色经济社会”。在低碳社会发展理念下，日本主要从立法和战略规划、财政税收支持政策、宣传倡导低碳生产和生活、开展低碳外交和对外合作等方面来推动低碳经济发展。日本政府出台了诸如补助金制度、特别折旧制度、特别会计制度等多项财税优惠措施。日本还重视宣传和倡导，通过电视、网络、广播、讲座等多种形式向国民宣传和普及节能减排知识和方法途径，引导全民参与到低碳社会的构建中来。一些经济措施，譬如“环保积分制度”，绿色采购制度等则进一步激励了企业和居民的低碳生产和生活行为。

3. 美国：奥巴马的“绿色能源新政”

美国虽然没有加入《京都议定书》①，但十分重视节能减碳。如 1990 年实施《清洁空气法》，2005 年通过《能源政策法》等。2007 年 7 月，美国参议院提出了《低碳经济法案》，该法案指出要在 2020 年把美国的碳排放减至 2006 年的水平、2030 年减至 1990 年水平的碳排放总量控制目标，为此还提出建立限额和交易体系等诸多措施来发展低碳经济。

美国总统奥巴马上台以来，在能源政策方面采取了一系列措施，这些举措与原布什政府相比发生了重大的转折。一是以降低温室气体排放为重要目标，宣布从 2012 年起将对美国的排污、排放收费，到 2050 将二氧化碳减排 83%。二是要建设跨四个时区以超导电网和智能电网为主的全国统一电网，可以接入包括风能、太阳能等在内的各种可再生能源，并能进行智能化管理，将使整个动力系统发生

---

① 1997 年 12 月联合国气候变化框架公约参加国第三次会议在日本京都召开，一致通过《京都议定书》，规定从 2008 年到 2012 年，主要工业发达国家的温室气体排放量要在 1990 年的基础上平均减少 5.2%，这是人类历史上首次以法规的形式限制温室气体排放。

变革。三是计划在未来五年准备投入 1 500 亿美元，用于能源新技术方面的大规模投资建设。四是以每台补贴 7 000 美元的刺激政策，鼓励混合动力汽车的大规模使用，同时对生物燃料每加仑补贴 2 美元。上述奥巴马能源新政组合拳的实施，将极大地推动美国新能源供给、传输与使用。

（三）我国发展低碳经济的紧迫性

1. 我国面临巨大的温室气体减排压力

从全球气候变化的国际需求上看，全球应对气候变化的核心是减少温室气体排放，其中主要是减少能源消费的二氧化碳排放。我国是目前世界上第一大温室气体排放国。我国化石能源消耗的碳排放从 1990 年的 22.41 亿吨上升到 2005 年的 53.23 亿吨，增长了 138%（约 31 亿吨），二氧化碳排放量较快增长的态势，使我国越来越受到国际社会的关注和压力。从人均排放上看，我国人均二氧化碳排放量一直较低，2000 年为世界平均水平的 60%。但随着我国能源消费的较快增长，2004 年已达世界平均水平的 87%，从而使我国面临的减排压力进一步增大。国际能源组织（IEA）在发布的报告中称，中国和印度的能源消耗占全球增长量的 47%。

在此背景下，中国受到部分发达国家和发展中国家的减排压力。早在 1994 年，发达国家就达成协议，要率先承担减排任务，发展中国家并不承担具体的减排责任。但是，美国却以中国近来能源弹性系数居高不下、经济发展强劲为由，要求中国也承担减排任务。在 2007 年底的巴厘岛峰会之前，一些国家已经提出了不同的备选方案。其中，由巴西提出的《圣保罗方案》中，有对中国非常不利的条款。该方案认为中国应该在 CDM 市场达到一定规模后，转换成定量减排目标，甚至在中国尚未完成工业化、实现消除贫困人口时逼迫中国提前进入“买碳”行列。国际上即使同为发展中国家，也很难达成一致立场，随着中国排放量的增加，温室气体减排的国际压力不断加大。

2. 我国能源安全面临严重威胁

1980 年至 2000 年的 20 年中，国家节能政策取得了巨大成就，单位 GDP 的能源消耗减少了 50%，从而实现在 GDP 翻两番的情况下，能源消耗总量只翻了一番。20 世纪 90 年代以来，我国的能源消费飞速增长，我国的发展越来越多地依赖于能源进口。2003—2005 年连续三年能源强度增长，使 2005 年的能源强度回到了 1999 年的水平。仅从能源强度指标来看，由于“十五”后三年的变化，使得

1990—2005 年这 6 年间的节能成效被抵消。而 2005 年 GDP 已经比 1999 年增长了 70%。换言之，虽然能源强度上 2005 年与 1999 相年当，但总能耗却增加了 70%。2003—2005 年全国能耗平均年增速为 14%。假如照此趋势不加控制，中国的能源消耗和碳排放将会在 5 年内翻一番。如此一来，能源消耗和碳排放将可能出现中国和世界均难以承受的严重局面。

（四）我国低碳经济发展状况和低碳试点

1．我国发展低碳经济的措施和政策体系

近年来，我国加快转变经济发展方式，通过调整产业结构和能源结构、节约能源提高能效、增加碳汇等多种途径控制温室气体排放、发展低碳经济，取得了显著成效。

2．我国的低碳试点示范

2010 年 8 月，国家发改委将广东、辽宁、湖北、陕西、云南五省和天津、重庆、深圳、厦门、杭州、南昌、贵阳、保定八市列为低碳试点省市。2010 年五省八市 GDP 总量占全国的 34.4%，能源消费总量占全国的 33.8%。2012 年 11 月，北京市、上海市、海南省和石家庄、秦皇岛、晋城、呼伦贝尔、吉林、大兴安岭地区、苏州、淮安、镇江、宁波、温州、池州、南平、景德镇、赣州、青岛、济源、武汉、广州、桂林、广元、遵义、昆明、延安、金昌、乌鲁木齐等 29 个城市成为第二批开展低碳城市试点工作的地区。

国家发改委规定的低碳试点示范内容主要包括六点具体任务：编制低碳发展规划、制定支持低碳绿色发展的配套政策、加快建立以低碳排放为特征的产业体系、建立温室气体排放数据统计和管理体系、积极倡导低碳绿色生活方式和消费模式，此外，要求建立控制温室气体排放目标责任制，确立科学合理的碳排放控制目标，并将减排任务分配到所辖行政区以及重点企业。

二十四、什么是绿色经济？它与循环经济、低碳经济是什么关系？

在能源短缺和环境恶化的后金融危机时代，发展绿色经济越来越成为世界各国广泛的关注焦点和选择取向。2008 年 12 月 11 日召开的联合国气候变化大会上，联合国秘书长潘基文提出了绿色新政的概念。绿色新政是对环境友好型政策的统称，主要涉及环境保护、污染防治、节能减排、气候变化等与人和自然的可持续发展相关的重大问题。绿色新政鼓励各国在应对气候变化方面进行投资，促进绿色经济增长和就业，以修复支撑全球经济的自然生态系统。实施绿色新政，政府的“绿色领导力”是基本要义，“绿色经济”是基本目标，“绿色投资”是基本方法，“绿色政策改革”是基本保障。绿色新政理念提出以后，得到了各主要国家和集团的积极响应，根据本国的实际情况，推出了各具特色的政策措施，作为推进经济增长和转型的重要途径，加快发展绿色产业，抢占全球竞争的制高点和领先地位。奥巴马的绿色新政包括节能增效、开发新能源、应对气候变化等多个方面，准备投入 1 500 亿美元促进清洁能源发展。欧盟国家准备投资 1 050 亿欧元支持绿色经济，力图保持欧盟在绿色技术领域的世界领先地位。绿色经济成为继信息技术革命之后推动世界经济增长的新引擎。

（一）绿色经济和绿色发展的内涵

1. 绿色经济的内涵

绿色经济是由英国经济学家皮尔斯在 1989 年出版的《绿色经济蓝皮书》中提出来的，强调通过对资源环境产品和服务进行适当的估价，实现经济发展和环境保护的统一，从而实现可持续发展。绿色经济萌芽要追溯到 30 年前的一场“绿色革命”。20 世纪 60 年代，发展中国家的人口增长迅猛，对粮食的需求剧增，而当时粮食作物存在易倒伏、不耐肥、产量低等问题，世界粮食供需矛盾凸显，因此，爆发了“绿色革命”。开始绿色革命主要针对的是绿色植物种植的改进，随后这场革命演变成一场全球的“绿色运动”，不仅涉及资源与环境问题，还渗透到社会各个方面。特别是2008年以来，国际社会为了应对金融危机、气候变化纷纷提出“绿色新政”，通过发展绿色、低碳的新兴经济等新型经济模式促进经济复苏（见专栏3-6），绿色经济成为主要国家的经济发展战略核心内容。

专栏 3-6 世界主要国家绿色经济政策

2009年7月15日，英国发布了《英国低碳转换计划》《英国可再生能源战略》。按照英国政府的计划，提出到2020年可再生能源在能源供应中占15%的份额，其中40%的电力来自绿色能源领域，新生产汽车的二氧化碳排放标准要在2007年的基础上平均降低40%的目标。政府从政策和资金方面向低碳产业倾斜，确保英国在碳捕获、清洁煤等新技术领域处于领先地位。重视住房的节能改造，政府拨款32亿英镑对那些主动在房屋中安装清洁能源设备的家庭进行补助。

德国为了实现传统经济向绿色经济转轨，德国除了注重加强与欧盟工业政策的协调和国际合作之外，还计划增加国家对环保技术创新的投资，并鼓励私人投资。此外，德国联邦、州和县政府对商品集中采购政策进行调整，注重对能源利用率高的新产品进行采购。

2008年年底，法国环境部公布了一揽子旨在发展可再生能源的计划，该计划包括50项措施，涵盖生物能源、风能、地热能、太阳能以及水力发电等多个领域。还投入4亿欧元，用于研发清洁能源汽车和“低碳汽车”。

美国“绿色新政”可细分为节能增效、开发新能源、应对气候变化等多个方面。新能源的开发是其绿色新政的核心。2009年2月15日，通过的《美国复苏与再投资法案》将发展新能源作为主攻领域之一，重点包括发展高效电池、智能电网、碳储存和碳捕获、可再生能源如风能和太阳能等。另外，还大力促进绿色建筑和汽车节能的研发，并通过一系列节能环保措施发展低碳经济。

从20世纪70年代开始，巴西十分重视绿色能源的研究，通过补贴、设置配额、统购燃料乙醇以及运用价格和行政干预等手段鼓励民众使用燃料乙醇。根据乙醇燃料生产计划，到2013年，巴西燃料乙醇的年产量扩大到350亿升，为2008年的两倍以上，其中大约100亿升将用于出口，成为世界最大的乙醇出口国。近年来，巴西还在积极开发生物柴油技术。

2009年4月，日本公布了《绿色经济与社会变革》的政策草案，5月，正式启动支援节能家电的环保点数制度，通过把日常的消费行为固定为社会主流意识，集中展示绿色经济的社会影响力。在政府的引导下，日本企业纷纷将节能视为企业核心竞争力的表现，重视节能技术的开发。日本政府还通过改革税制，鼓励企业节约能源，大力开发和使用节能新产品。

金融危机伊始，韩国就提出了“低碳绿色增长”的经济振兴战略，用相当于国内生产总值2%的投资投向10个绿色增长领域。自2009年开始，未来五年间韩国将投资107万亿韩圆发展绿色经济。计划在大城市开展“变废为能”活动，到2020年建成600个利用农业副产品实现能源40%自给的“低碳绿色村庄”，拥有200万户使用太阳能热水器的绿色家庭。

关于绿色经济的内涵，不同国家和国际组织、学者对绿色经济有不同的认识与理解。目前没有统一公认的定义。

OECD 认为，绿色经济是一种追求经济增长与发展，同时又防止环境恶化、生物多样性减少和不可持续地利用自然资源的方式。目前的经济增长方式将使得环境不可持续，经济发展的环境风险很大，需要把环境和经济统筹考虑，改变消费行为、产业结构和技术。

UNEP 认为，绿色经济是一种充分考虑经济、社会、环境之间的联系，在生产过程以及消费转型中产生更多的就业机会、促进可持续贸易、减少贫困以及改善社会不平等和收入分配状况的经济。

中国环境与发展国际合作委员会《中国绿色经济发展机制与政策创新研究》提出的绿色经济概念是：将环境与资源的保护和可持续利用，作为经济活动各个环节（生产、流通、使用等）、各个领域（各产业、区域）发展的基本目标和动力的经济模式，以降低经济发展对环境损害和资源消耗，实现经济、社会和环境的协调发展，以环境保护与资源的可持续利用为本质条件的经济发展模式。绿色经济具有低消耗、低排放、低污染、高效益、高碳汇、高循环的特征。

综上所述，可以将绿色经济定义为：是以市场为导向、以传统产业经济为基础、以经济与环境的和谐为目的而发展起来的一种新的经济形式，是产业经济为适应人类环保与健康需要而产生并表现出来的一种发展状态。

2. 绿色发展的内涵

“绿色发展”一词主要在我国使用，是我国政府倡导科学发展观、转变发展理念过程中提出的。绿色发展在突出绿色（包括循环、低碳）的经济发展理念的同时，将其核心理念又进一步扩展到社会、文化等各领域、各层次，是国家经济社会发展战略的升级。

绿色发展其核心就是科学发展。就是把握发展规律、创新发展理念、转变发展方式、破解发展难题，提高发展质量和效益，实现又好又快发展；就是实现以人为本、全面协调可持续发展；就是实现各方面事业有机统一、社会成员团结和睦地和谐发展；就是实现既通过维护世界和平发展自己，又通过自身发展维护世界和平地和平发展。

绿色发展主要包括以下内容：

1）绿色经济——按组织模式分：循环经济、低碳经济（低碳产业、低碳技术、低碳生活）、产业生态改造（清洁生产、生态工业园区）；按要素分：绿色（资源节约型和环境友好型）技术、标准、绿色金融（绿色投资、信贷、保险、证券）、绿色产品；按再生产的过程分：绿色生产、绿色消费、绿色贸易、绿色流通。

2）绿色政策——有利于绿色发展的体制机制及其相关公共政策：绿色决策、绿色政绩考核、绿色增长核算体系、绿色管理、绿色财政、绿色规划、绿色建设（绿色城镇、绿色建筑、绿色交通）等。

3）绿色社会——包括绿色教育、绿色宣传、绿色园区、绿色社区、绿色企业、绿色机关、绿色单位、绿色家庭、绿色社会组织等。

4）绿色文化——包括绿色意识、绿色价值观、绿色艺术及其相关文化产业等。

（二）绿色经济与循环经济、低碳经济

循环经济和低碳经济起源于发达国家的经济发展理念和模式，只是提出的背景有所不同。循环经济是适应工业化和城市化全过程的经济发展模式，而低碳经济是 21 世纪新阶段应对气候变化而催生的经济发展模式。在最终目标上，都是要实现人与自然和谐的可持续发展。虽然二者都强调通过提高效率和减少排放，但在实现途径上有所侧重。低碳经济侧重于能源结构的优化，通过低碳能源的创新和人们消费观念的转化，提高能效和使用新能源，减少温室气体的排放。“能效、节能、新能源”是低碳经济的核心。而循环经济强调的是整个社会的物质循环，要求在生产、流通和消费过程中，做到资源的节约和充分利用，通过减少资源系统进入物质流，提高所有资源能源的利用效率，同时减少废弃物的排放。

绿色经济与传统产业经济的区别在于：传统产业经济是以破坏生态平衡、大量消耗能源与资源、损害人体健康为特征的经济，是一种损耗式经济；绿色经济则是以维护人类生存环境、合理保护资源与能源、有益于人体健康为特征的经济，是一种平衡式经济。

绿色经济可以被理解为是一个宏观层面的、广义的概念，凡是朝着有利于资

源节约、环境保护的经济活动都是绿色经济，它是可持续发展对经济发展模式和方向的总体要求。循环经济、低碳经济是发展绿色经济的不同途径和具体模式。在我国，对传统产业的生态化改造和正在加快培育和发展的战略性新兴产业也是绿色经济的重要组成部分。

（三）中国的绿色经济与绿色发展

联合国计划开发署发表的《2002年中国人类发展报告：绿色发展，必选之路》中，首次提出在中国应当选择绿色发展之路。2010年5月，在中国国际经济交流中心主办的“绿色经济与应对气候变化国际合作会议”上，李克强的主旨演讲对我国为什么发展绿色经济和绿色发展作了阐述：“大力发展绿色经济，这不仅是中国加快经济结构调整和转变经济发展方式的自主行动，也是我们应对全球气候变化的重要举措，更是一个13亿人口的大国要实现现代化的目标，破解能源资源的瓶颈制约，实现和平发展的必然选择和客观要求。”特别强调“必须加快经济发展方式的转变，推动经济社会发展的转型，按照以人为本、全面协调可持续的发展要求，围绕发展绿色经济着力推动绿色发展，尤其是要加快形成有利于绿色发展的体制机制，通过政策的约束和激励机制，来增强绿色发展的自觉性和主动性，抑制不顾资源环境的瓶颈制约和承载能力、盲目追求发展的短期行为，这也是深化中国经济体制改革的重要内容。”同时还要求牢固树立生态文明的理念，大力倡导绿色消费；完善经济全球化机制，形成有利于绿色发展的环境。使绿色发展成为建设资源节约型、环境友好型社会的真正动力。

国家“十二五”国民经济和社会发展规划纲要第六篇以“绿色发展建设资源节约型、环境友好型社会”为主题，规划设计了我国绿色发展的路线图。2012年11月党的十八大报告也明确指出：要“着力推进绿色发展、循环发展、低碳发展，形成节约资源和保护环境的空间格局、产业结构、生产方式、生活方式，从源头上扭转生态环境恶化趋势，为人民创造良好生产生活环境，为全球生态安全作出贡献。”

可见，中国的绿色经济主要是针对制约国内发展的资源环境瓶颈，对传统产业发展模式的绿色转型升级。它是绿色发展的最重要组成部分，是科学发展观对经济发展模式和方向的具体要求。绿色经济是绿色、循环、低碳观念在经济领域的体现，表现为对环境损害最小的经济发展，通过高效利用资源和能源节约的产品，以市场为导向，使生态环境改善的质量提高。

二十五、中国向消费驱动型经济转变的过程中应该注意哪些问题？

世界经济发展规律和当前中国面临的经济形势预示着未来中国经济增长将越来越多地依靠扩大内需来拉动。2013 年政府工作报告中强调：“要坚定不移地把扩大内需作为经济发展的长期战略方针，充分发挥消费的基础作用和投资的关键作用。”从消费率看，我国居民消费率（消费支出与可支配收入之比）明显低于发达国家。2000 年以来，美国一直保持在 70%左右，英国超过了 60%，日本和韩国也在 50%～60%。我国居民最终消费率长期在 50%以下。我国许多居民的消费还停留在满足温饱阶段，发展型消费、享受型消费相对较少。但因人口众多，市场巨大，消费水平不高，预示着我国扩大消费具有极大的空间和潜力。

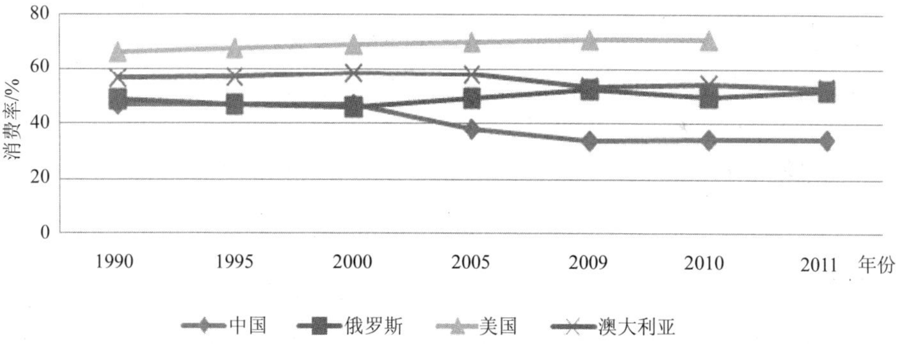

图 3-6 中国与主要国家居民消费率比较

虽然我国刚刚进入消费驱动型经济的新的历史阶段，消费水平不高。但因人口众多，从 20 世纪 70 年代中期就开始出现生态赤字，并随着经济的迅速发展生态赤字扩大趋势明显增快。因此，面临日益趋紧的资源环境瓶颈约束，也需要预防和警惕发达国家消费领域产生的环境问题，未雨绸缪，以可持续消费模式拉动我国经济的健康发展。

专栏3-7 消费领域引发的生态环境问题

从物质转化角度看，消费的最终结果就是将取自自然的生产、生活资料变为各种废弃物排放到大自然中。因此人类的消费行为是产生环境问题和生态压力的根源。2006年联合国环境规划署在亚的斯亚贝巴的国际会议上指出“由于人类不可持续的生产和消费方式，到2050年，需要2个以上的地球才能满足人类的需要”。人的消费行为选择会对环境产生不同的影响。例如，我国每年制造75亿只木杆铅笔至少需要10万立方米的木材；生产150亿双一次性筷子耗材130万立方米，减少森林蓄积200万立方米。对象牙、海狗鞭、海狗油、鱼翅等的消费偏好导致每年大量野生动物被杀戮，破坏动物栖息地的食物链，影响生态系统稳定性。北京1 000万人口时期，每年弃置的塑料袋是市区建筑面积的2倍。使用含氟冰箱、发型定型剂、空气清新剂等将会破坏臭氧层物质，导致紫外辐射增加，损害人和动物免疫力，诱发皮肤癌和白内障。我国很多大城市生活源已成为最主要的污水排放来源。

（一）警惕消费主义

消费需求作为最终需求，对生产具有导向作用，是拉动经济增长的重要动力。正如马克思指出的：“没有消费，也就没有生产，因为如果没有消费，生产就没有目的。”在市场经济条件下，消费什么、如何消费，将会直接引导生产行为。因此在单纯追求资本利润最大化的前提下，生产者逐渐开始重视“制造需求”，不断鼓励和满足各种“欲求”的消费。由于这种消费欲求已经超过了生活需求，进入心理层面，因此其消费欲求是无限的。消费也由此异化成为了消费而消费的消费主义。

消费主义主张的消费不以商品的使用价值为目的，而以炫耀性、奢侈性、新奇性为特征，追求无节制的物质享受与消遣，甚至将此作为生活的目的和人生的终极价值。消费主义与一般的消费行为的根本区别在于，消费并不是为了满足人的正常生存和发展需要，而是为了满足通过广告等反复激发、制造出来的欲望，所体现出来的需求是一种“虚假的需求”，如“为地位而消费”，“为荣耀而消费”而不是为需要而消费。消费主义支持“大量生产—大量消费—大量废弃”的生活方式，倡导高消费、过度消费、一次性消费等，不仅消耗了大量自然资源，而且使得消费者将大量仍有使用价值的商品抛弃，加重了资源和生态危机。正如联合国环境与发展大会通过的《21 世纪议程》指出：“地球所面临的最严重的问题之一，就是不适当的消费和生产模式，导致环境恶化，贫困加剧和各国的发展失衡。”联合国还以“为了明天人类的发展，改变人类消费的模式”为主题发表了 1998 年的《人类发展报告》。

因此，消费主义与我们所主张的通过扩大消费来扩大内需，进而满足人民群众正常的生存和发展需要是完全不同的。人类在消费时不但要考虑消费与当前生产力水平相适应，还要考虑消费与生态环境的维持、更新和发展相适应。

中央的“八项规定”以及习近平总书记对新华社《网民呼吁遏制餐饮环节“舌尖上的浪费”》批示中，提出厉行勤俭节约、反对铺张浪费的要求，表明我国从中央层面开始关注消费数量、消费行为和消费方式对社会和生态层面的影响。2013 年 10 月 30 日，中共中央政治局审议并同意印发《党政机关厉行节约反对浪费条例》，进一步加大制止奢侈浪费行为的力度。

《党政机关厉行节约反对浪费条例》结合当前消费现状对党政机关经费管理、国内差旅、因公临时出国（境）、公务接待、公务用车、会议活动、办公用房、资源节约作出全面规范，对宣传教育、监督检查、责任追究等工作提出明确要求，对推进厉行节约反对浪费工作制度化、规范化、程序化，从源头上狠杀奢侈浪费之风具有重要意义。也是我国可持续消费发展的重要里程碑。

（二）倡导可持续消费观

生态文明建设提倡的合理消费其核心特征就是可持续消费。联合国环境规划署在 1994 年内罗毕发表的《可持续消费的政策因素》报告首次将“可持续消费”定义为“提供服务以及相关的产品以满足人类的基本需求，提高生活质量，同时使自然资源和有毒材料的使用量最少，使服务或产品的生命周期中所产生的废物和污染物最少，从而不危及后代的需求”。

可持续消费的这个定义包含五层意思：一是可持续消费满足的是基本生活需要（needs）而不是欲望（wants）；二是可持续消费的目的是提高生活质量，而不以物质消费标准来衡量；三是可持续消费是消耗资源和产生废弃物最少的消费；四是采取生命周期方法，全过程判断消费的环境影响；五是可持续消费不是无限度增加的消费，必须考虑对后代、资源和环境造成的负面影响最小化。

可持续消费是一种消费方式的变革，提倡适度消费、绿色消费、简约消费和精神消费，反对高消费、超前消费、过度消费及不健康消费，抑制那些非基本的享受性、奢侈性消费和对环境代价过大的消费。

适度消费，摒弃了“消费和拥有更多物质财富就更幸福”的消费价值观。一方面强调消费水平要与经济水平相适应，限制超前消费和避免挥霍性的消费；另一方面消费也要与资源环境承载力相协调，避免无节制的消费膨胀和无止境的通过消费占有资源环境。

绿色消费是一种具有生态意识的高层次的理性消费。英国《绿色消费指南》中将绿色消费定义为避免使用以下六大类商品的一种消费类型：①危害消费者和他人健康的商品。②因过度包装，超过商品有效期或过短的生命周期而造成不必要消费的商品。③在生产、使用和丢弃时，造成大量资源消耗的商品。④含有对动物残酷或剥夺而生产的商品。⑤使用出自稀有动物或自然资源的商品。⑥对其他发展中国家有不利影响的商品。而中国消费者协会认为绿色消费有三层内涵：绿色消费是倡导消费有助于公众健康的绿色产品；绿色消费是在消费过程中不造成环境污染；绿色消费是引导消费者转变消费观念，向崇尚自然，追求健康方向转变。可见，崇尚自然、健康、环境友好、公平的消费是绿色消费的核心理念。

简约消费，提倡节俭、反对奢侈和浪费，拒绝使用过度包装和不必要的一次性消费产品。不同消费方式的资源环境需求是不同的。例如，根据生态学的能量“百分之十递减率”，假如人只吃粮食，每亩地能养活10个人的话，那么，如果人吃用粮食喂养的牛的肉，则一亩地只能养活一个人。同理，食物深加工程度越大，消耗和占用的自然资源就越多。因此崇尚简约生活，做到“奢侈有制、节俭有度”，可以减少消费对环境的压力。

精神消费，体现了人对精神需要的追求。精神消费对于提高人的道德修养、心理素质、审美情趣等起着关键作用，是影响生活质量的重要因素。可持续消费观不是以消耗更多的物质财富和自然资源为标志，而是以智慧和知识价值含量的高低为尺度，提倡物质需求和精神追求协调发展。

专栏 3-8 “乐活族”们的健康可持续生活

LOHAOS（乐活）一词是健康可持续生活方式（life styles of health and sustainability）英文单词第一个字母组合而的成的，最早出现于1998年，由美国社会学界保罗·瑞恩在其团队出版的《文化创造：5000 湾人如何改变世界》一书中提出。作为一种新的生活方式，乐活就是在消费时，要考虑自己和家人的健康以及对生态环境的责任。“乐活族”们认为，搭乘大众运输工具，吃绿色有机食品，穿棉麻天然织物，使用二手货，才是当前应该流行的生活方式。不是拥有物质的多少，而是以一种健康的生活态度使自己快乐。

（三）促进可持续生产与消费的互动

可持续消费特别关注消费者选择、购买、使用和处置产品和服务等行为，并且关注如何通过改变这些行为来增加社会和环境收益。但是，企业提供了消费者消费的产品和服务，塑造了市场需求以及消费对环境的影响。在企业、大众传媒，以及政府的共同影响下形成了现有的消费模式。因此，倡导可持续消费不仅需要消费者行为的改变，而且更需要生产者和政府发挥应有的作用，建立可持续生产与消费的互动关系。

消费者可通过减少不必要的消费、消费环保产品等方法以减少对环境的影响，同时通过对消费需求进行自我反省，提升识别可持续消费行为的能力，影响政府的市场政策等方式改变传统的消费模式。而环境组织、企业和政府也必须为这种消费模式的转变从认识上、产品供应以及政策上提供引导和支持。

消费者基于自觉的生态理念而进行的绿色消费理念传播和绿色消费行为传播，能影响和带动其他消费者，促使绿色消费者数量逐步增多，绿色消费市场规模不断扩大，进而推动企业生产更多的绿色产品。

二十六、如何以主体功能区划优化国土空间开发格局？

党的十八大指出："国土是生态文明建设的空间载体，必须珍惜每一寸国土。要按照人口资源环境相均衡、经济社会生态效益相统一的原则，控制开发强度，调整空间结构，促进生产空间集约高效、生活空间宜居适度、生态空间山清水秀，给自然留下更多修复空间，给农业留下更多良田，给子孙后代留下天蓝、地绿、水净的美好家园。加快实施主体功能区战略，推动各地区严格按照主体功能定位发展，构建科学合理的城市化格局、农业发展格局、生态安全格局。提高海洋资源开发能力，发展海洋经济，保护海洋生态环境，坚决维护国家海洋权益，建设海洋强国。"

优化国土开发空间格局，是以科学发展观为引领，主动协调环境保护与经济发展关系的一种政策要求。其目的是从全国发展的视角与全局利益角度出发，根据不同区域的资源环境承载能力、现有开发强度和发展潜力，统筹谋划人口分布、经济布局、国土利用和城镇化格局，实现人口、经济、资源环境相协调。

（一）我国国土空间开发格局的现状

国土空间是国家主权关系范围内的地域空间，主要包括陆地、陆上水域、内水、领海及其底土和上空，是经济社会发展的载体和物质基础。随着我国现代化建设全面展开，国土空间发生了深刻变化，出现了一些必须高度重视和需要着力解决的突出问题。主要表现在：耕地减少过快，自 1996 年的 12 年间减少耕地 1.25 亿亩，逼近农产品供给安全"红线"；国土空间开发结构不合理，绿色生态空间减少过多，工矿建设占用空间偏多，开发区占地面积较多且过于分散；空间利用效率低，城市建设空间和工矿建设空间单位面积的产出较低，城市和建制镇建成区空间利用效率不高。特别是因不合理的国土开发引发的生态安全问题，不仅激化了环境与发展的矛盾，更直接影响中国未来的可持续发展，需要特别引起关注。

1. 资源开发强度大，生态代价巨大

在全国范围或较大空间尺度（如大地带内），实现经济和人口布局的分散，有利于促进区域协调发展；如果在较小空间尺度，如县（市区）范围内出现工业等开发活动的分散布局，则会妨碍空间资源的集约利用和生态空间的保护。目前从省级至乡镇级政府，从城市到乡村，都强调工业的发展，资源处处开发、工业遍地开花。为了招商引资，各地政府不惜付出土地财政和生态的代价，损害自身持续发展能力。部分沿海发达地区以超越资源环境承载力的模式实现经济快速增长，产业转型和升级迟缓，导致国土开发强度过高，区域环境质量下降。一些生态脆弱地区不顾资源环境承载能力肆意开发，导致草原退化、水土流失、土地沙化、地质灾害频发、湿地湖泊萎缩、地面沉降、海洋自然岸线减少等问题十分严峻。全国近 80%以上草原出现不同程度的退化，水土流失面积占国土总面积的 37%，海洋自然岸线不足 42%。资源开采和地下水超采造成土地沉陷和破坏。生物多样性锐减，濒危动物达 258 种，濒危植物达 354 种，濒危或接近濒危状态的高等植物有 4 000～5 000 种，生态系统功能退化，生态系统缓解各种自然灾害的能力减弱等一系列生态环境问题，严重威胁着人们的生存和居住安全。

2. 社会经济与自然环境的关系趋于恶化

近年来，各级政府对于生态修复和建设以及环境治理的资金和政策投入力度不断加大，但是由于历史欠账太多，成效并不明显。许多地区在工业化和城镇化过程中，城镇建设空间的低效扩张与农村建设空间的无序扩张并存，生态空间不断受到挤压，面积逐年减少。大规模长距离调水、运煤、送电、输气的压力越来越大，加剧了区域间的资源开发与利用的矛盾。加之工业化和城镇化发展过程中，不顾资源环境承载能力的无节制肆意开发和过度开发，使得环境损耗和污染加剧，环境危机由局部范围扩大到较大的范围，局部地区的环境危机正在演变成为全社会的环境危机，社会经济与生态环境的关系日趋恶化。

（二）主体功能区规划的基本要求

2010 年 12 月，国务院正式颁布了《全国主体功能区规划》（国发[2010]46 号，以下简称《规划》），规划目标年到 2020 年。

1．主体功能区规划的依据

《规划》主要根据不同区域的资源环境承载能力、现有开发密度和发展潜力，统筹谋划未来人口分布、经济布局、资源环境安排、国土利用和城镇化格局，将国土空间划分为优化开发、重点开发、限制开发和禁止开发四类，确定主体功能定位，明确开发方向，控制开发强度，规范开发秩序，完善开发政策和生态管控措施，逐步形成人口、经济、资源环境相协调的空间开发格局。

2．主体功能区规划的特点

《规划》是我国国土空间开发的战略性、基础性和约束性规划。其主要特点是将生态环境保护政策作为主体功能区战略实施的重要内容。一方面，主体功能区规划以环境承载能力作为规划的一个核心依据，主体功能区规划的实现目标自然要以环境承载能力作为约束条件；另一方面，主体功能区战略需要与相应的配套性政策结合起来，才能使主体功能区战略得到具体落实。环境保护政策作为一项重大基本政策涉及主体功能区规划诸多方面。

3．主体功能区的类型及基本要求

我国国土空间具有多样性、非均衡性、脆弱性的特点，这就决定了不是所有的国土空间都适合大规模、高强度的工业化城市化开发，不是所有的国土空间都可以承担同样的功能。必须以资源环境承载力为基础，因地制宜、分类开发、有序利用，形成高效、协调、可持续的国土空间开发格局。将适宜大规模、高强度开发的国土空间确定为优化开发或重点开发区，使之聚集主要的经济活动和大部分人口，通过国土空间的集约、节约利用，为农产品和生态产品生产腾出更多空间；将不适宜大规模、高强度开发的国土空间确定为限制或禁止开发的重点生态功能区，使之成为保障全国生态安全的生态空间；为保障农产品供给安全，防止过度占用耕地，对农产品主产区也要限制大规模的工业化、城市化，使之成为保障国家农业产品安全的农业空间。此外，还要强化海洋意识，统筹协调陆地和海洋空间开发与保护。

《规划》中主体功能区主要划分为以下四类。

1）优化开发区是人口与经济规模过大的过高承载区，经济发展、人口规模与生态环境之间的矛盾相对尖锐，环境承载功能已经开始降低。

2）重点开发区是指国土开发强度不够高，经济与人口的集聚条件较好，人口容量与环境容量都没有突破，环境与经济之间的关系相对协调的区域。对进一步的经济开发还有较大的环境承载余地，适宜于进一步的经济开发，既可以承接来自优化开发区的产业转移，也可以适度接受限制开发区与禁止开发区的人口转移。

3）限制开发区为开发强度不很大，人口承载力与资源环境的承载力相对较弱，环境保护的重要性强的区域。只能维持小范围、低强度的开发，这样的地区难以承受大规模的经济开发，甚至有必要将一些人口与产业转移出去，以逐步修复生态环境。国家在"十二五"规划纲要中，出于保护耕地、维护粮食供给安全与质量安全的考虑，明确将农产品主产区划入限制开发区的范围。

4）禁止开发区是完全依赖于保护的区域。环境不能经受开发的破坏，也不具备承载人口进入的能力，必须进行强制性保护。依法保护禁止开发区的自然文化资源功能，严禁各类不符合功能定位的开发活动，是对禁止开发区的基本要求。

表 3-2　各类主体功能区的基本特征与环境承载状况

功能区类型	基本性质	环境特征描述
优化开发区	国土开发强度已经较高，资源环境承载能力开始减弱	环境承载功能降低
重点开发区	环境承载能力较强，经济和人口集聚条件较好	环境承载功能好
限制开发区	资源环境承载能力较弱，大规模集聚经济和人口条件不够好，并关系到全国或较大区域范围生态安全；农产品供给在全国或者较大地区范围有重要影响	环境保护的重要性强或者不能承载高强度的开发
禁止开发区	需要依法设立自然文化资源保护，进行其他特殊保护	不赋予经济开发的环境承载职能

（三）国土空间优化的目标及战略任务

1. 国土空间优化的目标

《规划》设定了到 2020 年的五大类目标，主要包括：空间开发格局清晰、空间结构得到优化、空间利用效率提高、区域发展协调性增强、可持续发展能力提升。其中关于国土空间结构得到优化的目标是：全国陆地国土空间的开发强度控制在 3.91%，城市空间控制在 10.65 万平方千米以内，农村居民点占地面积减少到 16 万平方千米以下，各类建设占用耕地新增面积控制在 3 万平方千米以内，工矿建设空间适度减少。耕地保有量不低于 120.33 万平方千米（18.05 亿亩），其中基本农田不低于 104 万平方千米（15.6 亿亩）。绿色生态空间扩大，林地保有量增加到 312 万平方千米，草原面积占陆地国土空间面积的比例保持在 40%以上，河流、湖泊、湿地面积有所增加。

2. 优化国土空间的三大战略任务

党的十八大从生态文明建设的角度提出了要加快实施主体功能区战略，构建科学合理的“三大战略格局”，即城镇化格局、农业发展格局、生态安全格局。即要将生态文明建设融入新型城镇化发展的全过程，形成功能定位明晰、产业布局合理、体现区位优势特色，与资源环境承载能力相适应的城镇化格局。促进农业区域化布局、专业化生产和规模化经营，保障全国耕地数量、质量和农产品供给，形成既体现我国主要农产品向优势产区集中的新变化，又结合我国农业自然资源现实状况和特点的农业发展格局。切实保护好关系国家生态安全的区域，恢复和提升重点生态功能区的生态功能，形成以森林植被为主体、林草结合的国土生态安全格局。

二十七、推进新型城镇化如何体现生态文明的理念？

党的十八大提出建设生态文明，要加快实施主体功能区战略，构建科学合理的城市化格局。十八届三中全会《中共中央关于全面深化改革若干重大问题的决定》提出要“坚持走中国特色新型城镇化道路，推进以人为核心的城镇化，推动大中小城市和小城镇协调发展、产业和城镇融合发展”。2014 年，国务院发布《国家新型城镇化规划》（2014—2020 年）提出，走以人为本、四化同步、优化布局、生态文明、文化传承的中国特色新型城镇化道路。坚持走新型城镇化道路，是科学发展观的重要组成部分，对于生态文明建设意义重大。

我国正处在城镇化快速推进的时期，传统粗放式城镇化模式积累的问题和矛盾日益突出。传统的城镇化是迎合 GDP 挂帅的城镇化路径。城市发展以数量扩张、经济引领为主导方向，导致了城镇的无序蔓延发展，城市问题的日益严峻。城镇化发展模式的转型必然而迫切，必须主动转向质量型、生态型、社会公正型的新型城镇化。

新型城镇化是以人为核心的城镇化，是注重质量的城镇化。新型城镇化着力提高城镇的内在承载力，注重产业发展和城镇建设的融合，注重城镇化与生态文明建设的融合，把生态文明理念和原则全面融入城镇化全过程，坚持“在保护中发展，在发展中保护”，走出一条集约、智能、绿色、低碳的道路。新型城镇化注重开发与保护并重，注重城镇发展协调与可持续性。新型城镇化体现了对传统城镇化进程中的几种不良倾向的反思与修正。

病态的城镇化，由于过分注重城市规模的扩张，城市摊大饼式粗放扩展，功能臃肿繁复，导致城市生态机能的缺失、配套设施不完善、城镇人均绿化面积不足、土地利用效率低下等诸多问题，形成贫民窟、烂尾楼、垃圾围城等城市病。

伪城镇化，是指为城镇化而城镇化，或者是打着城镇化的旗号，侵占生态用地、破坏生态环境。部分地区为了开发房地产获得卖地收入而大肆圈占草原、湿地等生态用地；或是不经充分论证和研究，削山毁林、围海填湖。这种无节制的城镇化不仅仅是短视的，而且是有害的，甚至有可能给生态平衡造成不可逆转的破坏，影响到了区域的整体生态环境质量。

急功近利的城镇化，是指为了GDP政绩等单一目标而“大干快上”，在“造城运动”中不顾现实需要和长远利益，违背城市发展规律，只强调速度和规模而忽视质量和效果，最终导致形成空城、睡城甚至是“鬼城”。这种浮夸而流于表面形式的城镇化，在生态和资源方面的弊端必将逐渐显现。

上述几种现象都与规划不科学合理、放任建设用地粗放扩张、缺乏生态文明理念、蚕食侵蚀生态用地有关，这也正是新型城镇化所力图避免的。新型城镇化就是摒弃污染重、破坏性强的粗放发展方式，以生活宜居高品质、生态环保高标准和可持续发展高要求为努力方向。因此，以生态文明理念引领新型城镇化建设，是新型城镇化的应有之义。把生态文明理念全面融入城镇化进程，着力推进绿色发展、循环发展、低碳发展，节约集约利用土地、水、能源等资源，强化环境保护和生态修复，减少对自然的干扰和损害，推动形成绿色低碳的生产生活方式和城市建设运营模式。

（一）集约利用土地资源，实现空间紧凑拓展

土地集约利用是新型城镇化的根本任务。新型城镇化主张高密度开发利用城市土地，一方面可以在很大程度上遏制城市蔓延，从而保护郊区的开敞空间（农地、绿地等）；另一方面可以有效缩短交通距离，降低人们对小汽车的依赖，鼓励步行和自行车出行，从而降低能源消耗，减少废气排放。另外，高密度的城市开发可以在有限的城市范围内容纳更多的城市活动，在规模经济的作用下，提高公共服务设施的利用效率，减少城市资源的投入和基础设施的投资。

实现城镇空间的紧凑式拓展，需要打破行政区划限制，完善城乡用地规划，科学合理地构建城市体系和规划产业发展布局。以都市圈为整体，发挥其在承载人口和产业、共享基础设施、高效利用土地方面的重要作用，以大城市为中心，协调大中小城市和小城镇的关系，以点带面带动周边小城镇发展，形成大中小城镇在都市圈内协调发展的新格局。按照统一规划、协调推进、集约紧凑、疏密有致、环境优先的原则，统筹中心城区改造和新城新区建设，提高城市空间利用效率，改善城市人居环境。加大土地整合力度，提高城乡建设用地效率。严格控制新增建设用地，建立土地集约利用考评机制，杜绝单纯规模性扩张。提高旧有土地利用效率，推进复合利用、循环利用等模式，挖掘旧城区土地潜力，盘活闲置土地。通过合理的迁村并点推进农村住宅用地集约使用，优化乡镇企业用地，杜绝“宽打宽用”现象。

（二）提升绿色经济水平，优化城镇产业结构

以生态文明理念推进城镇化，必须构建绿色经济体系，优化提升城镇产业结构，为新型城镇的发展提供强大的产业支撑，积极倡导有利于环境保护和资源节约的可持续发展产业模式。重点以新型工业化引领传统工业向生态工业的转型，摆脱高投入、高消耗、高污染、广占地、滥选址、低效益的工业化老路，推进资源集约利用，加快清洁生产和环境质量体系认证，开发、引进和推广各类新技术、新工艺、新产品。全面推行污染物总量控制和排污许可证制度。加快传统服务业向生态服务业转型，以生态理念为核心内涵，不断提高现代服务业产业素质。将绿色经济指标纳入新型城镇化统计监测评价指标体系。鼓励绿色生产、循环发展，倡导绿色消费，改变以浪费资源为代价的发展模式，发展资源节约型产业，促进资源的循环，实现废弃物减量化、资源化和无害化利用。

（三）加大生态建设力度，打造宜居新型城镇

新型城镇化，必须围绕人的城镇化这个核心，始终坚持以人为本，把宜居、生态放在首位。通过不断完善城镇的功能，改善人居环境、基础设施和公共服务，着力提高宜居生活水平。合理划定生态保护红线，扩大城市生态空间，增加森林、湖泊、湿地面积，将农村废弃地、其他污染土地、工矿用地转化为生态用地，在城镇化地区合理建设绿色生态廊道。加大生态建设的力度，维护和培植城市生态绿楔，打造生态“精品绿地”，实现城区园林化。高标准建设道路绿地。以基础和公用设施建设为突破口，实行全面绿化，提高公共绿地人均占有率，形成复合生态绿地系统，构成新型城镇的绿脉。重点发展绿色建筑，在建筑规划、设计、建造和使用过程中，应用环保建材和生态技术。构建绿色市政体系，加强雨洪利用和污水、中水等废水的再生利用，推进垃圾分类和资源化，促进资源循环利用。实施“生态住宅、垃圾分类、污水处理、小区绿化、节水节电”五个硬件建设工程，打造精品小区，建设高档的森林水景生态、具有田园风格特色的生态住宅。重点加快生活垃圾集中处理，实行生活垃圾定点存放、统一收集、定时清运、无害化处理，打造建设生态社区。

城镇建设，要实事求是确定城市定位，科学规划和务实行动，避免走弯路；要体现尊重自然、顺应自然、天人合一的理念，依托现有山水脉络等独特风光，让城市融入大自然，让居民望得见山、看得见水、记得住乡愁；要融入现代元素，

更要保护和弘扬传统优秀文化，延续城市历史文脉；要融入让群众生活更舒适的理念，体现在每一个细节中。在促进城乡一体化发展中，要注意保留村庄原始风貌，慎砍树、不填湖、少拆房，尽可能在原有村庄形态上改善居民生活条件。

（四）倡导生态文明理念，建设低碳智能城镇

顺应现代城市发展新理念新趋势，推动城市绿色发展，提高智能化水平，增强历史文化魅力，全面提升城市内在品质。经济发展、城镇化推进与能源供给密切相关。我国不可能再沿袭发达国家的传统高能耗和高碳发展模式，新型城镇化必须选择低碳发展的路径。研究表明，一个农村人口转入城镇，能源消耗将增加 3.5 倍，用电量增加 3 倍。城镇化的提速意味着城市能源资源消耗的大幅增加。《2012 中国新型城市化报告》预测，城镇化每提高一个百分点，将拉动能源消费 8 000 万吨标准煤。预计 2020 年我国城镇化水平达到 60%时，将拉动全国 8 亿吨标准煤的能源消费。我国的新型城镇化，必须在保障能源供应的同时，以发展清洁高效能源优化能源结构，实现低碳发展目标。建设低碳城镇，就需要在控制总量的前提下，从根本上调整我国以煤为主的能源消费结构，提高新能源和可再生能源等清洁能源在终端能源消费中的比重。重点解决如何提高风电经济效益、降低太阳能光伏与光热发电成本、提升间歇性能源并网容量等方面的问题，逐步提升新能源产业化、规模化的水平。加快电网智能化改造，提高信息化、自动化和互动化水平，进一步加强跨区电网建设，增强大电网在全国范围内配置清洁能源的能力。同时，以紧凑型城镇建设为基础，优先发展公共交通和轨道交通，提倡低碳建筑和公共住宅，转变居民消费观念，促进科技创新能力，提高城市能源的利用效率。加强城乡绿色空间的保护，提升城镇的碳汇能力，实现城镇的低能耗、低污染、低排放。

在新型城镇化发展中，智能化具有重要的地位和作用，是新型城镇道路的技术保障。智能楼宇、智能家居、智能交通、智能医院、城市生命线管理、电子政务、智慧金融等多领域、多样化的智能服务，不仅可以满足城市居民的各种需要，使居民的生活更舒适、更便捷，还可以通过对城市各种信息、数据的整合，在政府决策、城市治理、社会管理等各领域发挥重要的支持和帮助作用，使城镇运转更节能、更环保、更低碳、更高效。

智能交通、智能建筑可以大大降低城镇的资源消耗，降低居民的通勤成本、交易成本，实现资源节约利用，降低污染物的排放。城市智能化还可以发挥大数据优势，帮助城市政府制定更好的规划、产业、就业、投资等方面的决策。伦敦

在城市智慧化建设中，通过微工作平台的实施，建立了一个在线市场营销平台，为居民提供多样化、便捷化的各项服务。这一平台在伦敦奥运会期间发挥了非常重要的作用。巴塞罗那通过将城市供水、污水处理、能源网络、交通系统、绿色环保等各种基础设施、信息全部纳入数据库，能够对城市基础设施投资进行决策支持。

新型城镇化不仅要算经济账，更要算生态总账。我们要用生态文明理念引领新型城镇化建设，积极推进城镇化国土利用向开发与保护并重转变，切实处理好发展与保护、近期与长远之间的辩证关系，确保新型城镇化“不带病”、“不坏事”、“不折腾”，把城镇空间打造得更加美丽。

二十八、为什么说现代生态农业是转变农业发展方式的重要方向？

现代生态农业是针对石油农业的弊端而出现的一种新的农业发展模式，是世界农业现代化的重要方向。转变农业生产方式，发展现代生态农业对改善我国农业产地环境与农产品质量、保障食品安全、促进可持续发展、生态文明建设具有重要的现实意义。

（一）什么是现代生态农业

1. 现代生态农业的基本概念

现代生态农业是按照生态学、生态经济学规律，运用系统工程方法和现代科学技术，集约化经营的农业发展模式。近些年提出的有机农业、低碳农业，其重点与角度各不相同，但都体现了农业可持续发展和保持生态系统良性发展的生态理念，在具体生产方式上采用了很多生态农业的共性技术，因此，都属于生态农业的范畴。

生态农业生产的产品没有统一名称，按照生态农业生产和环保要求的严格程度，从高到低依次为无公害食品、绿色食品[①]和有机食品[②]。尽管各国对生态农业产品的叫法不同，但其宗旨和目的是一致的，即在洁净的土地上，用洁净的生产方式生产洁净的食品，以提高人们的健康水平，协调经济发展与环境之间、资源利用与保护之间的关系，形成生态和经济的良性循环，实现农业的可持续发展。

---

① 绿色食品的研究和发展始于1989年，由我国农业部推动下开展的一项生态农产品的研究、生产和认证工作。1996年农业部公布了《绿色食品标志管理办法》并发布了绿色食品标志图形。与有机食品相比，绿色食品的生产并不完全禁止农用化学品和转基因技术的使用，而是强调合理使用农药、化肥、生长调节剂等农用化学品。

②有机食品是国际上对无污染天然食品比较统一的提法。有机食品通常来自于有机农业生产体系，根据国际有机农业生产要求和相应的标准生产加工的。除有机食品外，国际上还把一些派生的产品如有机化妆品、纺织品、林产品或有机食品生产而提供的生产资料，包括生物农药、有机肥料等，经认证后统称有机产品。

2. 现代生态农业的基本特征

现代生态农业既具有现代农业的高产、高效的优势，又具有传统生态农业的有机、循环、低污染等优点。具体表现为以下三个突出特征。

（1）现代生态农业是知识密集型的农业

现代生态农业运用生物与环境相协调适应、物种优化组合、能量物质高效率运转、输入输出平衡等原理，运用系统工程方法，依靠现代科学技术和社会经济信息的输入组织生产。通过食物链网络化、农业废弃物资源化，充分发挥资源潜力和物种多样性优势，通过促进物质在农业生态系统内部的循环利用和多次重复利用，来提高太阳能的固定率和利用率、生物能的转化率、废弃物的再循环利用率等，以实现以尽可能少的投入，求得尽可能多的产出，并获得生产发展、能源再利用、生态环境保护、经济效益等相统一的综合性效果。

（2）现代生态农业是可持续发展的农业

生态农业注重生产系统内部各组成部分之间的相互协调和平衡，重视对自然资源的合理利用、保护和增值，强调生产系统内物质和能量的多层次利用，注重发展多样的农产品类型，防止单一种植造成的土地退化等问题。通过提高农业废料的循环利用率，可减少化肥和能源的消耗，同时减少环境污染。因此，现代生态农业具有较高的自我调节能力和发展能力。

（3）现代生态农业是一种高效的大农业

现代生态农业利用现代产业化的组织经营模式，将农、林、牧、渔各业综合起来形成大农业体系，同时也将农业生产、加工、销售结合起来，建立农业生态系统与农业经济系统的联系，提高了农业生产的综合效益。这不仅适应了市场经济的发展，也提高了生态农业生产的稳定性和生产效率，扩大了生产规模。例如，根据美国经验，有机农业生产成本比石油农业降低 40%，而有机农产品价格比普通食品要高 20%～50%。有机农业也是一种劳动密集型的农业。因此，发展有机农业不仅可以提高农民收入、增加农民就业机会，而且也可以为公众提供纯天然、无污染的健康食品。因此，有机农业虽然规模比较小，但在国外发展迅速。例如，美国从事有机农业的农民正在以每年 12%的速度增长，已有 1.2 万人从事有机农业。生态农场利用生态学原理，扩大和提高能流和物流在生态系统中的数量、质量及其速度水平，使太阳能变为生物能的转化率比野生动物、粮食作物或高产作物高出 4～12 倍。

3. 现代生态农业的主要技术模式

（1）利用生物立体共生原理的立体农业

主要根据各农业生物类群在生物学、生态学和生物之间的互利共生关系而合理组合成一个生产系统，从而更加充分地利用太阳能、水分和矿物质营养元素，提高经济效益和生态效益。该农业生态系统是一个具有空间多层次性和时间上的多次序性特征的产业结构。例如，农作物的间作、套种和轮作模式，林—橡胶—茶的立体种植；水体立体养殖：鲢鱼（上层）—草鱼（中层）—青鱼（下层）、鸭（上层）—鱼（中层）—珠蚌（下层）等；鸡舍（上层）—猪舍（中层）—鱼池（下层）等的立体圈养模式。

（2）利用物质循环原理的循环农业

根据生态系统内能量流动和物质循环规律，设计出的一种循环型的农业生产系统，从而使得生产各个环节的废弃物能够得到再利用，从而获得更高的资源利用率，并减少环境污染。例如，珠江三角洲的基—塘、黄淮海平原的台田—鱼塘模式，以及广西与浙江中南部等地区形成的稻—萍—鹅（鱼）共生模式等传统生态农业模式，还有以农业生物质能利用为核心形成的“畜—沼—果—鱼”生态农业模式等。

（3）利用生物相克避害原理的生态农业

在农业生态系统中，根据生物相克关系，人为地对生物种群进行调节，在生产系统中增加有害生物的天敌种群，以防治病虫害、杂草和病菌的侵害，从而减少农作物的经济损失，同时削减农业化学品的使用量。

（4）利用现代产业化组织方式的生态农业

例如，“种、养、加、能源一体化”等农工商一体化的循环产业化模式。河北临漳县依托丰富的小麦秸秆资源，引进秸秆综合利用技术[①]，利用秸秆生产清洁纸浆，从黑液中提取木质素[②]，利用造纸废渣生产有机肥，利用生产余热和秸秆减少热电联产，形成的农工商一体化循环产业体系。年可处理小麦秸秆12万吨，经济

---

①山东泉林纸业研发的非木纤维“置换蒸煮”工艺，把草浆造纸生产过程中产生的中段污水、黑液、草屑、废氨液等废弃物纳入循环链，变废为宝，达到“一草三用”，即采用麦草等农业非木纤维原料中的纤维素生产纸浆、纸制品；用麦草中的低分子糖类物质生产沼气；利用沼气泥，也就是不可分解的木素生产有机肥料，既消除了污染又获取了经济效益。

② 木质素：木质素是构成植物细胞壁的成分之一，具有使细胞相连的作用。在植物组织中具有增强细胞壁及黏合纤维的作用。木质素主要位于纤维素纤维之间，起抗压作用。在木本植物中，木质素占25%，是世界上第二位最丰富的有机物（纤维素是第一位）。一般用作有机肥料的原材料、混凝土减水剂、橡胶工业中等，还可用于耐火材料和陶瓷以增强其强度，用作选矿浮选剂和冶炼矿粉黏结剂可提高冶炼回收率。

效益 3 500 万元。

（二）发展现代生态农业是转变农业发展方式的重要方向

1. 石油农业是农业环境问题产生的主要根源

人类农业文明经历了原始农业、传统农业和现代农业的发展阶段。不同农业发展阶段，农业生产所要投入的生产要素和对环境的影响程度是不同的。传统农业采用人力、畜力、手工工具、铁器等为主的手工劳动方式，靠世代积累下来的传统经验发展，以自给自足的自然经济居主导地位的农业。传统农业生产规模较小，商品经济较薄弱，农业生产废物以有机物质为主，产生量不大，因很少使用人工化学品，一般都能够通过农业和农村生态系统自我消纳，因而具有低能耗、低污染等特征。主要的环境问题是因土地利用不当而引起的水土流失、荒漠化等土地退化问题，但因总的农业土地利用面积有限，这些土地生态问题主要影响局部区域的农业生产条件和人类生存发展，尚不足以造成全局性的影响。

随着工业化的发展，西方发达国家的石油农业应运而生。石油农业也称石油密集农业、化学农业、无机农业或工业式农业。石油农业是在将昂贵的生产因素（即人力、畜力和土地等），由廉价的生产因素（即石油、机械、农药、化肥、生物技术等）代替的理论指导下，把农业发展建立在以石油、煤和天然气等能源和原料为基础，以高投资、高能耗方式经营的农业发展模式。机械化和化学化是这一农业现代化模式的共同特点。

由于石油农业对农业生产力产生了巨大促进效果，20 世纪 60 年代末，世界粮食首脑会议将“石油农业”作为此后 20 年改变全球粮食供应紧张、消除饥饿的主要措施，并在全球范围内大力推广。但随着石油农业的推广普及，越来越多的人注意到，石油农业在给人们带来高效的劳动生产率和丰富的物质产品的同时，也造成了严重的生态危机：农药、化肥污染带来的人体健康损害和生物多样性丧失、土壤板结和侵蚀加剧等一系列农业环境问题。《寂静的春天》的醒世之作也是在此背景下诞生的。后来，随着全球性石油危机的不断出现，石油农业的生产模式遭到更多世人的批评，各国开始探索农业现代化的新途径和新模式。生态农业逐渐成为世界普遍接受的现代农业发展模式。

2. 中国农业发展面临的生态危机需要转变农业发展方式

我国是一个资源约束型国家，人均耕地、森林和草原面积、水资源拥有量远低于世界平均水平。同时，我国生态环境脆弱，也是一个自然灾害多发的国家。随着我国工业化和城市化的加速发展，人地矛盾更加突出。自然生态环境脆弱加上农业资源的过度开发和污染导致农业自然生态条件恶化、农业自然资源耗竭速度加快，资源环境约束更加趋紧，迫切要求农业发展方式转型。

农业化学用品投入和残留逐年增加，利用效率低、过量使用问题严重。“十一五”末，我国化肥年施用量超过 5 500 多万吨，与 1977 年相比使用量增长了近 10 倍，但平均利用率仅 40%左右；农药年施用量约为 170 万吨，其中有 60%～70%残留在土壤中，平均利用率仅相当于欧盟国家的一半；每年约有 50 万吨农膜残留于土壤中，残膜率达 40%。据农业部统计，我国农药施用量平均每亩为 150 克左右，是欧盟国家的 3 倍。中国农业科学院土肥研究所调查显示，全国已有 17 个省的氮肥平均施用量超过国际公认的上限——225 公斤/公顷。我国农田生态系统中仅化肥氮的淋洗和径流损失量每年约 174 万吨，折合人民币损失达 300 多亿元。

农产品的污染状况令人堪忧。据中国社会科学院农村发展研究所和国家统计局农村社会经济调查司的调查结果显示，全国大约有 10%的粮食、24%的农畜产品和 48%的蔬菜存在质量安全问题。据农业部统计，全国每年被重金属污染的粮食达 1 200 多万吨，经济损失 200 亿元。这些农业污染物不仅加重了环境污染，更恶化了农业生产的自然条件，危及到食品安全、人体健康，而且还削弱了我国农产品的国际竞争力，成为我国农产品面向国际市场的最大障碍。

我国农业固体废弃物快速增长，有效利用率有待提高。据环境保护部初步估算，我国每年产生各类农作物秸秆约 8 亿吨，其中 30%以上未被有效利用。秸秆随处堆放或就地焚烧，污染农村环境。我国规模化畜禽养殖每年产生 27 亿吨动物粪便，约为工业固体废料的 3.5 倍。各类畜禽便溺物年发生量已达 42 亿吨，其中所含有的氮、磷量分别为 5 157 万吨和 1 017 万吨，分别是我国 2011 年氮肥施用量的 2.16 倍，磷肥施用量的 1.24 倍。

3. 中国传统农业的生态智慧需要融入现代化的因素

中国是一个历史悠久的农业古国，历来注重精耕细作，大量施用有机肥，兴修农田水利发展灌溉，实行轮作、复种，间作、种植豆科作物和绿肥植物以及农牧结合等。此外，还有早于西方发达国家几百年，利用农业生产系统内部的物质循环规律建立的“桑基鱼塘”生产模式。这些农业生产方式都体现着传统农业的生态智慧，并被西方现代农业所尊崇和效仿。但与现代农业（石油农业）相比，传统生态农业因生产力低、规模有限，难以适应快速膨胀的人口压力，需要建立优质、高产、低耗的农业生态系统，以提高农业生产水平。

我国传统生态农业主要是通过农业生产内部不同工艺流程间的横向耦合及资源共享，建立农业生态系统的“食物链”和“食物网”，在农产品产地的农业生产系统内部建立再生循环和分层多级利用的生产体系。但是在现代商品化生产条件下，大量农产品输出到产地外的地区，使得很多农业物质无法回归到产地生态系统，使得这种产业内部封闭式的生态农业难以维持。因此，必须要通过外部输入有机肥料和绿色能源。为了适应现代农业的规模化、商品化的生产需要，以及对农业收益率不断追求，现代生态农业在注重推广传统农业中适宜生态农业的经验和做法，如合理轮作、种植绿肥、施用有机肥、修建平整农田等传统经验的同时，也注意推广先进的生态农业新技术，如生物农药、生物化肥、秸秆还田、节水灌溉等。特别是要借鉴现代农业的生产组织方式，从生产、流通、消费、回收，构建产业化的种养及废弃物还田的食物链网结构，建立相应的有机肥料、绿色能源的规模化生产体系和绿色供应体系（绿色供应链），形成农、工、商一体化的多产业开放性的生态农业。

此外，中国传统的有机肥施用技术存在费时、费工、劳动强度大、卫生保障差等弊端，需要运用现代科学技术予以改造，并引入现代工厂化的有机肥生产体系，政策上予以补贴引导来鼓励多用有机肥、减少化肥施用量。

（三）推动现代生态农业应注意的问题

1. 建立健全生态农业发展的法规政策体系

目前，我国生态农业发展缺乏法规政策的支撑和保障。一方面，我国虽然已颁布了《食品安全法》和《全国生态农业建设技术规范》，但关于全国生态农业的总体目标、指导思想、发展措施和保障机制等缺乏纲领性的规划文件。现有《食品安全法》和资源环境法还不能满足实际管理需求，针对性不强、监督执法缺乏相关法律依据。

2. 加强生态农业产品的认证管理和宣传力度

我国在农产品认证方面，实行了无公害农产品、绿色食品和有机食品“三位一体”的认证体系。由于宣传和管理措施不到位，很多消费者对生态农业产品的特点和优势不了解，难以把握生态农业产品与普通农产品之间的区别，生态农业产品难以在市场竞争中处于有利地位，也难以做到优质优价。此外，由于农业环境监测和环境执法力量非常薄弱，在生态农业产品认证管理中，还存在着重认证、轻监管的现象。需要完善农产品认证与监管体系，形成认证机构、相关管理部门监管和农户自我约束、消费者监督的多重监管体系。

3．加大对生态农业的投入和扶持力度

资金缺乏问题已经成为制约我国农业发展的重要因素。由于农业投入周期长、见效慢，金融部门往往存在惜贷倾向，对农业贷款的发放量不大。一些贷款抵押要求过高，还款时限过短，不能满足生态农业生产和生态农业企业的实际发展需求。一些小额农贷没有很好地落实，造成不少农户得不到贷款，生产发展困难。作为一种政策引导，国家在农业金融体制改革中，应优先设置出台鼓励生态农业发展的信贷绿色通道，加大对生态农业的贷款力度、降低贷款抵押条件，并根据农业企业产前、产中、产后资金需求特点制定相应灵活的借还贷机制，带动地方生态农业快速发展。

增加公共财政中对生态农业的投入总量。增加财政补贴力度，改变补贴方式，根据 WTO 规则，将补贴的重点放在增加农业科技投入、增加农业基础设施建设投入、增加农村生态工程建设等方面的投入；注重对农业科技的研究、引进和推广等的投入。充分发挥税收的杠杆作用，对投资于生态农业发展获得的收益实行免税或减税政策等。

参考文献

[1] [美]艾伦·杜宁. 多少算够——消费社会与地球的未来[M]. 吉林：吉林人民出版社，1997：97，109.

[2] 陈德敏. 资源循环利用论——中国资源循环利用的技术经济分析[M]. 北京：新华出版社，2006：72.

[3] 崔兆杰，张凯. 循环经济理论与方法[M]. 北京：科学出版社，2008.

[4] 诸大建. 生态文明与绿色发展[M]. 上海：上海人民出版社，2008.

[5] 国际低碳经济研究所（IGLCE）. 低碳经济蓝皮书——中国低碳经济发展报告（2012）[M]. 北京：社会科学文献出版社，2011：110.

[6] 原国家环保总局自然生态保护司. 农村基层干部环境保护知识读本[M]. 北京：中国环境科学出版社，2005：139.

[7] 国家经贸委资源节约与综合利用司. 清洁生产概论[M]. 北京：中国检察出版社，2000.

[8] 何强，井文涌，王翊亭. 环境学导论[M]. 北京：清华大学出版社，1994：56.

[9] 黄承梁，余谋昌. 生态文明：人类社会全面转型[M]. 北京：中共中央党校出版社，2010：93-94.

[10] 黄海峰，刘京辉，等. 德国循环经济研究[M]. 北京：科学出版社，2008.

[11] 贾卫列，杨永岗，朱明权，等. 生态文明建设概论[M]. 北京：中央编译出版社，2013.

[12] 科技部中国农村技术开发中心. 新农村环境保护知识读本[M]. 北京：中国劳动社会保障出版社，2011：156.

[13] 李建珊. 循环经济的哲学思考[M]. 北京：中国环境科学出版社，2008.

[14] 连玉明，武建忠. 百姓关注什么——绿色发展美丽中国[M]. 北京：团结出版社，2012：11-12.

[15] 刘海林. 农村环保护知识读本[M]. 北京：中国环境出版社，2013：35-36，49，102.

[16] 齐晔，等. 中国低碳发展报告 2013[M]. 北京：社会科学文献出版社，2013.

[17] 潘家华. 碳预算[M]. 北京：社会科学文献出版社，2011.

[18] 全国干部培训教材编审指导委员会. 生态文明建设与可持续发展[M]. 北京：人民出版社，2011：30.

[19] 尚红云，周生军. 循环经济发展评价与政策设计[M]. 北京：中国财政经济出版社，2008：6-7.

[20] 田青，Robert Didham，佐藤真久，等. 可持续消费教育研究[M]. 北京：中国环境出版社，2013.

[21] 王家德，陈建孟. 当代环境管理体系建构[M]. 北京：中国环境科学出版社，2005.

[22] 王学军，何炳光. 清洁生产概论[M]. 北京：中国检察出版社，2000：4-5.

[23] 吴季松. 循环经济综论[M]. 北京：新华出版社，2006：11-12.

[24] 闫敏. 循环经济国际比较研究[M]. 北京：新华出版社，2006：215-216.

[25] 杨朝飞，里杰兰德. 中国绿色经济发展机制和政策创新研究（上册）[M]. 北京：中国环境科学出版社，2012：61-66，73.

[26] 殷培红，董文福，王媛，等. 温室气体排放环境监管[M]. 北京：中国环境科学出版社，2012.

[27] 张坤. 循环经济理论与实践[M]. 北京：中国环境科学出版社，2003.

[28] 赵立祥，等. 日本的循环型经济与社会[M]. 北京：科学出版社，2008.

[29] 赵细康. 环境保护与产业国际竞争力：理论与实证分析[M]. 北京：中国社会科学出版社，2003：473.

[30] 中国工程院、环境保护部. 中国宏观战略研究（综合卷下）[M]. 北京：中国环境科学出版社，2010.

[31] 左大康. 现代地理学词典[M]. 北京：商务印书馆，1990：580.

[32] 邓舒仁. 低碳经济发展研究. 中央党校博士论文[D]. 2012.

[33] Michaelis L. The role of business in sustainable consumption [J]. Journal of Cleaner Production，2003（11）：915-921.

[34] 安淑新. “十二五” 时期我国淘汰落后产能政策建议研究[J]. 当代经济管理，2012，34（3）：36-39.

[35] 白雅琴. 影响传统消费模式向可持续消费模式发展的因素[J]. 内蒙古科技与经济，2006（1）.

[36] 樊杰. 主体功能区战略与优化国土空间开发格局[J]. 中国科学院院刊，2013，28（2）：193-206.

[37] 冯之浚，牛文元. 低碳经济与科学发展[J]. 中国软科学，2009（8）：13-19.

[38] 冯之浚. 科学发展与生态文明[J]. 科学研究，2008，26（1）：1-2.

[39] 冯之浚. 低碳经济的若干思考[J]. 中国软科学. 2009（12）：20.

[40] 付允，马永欢，刘怡君，牛文元. 低碳经济的发展模式研究[J]. 中国人口·资源与环境，2008：18（3）：14-19.

[41] 郭如才. 十六大以来党中央建设生态文明思想述略[J]. 党的文献，2010（4）：85-90.

[42] 胡建. 中国当下“消费主义”现象之反思——基于“生态社会主义”的视角[J]. 绿叶，2013（4）：63-70.
[43] 李晓华. 产业转型升级中落后产能淘汰问题研究[J]. 江西社会科学，2012（5）：12-18.
[44] 刘兴，王启云. 新时期我国生态农业模式发展研究[J]. 经济地理，2009，29（8）：1380-1384.
[45] 卢中原. 应对国际金融危机，加快转变经济发展方式[J]. 中国浦东干部学院学报，2009（3）.
[46] 马建堂. 关于加快转变经济发展方式的几个问题[J]. 国家行政学院学报，2010（3）：4-9.
[47] 马凯. 坚定不移推进生态文明建设[J]. 求是，2013（04）：6-9.
[48] 马凯. 加快转变经济发展方式是关系国民经济全局紧迫而重大的战略任务[J]. 党建研究，2007（11）：55-59.
[49] 马凯. 坚定不移推进生态文明建设[J]. 求是，2013（9）：3-9.
[50] 马丽，李惠民，齐晔. 节能的目标责任制与自愿协议[J]. 中国人口·资源与环境，2011，21（6）：95-101.
[51] 乔桂银. 生态农业发展的制约因素与对策建议[J]. 中央社会主义学院学报，2009，162（6）：95-99.
[52] 任勇，安琪. 经济增长与环境退化关系的趋势分析[J]. 环境经济. 2009（12）：22-23. .
[53] 王一鸣. 加快转变经济发展方式关系现代化建设全局[J]. 经济研究，2011（10）.
[54] 武国友. 党的十八大报告关于转变经济发展方式的新思路与新亮点[J]. 北京交通大学学报（社会科学版），2013，12（1）：1-4.
[55] 严先溥. 对我国居民消费能力的基本判断与思考[J]. 金融与经济，2012（7）：5-10.
[56] 赵家荣. 清洁生产回顾与展望[J]. 节能与环保，2003（4）.
[57] 周民良. 主体功能区战略下的地区发展新思维[J]. 人民论坛，2011（6）：8-11.
[58] 周维富，吴敏. 钢铁工业产能过剩的危害及其治理对策[J]. 中国经贸导刊，2010，2：20-21.
[59] 李培林，田丰. 社科院报告：中国消费结构从生存向发展过渡[R]. 2009.
[60] 国务院. 国务院关于进一步加强淘汰落后产能工作的通知[R]. 2010（7）.
[61] 国务院. 国务院关于印发全国主体功能区规划的通知[R]. 2010（46）.
[62] 国务院. 国务院关于印发国家环境保护“十二五”规划的通知[R]. 2011（42）.
[63] 国务院. 国务院关于印发工业转型升级规划（2011—2015 年）的通知[R]. 2011（47）.
[64] 国务院. 国务院关于印发循环经济发展战略及近期行动计划的通知[R]. 2013（5）.
[65] 国务院. 国务院关于印发大气污染防治行动计划的通知[R]. 2013（37）.
[66] 环境保护部，财政部. 全国农村环境综合整治“十二五”规划[R]. 2012（6）.
[67] 温家宝. 政府工作报告——2013 年 3 月 5 日在第十二届全国人民代表大会第一次会议上[R]. 2013.
[68] 曹新. 为什么要“铁腕”淘汰落后产能？[N]. 中国青年报，2010-06-21.

[69] 管益忻. 当今中国消费的几个基本特点[N]. 企业家日报，2013-02-02（9）.
[70] 刘宝亮. 2013 年中国产能过剩或将进一步加剧[N]. 中国经济导报，2013-01-15（B03）.
[71] 刘芳. 如何在扩大消费中防止消费主义[N]. 人民日报，2010-10-11（7）.
[72] 夏光. 从“环境换取增长”到“环境优化增长”[N]. 中国环境报，2005-10-21.
[73] 夏光. 环保优化经济发展是必然趋势[N]. 中国环境报，2010-12-06.
[74] 中国成为世界最大奢侈品消费国[N]. 国际商报，2012-12-25.
[75] 要消费，不要“消费主义”[N]. 河北日报，2013-02-27 .
[76] 周国富. 以生态文明建设为导引，加快转变经济发展方式[N]. 人民日报，2010-08-06.
[77] 胡鞍钢. 中国绿色发展的重要途径[EB/OL]. http：//www.qstheory.cn/st/stsp/201205/t20120514_157364.htm.
[78] 国务院新闻办公室. 《中国应对气候变化的政策与行动（2011）》白皮书[EB/OL]. [2011-12-22]. http：//www.gov.cn/jrzg/2011-11/22/content_2000047.htm.
[79] 国家统计局.居民消费率[EB/OL]. [2013-03-01]. http：//www.stats.gov.cn/tjsj/qtsj/gjsj/2012/t20130702_402908171.htm.
[80] 新华网. 2012 年消费对中国经济增长贡献率为 51.8%，投资贡献率为 50.4%，净出口贡献率为−2.2%[EB/OL].[2013-01-18]. http：//news.xinhuanet.com/fortune/2013-01/18/c_114416858.htm.
[81] 新华网. 河北临漳五种模式大力度推进循环农业[EB/OL]. [2010-06-09]. http：//new.china.com/zh_cn/news100/11038989/20100609/15973324.html.
[82] 任震宇. 九成消费者愿为可持续消费买单[EB/OL].[2013-01-28]. http：//www.ccn.com.cn/news/yaowen/2013/0128/466375.html.
[83] 杨春平.循环经济与低碳经济内涵及其关系[EB/OL]. [2011-04-18]. http：//www.china-reform.org/？content_156.html.
[84] 中国网. 生态农业[EB/OL]. [2007]. http：//www.china.com.cn/aboutchina/zhuanti/2007zgjk/2007-11/12/content_9214051.htm.
[85] 中央政府门户网站. 国民经济和社会发展第十二个五年规划纲要[EB/OL].[2011-03-16]. http：//www.gov.cn/2011lh/content_1825838.htm.
[86] 中央政府门户网站.中华人民共和国清洁生产促进法[EB/OL]. [2012-03-02]. http：//www.gov.cn/flfg/2012-03/01/content_2079732.htm.
[87] 朱小雯. 2009 年资本形成对 GDP 贡献率达 92.3%[EB/OL]. [2010-02-03]. http：//finance.sina.com.cn/g/20100203/04377357281.shtml.

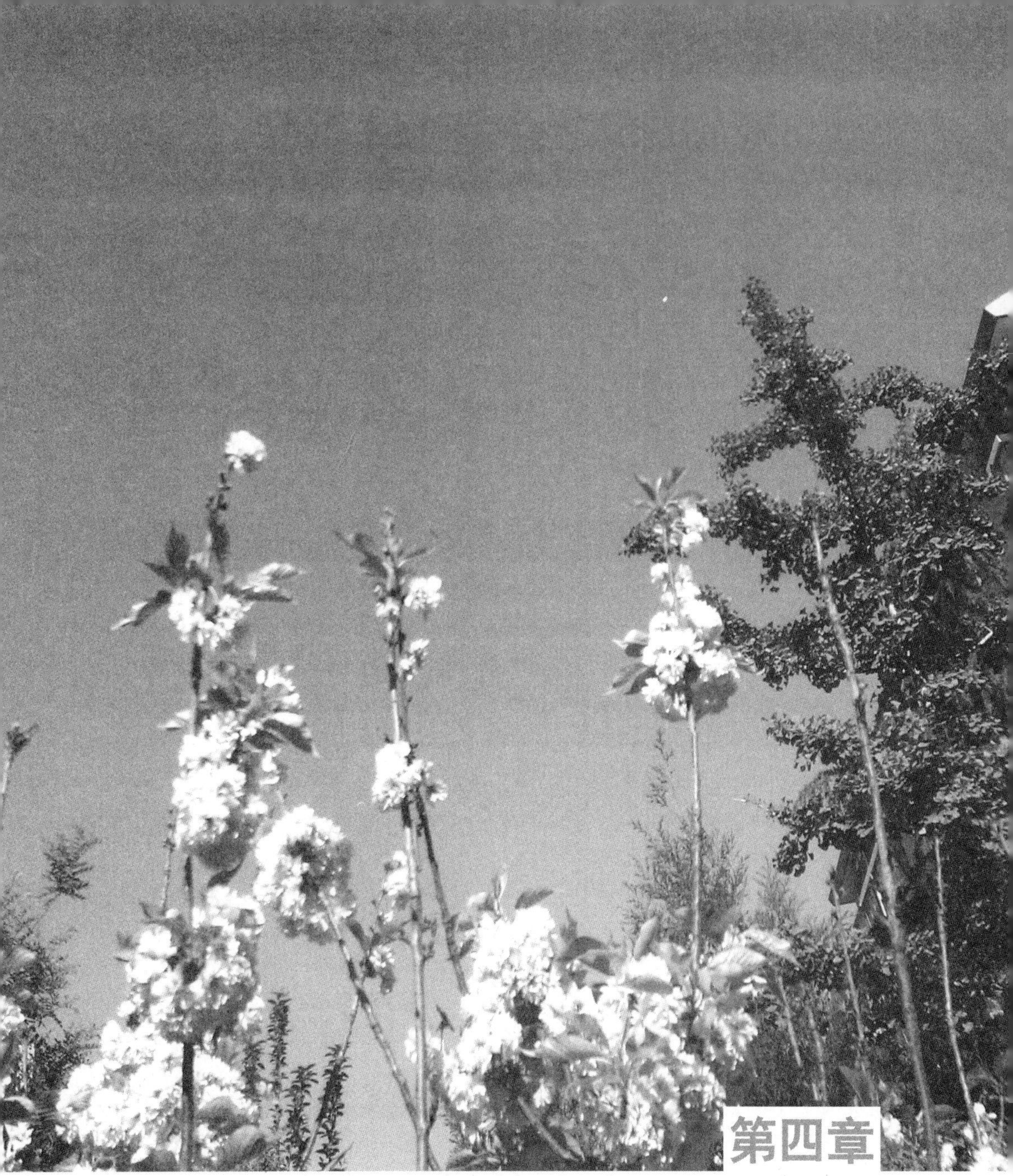

第四章 自然生态系统与环境保护

二十九、资源管理红线和生态保护红线是怎么回事?

(一)资源管理红线

21 世纪前 20 年,是我国经济社会发展的重要战略机遇期,也是资源环境约束加剧的矛盾凸显期。耕地和水是一个国家生存和发展不可替代的基础性资源,同时也因自然条件和人口众多,我国的耕地和水资源面临着严峻形势。为此,国家先后提出了耕地保护红线和水资源保护红线,以确保经济社会全面协调可持续发展的资源支撑能力。

1. 耕地保护红线

耕地保护是指运用法律、行政、经济、技术等手段和措施,对耕地的数量和质量进行保护。耕地保护红线定义为“经常进行耕种的土地面积的最低值”。耕地红线是我国政府针对耕地流失严重的特殊情况,根据人均用粮标准、粮食自给率、粮食单产、复种指数、粮食需求以及耕地需求量预测等因素,经过反复研究论证而提出的。

从 1995—2009 年,我国耕地面积由 19.51 亿亩减少到 2012 年的 18.26 亿亩[①],人均耕地面积由 1.59 亩下降至 1.37 亩,仅是世界人均耕地面积的 43.55%。其中优质耕地减少速度过快,1997—2005 年全国灌溉水田和水浇地分别减少 93.13 万公顷(1 397 万亩)和 29.93 万公顷(449 万亩)。减少的原因主要是建设占用、灾害损毁、生态退耕以及农业结构调整。而我国耕地后备资源少,60%以上分布在水源不足和生态脆弱地区,开发利用的制约因素较多,大大限制了我国耕地资源补充的能力,农用地特别是耕地保护面临更加严峻的形势。

国际市场粮食产量和价格的大幅波动警示我们,农产品的稳定供应是我国当

① 2013 年 12 月 30 日,国土资源部副部长、国务院第二次全国土地调查领导小组办公室主任王世元在国新办举行的发布会上表示,第二次全国土地调查成果显示,我国耕地比原来掌握的数据多出 2 亿亩,至 2012 年底全国耕地面积为 20.27 亿亩。

前以及未来相当长时间内必须面对的严峻挑战。必须立足国内，把提升土地资源人口承载力与耕地保护红线作为保障粮食稳定供应的重要基础。

2006 年 3 月 14 日，在第十届全国人民代表大会第四次会议批准的《中华人民共和国国民经济和社会发展第十一个五年规划纲要》中，提出 2010 年“耕地保有量 1.2 亿公顷”，即 18 亿亩作为人口资源环境的重要指标，并且为经济社会发展的约束性指标。这一指标也被称作“耕地保护红线”或者“18 亿亩红线”。

2008 年 10 月，国务院印发《全国土地利用总体规划纲要（2006—2020）》，对未来 15 年土地利用的目标和任务提出耕地保有量、基本农田保护面积、城乡建设用地规模、人均城镇工矿用地、新增建设占用耕地规模等土地利用约束性指标，其核心是“守住 18 亿亩耕地红线。全国耕地保有量到 2010 年和 2020 年分别保持在 12 120 万公顷（18.18 亿亩）和 12 033.33 万公顷（18.05 亿亩）。规划期内，确保 10 400 万公顷（15.6 亿亩）基本农田数量不减少、质量有提高”。

2012 年 3 月发布的《国民经济和社会发展第十二个五年规划纲要》提出了今后五年经济社会发展的主要目标，其中之一是“耕地保有量保持在 18.18 亿亩”的约束性指标。2010 年耕地面积为 18.18 亿亩，该指标相当于提出了 2010—2015 年的五年内，全国耕地面积保持不变的严格要求。

2. 水资源保护红线

水资源保护红线是国家根据经济社会发展和人民生活需求，对我国水资源结构性短缺和水环境污染严重等特殊情况而制定的一组具有“底线意义”的数字，表明了我国经济长期平稳较快发展、社会和谐稳定，夺取全面建设小康社会新胜利所需的水资源环境支持能力的基本限值。

人多水少、水资源时空分布不均是我国的基本国情。人均淡水资源仅为世界平均的 28%。随着工业化、城镇化深入发展，全球气候变化影响加大，水资源供需矛盾日益突出，并成为国家粮食安全保障和经济可持续发展的主要瓶颈之一，强化水资源节约保护越来越成为一项紧迫而重要的任务。为此，《中共中央国务院关于加快水利改革发展的决定》（中发[2011]1 号）中首次提出“实行最严格的水资源管理制度”，从建立用水总量控制制度、建立用水效率控制制度、建立水功能区限制纳污制度和建立水资源管理责任和考核制度四个方面对水资源高效利用和有效保护工作作出了战略部署和安排。

2012 年，《国务院关于实行最严格水资源管理制度的意见》（国发[2012]3 号）在贯彻落实中央水利工作会议的基础上，提出三条“水资源保护红线”作为实施最严格水资源管理制度的主要目标，即“确立水资源开发利用控制红线，到 2030

年全国用水总量控制在 7 000 亿立方米以内；确立用水效率控制红线，到 2030 年用水效率达到或接近世界先进水平，万元工业增加值用水量（以 2000 年不变价计，下同）降低到 40 立方米以下，农田灌溉水有效利用系数提高到 0.6 以上；确立水功能区限制纳污红线，到 2030 年主要污染物入河湖总量控制在水功能区纳污能力范围之内，水功能区水质达标率提高到 95%以上。”

为实现上述目标，进一步细化了水资源保护红线的内容，提出到 2015 年，全国用水总量力争控制在 6 350 亿立方米以内；万元工业增加值用水量比 2010 年下降 30%以上，农田灌溉水有效利用系数提高到 0.53 以上；重要江河湖泊水功能区水质达标率提高到 60%以上。到 2020 年，全国用水总量力争控制在 6 700 亿立方米以内；万元工业增加值用水量降低到 65 立方米以下，农田灌溉水有效利用系数提高到 0.55 以上；重要江河湖泊水功能区水质达标率提高到 80%以上，城镇供水水源地水质全面达标。

（二）生态保护红线

党的十八届三中全会通过的《中共中央关于全面深化改革若干重大问题的决定》中提出：“划定生态保护红线。坚定不移实施主体功能区制度，建立国土空间开发保护制度，严格按照主体功能区定位推动发展，建立国家公园体制。建立资源环境承载能力监测预警机制，对水土资源、环境容量和海洋资源超载区域实行限制性措施。对限制开发区域和生态脆弱的国家扶贫开发工作重点县取消地区生产总值考核。”

生态保护红线的概念是以“底线思维”为基础，在区域性生态规划、管理和科学研究过程中逐渐产生和发展，并得到多方面肯定，从而上升成为国家战略的。生态红线自提出至今，其概念和内涵逐步由“国土空间生态保护”扩展到“资源能源利用”及“环境质量改善”等方面。

生态保护红线是指对维护国家和区域生态安全及经济社会可持续发展，保障人民群众健康具有关键作用，在提升生态功能、改善环境质量、促进资源高效利用等方面必须严格保护的最小空间范围与最高或最低数量限值。生态保护红线是维护生态安全的“生命线”，是维护公众健康的“保障线”，也是促进可持续发展的“警戒线”。在生态保护红线面前，任何破坏生态环境的行为都必须停止。生态保护红线一旦被突破，生态平衡必然遭到破坏，甚至会带来灾难性后果，以后即使投入大量的人力、财力、物力，也往往难以恢复原状。因此，生态保护红线不能触碰，否则就会受到大自然的惩罚，影响人类社会的永续发展。

生态保护红线实质上是一套制度体系，主要由空间红线和数量红线管理以及相关制度保障共同构成的生态环境综合管理体系。从具体形态上又可分为生态功能红线、环境质量红线和资源利用红线。

数量红线是维护生态系统基本功能、维持人民生产与生活最基本需求的最低数量底限，具体可包括环境质量红线和资源利用红线等形式。环境质量红线是指为维护人居环境与人体健康的基本需要，必须严格执行的最低环境管理限值。例如，《水污染防治行动计划》（即将发布）提出的河流生态流量就是流域管理的数量红线，其作用就是保障河流水环境质量、满足生态保护需求的河流最小径流量。资源利用红线是指为促进资源能源节约，保障能源、水、土地等资源安全利用和高效利用的最高或最低要求。

划定生态保护空间红线的主要目的是保护对人类持续繁衍发展及我国经济社会可持续发展具有重要作用的自然生态系统，因此也称为生态功能红线。生态功能红线是指对维护自然生态系统服务，保障国家和区域生态安全具有关键作用，在重要生态功能区、生态敏感区、脆弱区等区域划定的最小生态保护空间。

生态功能红线保护的对象是重要生态功能区、生态敏感区和生态脆弱区，其主要功能可归纳为重要生态服务保护、人居环境保障和生物多样性保育。因此，通过划定生态空间红线，可以进一步优化生态安全格局，增强我国经济社会可持续发展生态支持能力，保障国家安全。

重要生态服务功能区具有防护、缓冲、过滤、阻隔等功能，主要生态服务功能包括涵养水源、保持水土、防风固沙、调蓄洪水、维系生物多样性等方面，对于保障国家和地方生态安全具有重要意义。重要生态服务功能保护区红线是国家层面生态安全的底线。《全国主体功能区规划》将大小兴安岭森林生态功能区等 25 个国家重点生态功能区列为限制开发区。

生态敏感区是在人类活动影响下容易引发生态问题的区域，是通过生态敏感性评价确定的。生态敏感性包括土壤侵蚀、沙漠化、盐渍化、石漠化、冻融侵蚀和酸雨的敏感性等。生态脆弱区是不稳定性、敏感性强且具有退化趋势的生态环境区，如农牧交错带、山地平原过渡带、水陆交接带、城乡交接带、沙漠（绿洲）边缘带等。保护生态敏感区/敏感区对于减缓与控制生态灾害，保障人居环境，维护区域乃至国家生态安全具有重要意义。

生物多样性资源是维护国土生态安全的物质基础，是实现经济社会可持续发展的战略性资源。我国生物物种资源丧失和流失比较严重，迫切需要划定关键物种资源及生态系统的保护红线。生物多样性保护红线，主要指保护生物多样性，维持关键物种、生态系统与种质资源生存的最小面积。生物多样性保护红线划定后，能够维持我国关键动植物物种和生态系统长期存活，为我国生物资源保护与持续利用提供基本保障。

落实生态保护红线，需要建立一套激励与惩戒并重的制度保障体系。通过建立与完善政绩考核评价制度、生态环境损害赔偿和责任追究制度，可以让各级领导干部树立环境优先、保护优先的思想，从根本上转变发展理念。通过建立资源环境承载能力监测预警机制，对水土资源、环境容量和海洋资源超载区域实行限制性措施。特别是十八届三中全会提出的“对限制开发区域和生态脆弱的国家扶贫开发工作重点县取消地区生产总值考核”和“坚持谁受益、谁补偿原则，完善对重点生态功能区的生态补偿机制，推动地区间建立横向生态补偿制度”将会有助于激励地方保护重要生态功能区、严守生态保护红线的积极性。

环境保护部正在开展生态保护红线的划定工作，提出了红线划定的基本工作部署。2014 年 1 月，环境保护部印发了《国家生态保护红线——生态功能基线划定技术指南（试行）》（以下简称《指南》），成为我国首个生态保护红线划定的纲领性技术指导文件。2014 年将完成全国生态红线划定技术工作，联合其他相关部委出台国家生态红线管控的政策措施和生态红线管理法规，明确各级政府及相关企业、社区和个人在生态红线区域生态保护的责任和义务，对生态红线区域实行最严格的管控制度，努力构建严守生态安全底线、保障国家生态安全、促进经济社会可持续发展的长效机制。

三十、什么是生态修复与生态建设？

尽管我国生态保护工作取得积极进展，但生态环境整体恶化的趋势仍未得到根本遏制。《全国生态保护“十二五”规划》指出，全球气候变化以及一些地区不合理的开发活动，导致部分重要生态功能区森林破坏、湿地萎缩、河湖干涸、水土流失、荒漠化和草原退化严重，部分区域生态功能仍在退化。全国水土流失面积已达 356 万平方千米，年均土壤侵蚀量高达 45 亿吨。2009 年，全国荒漠化土地总面积 262.4 万平方千米。全国约 90%的天然草地存在不同程度的退化。生物多样性面临严重威胁。我国野生高等植物濒危比例达 15%～20%，裸子植物和兰科植物高达 40%以上；野生动物濒危程度不断加剧，233 种脊椎动物面临灭绝，约 44%的野生动物呈数量下降趋势。遗传资源不断丧失和流失，部分珍贵和特有的农作物、林木、花卉、畜、禽、鱼等种质资源流失严重，一些地方传统和稀有品种资源丧失。外来入侵物种严重威胁我国的自然生态系统，初步查明我国有外来入侵物种 500 种左右，每年造成的经济损失约 1 200 亿元。重要生态功能区的生态环境继续恶化，生物多样性丧失程度加剧将严重影响我国经济社会可持续发展和国家生态安全。为此，党的十八大提出“要实施重大生态修复工程，增强生态产品生产能力，推进荒漠化、石漠化、水土流失综合治理，扩大森林、湖泊、湿地面积，保护生物多样性”。党的十八届三中全会又提出要“完善环境治理和生态修复制度，用制度保护生态环境”。这些要求大大提升了加大生态恢复力度和生态保护工作的重要地位，并指出了改革方向。

（一）生态修复

20 世纪 80 年代，生态修复受到重视并成为生态学的一个研究分支。如今，生态修复已成为世界各国的研究热点并在很多国家和地区得以实践。在生态修复的研究和实践中，围绕这一理念形成了生态恢复、生态修复、生态重建、生态改建、生态改良等多种表述。其中欧盟国家主要使用生态恢复，日本则运用生态修复。这些表述虽然在含义上有所区别，但是都具有“恢复和发展”的内涵，即借助于外部力量特别是人力使原来受到干扰或者损害的系统恢复后使其可持续发展，并为人类持续利用。生态修复的多种概念表述进入我国之后，我国学者将其统称为生态修复。

1. 生态修复的发展历程

（1）国际发展历程

生态恢复的科学实践始于100年前自然资源的利用和管理，当时欧洲各国普遍重视山地、森林和草地资源的保护性利用，开启了自然资源保护和生态恢复活动的先河。20世纪50—60年代，全球范围内的资源过度开发引发了严重的生态危机，欧洲、北美开展了一些工程与生物措施相结合的矿山复垦、水土流失治理、植被恢复等生态重建工程。20世纪70年代，随着人口增加和经济发展，全球水资源短缺、水体污染等水环境问题逐渐凸显，水资源保护和水环境恢复研究成为世界性课题。20世纪80年代，全球人口、资源、环境问题日趋严重，以资源保护、生态恢复为主题的可持续发展成为世界各国的战略重点。20世纪90年代以来，全球变化与人类活动成为生态环境问题的焦点，以生态恢复为主要内容的生态系统管理成为政府工作和科学研究重点。

（2）国内发展历程

我国也是较早开展生态恢复工作的国家之一。从20世纪50年代开始，我国就开始对退化生态系统进行长期定位观测试验和综合整治研究。70年代末，我国在北方干旱、半干旱地区开展了“三北”防护林工程建设。80年代，开展了长江、沿海防护林工程建设和太行山绿化工程建设。80年代末，在农牧交错区、风蚀水蚀区、干旱荒漠区、丘陵、山地、干热河谷和滨海湿地等生态退化或脆弱区开展了生态系统恢复重建研究与实验示范。90年代先后开展了淮河、太湖、珠江、辽河、黄河流域防护林工程建设以及大兴安岭火烧迹地森林恢复、阔叶红松林生态系统恢复、山地生态系统恢复重建、沙地与荒漠生态系统恢复等研究项目。20世纪末至21世纪初，先后实施了“天然林保护工程”、“退耕还林（草）”、“退牧还草”、“基本农田建设”等生态工程建设项目，极大地促进了我国生态恢复研究与实践的全面发展。

2. 生态修复的基本原理

（1）生态修复的概念

所谓生态修复，是指重建已损害或规划的生态系统，恢复生态系统的良性循环和功能的过程。具体来说，就是通过生物、生态、工程的技术和方法，人为地改变和切断生态系统退化的主导因子或过程，调整、配置优化系统内部及外界的物质、能量和信息等流动过程和时空次序，使生态系统的结构、功能和生态学的潜力尽快成功地恢复到原有乃至更高的水平。相对于被动保护现有生态环境免受破坏的相关措施，生态修复的对象是已经被破坏了的生态环境，其利益和追求在于通过人的活动恢复生态系统合理的结构、高效的功能与和谐的内部关系，进而保持生态平衡。显然，与单纯的生态环境保护相比较，生态修复对已损害或退化生态系统的重建或者恢复，是更为积极的生态保护措施。生态修复的含义包括以下三个方面：

1）生态修复以大自然的自我修复为主，是通过对一个区域或一个小流域的严格管护，排除人为因素对其干扰及破坏，使区域内的整个生态系统得到休憩并恢复其生态群落结构及功能的过程。

2）生态修复是一个生态自我恢复、发展和提高的过程。在生态修复中，生态系统的结构及其群落，是由简单向复杂、由单功能向多功能、由抗逆性弱向抗逆性强转变的。

3）生态修复不同于封禁治理及封山育林，应尽量减少人对生态的过多干预，缓解人对自然资源的压力，充分发挥生态的自我调节、恢复、进化功能。

（2）生态修复的生态学原理

1）演替理论，是生态恢复的根本理论指导。演替理论认为，在自然条件下，如果群落或生态系统遭到干扰和破坏，它还是能够恢复的（尽管恢复时间有长有短）。如弃耕地发生的次生演替序列为弃耕地—杂草—优势草本—灌木—植物等阶段，但在弃耕地上种植茶树能够改变其演替方向。因此，通过人为手段对恢复过程加以控制，可以改变演替速率或演替方向。

2）阈值理论，生态系统的演替是一个动态过程，只要外界干扰不超过生态系统恢复的阈值，退化生态系统就能自然恢复。如果生态系统的退化程度未超过其生态阈值，消除干扰因素或退化诱因后，生态系统能够恢复到原来的稳定状态；一旦退化程度超过其生态阈值，消除干扰因素或退化诱因不能使生态系统恢复到原来的稳定状态，必须通过增加外来投入或其他管理措施使生态系统恢复到原来的稳定状态。如草地由于过度放牧而退化，若控制放牧则很快自然恢复；但当草地已被杂草入侵且土壤成分已经改变时，控制放牧已不能使草地自然恢复，而需要更多的投入。

（3）生态修复应遵循的原则

1）因地制宜原则。不同区域具有不同的自然环境，如气候、水文、地貌、土壤条件等，区域差异性和特殊性要求在生态修复时要因地制宜，具体问题具体分析。依据研究区的具体情况，在长期试验的基础上，总结经验，找到合适的生态修复技术。

2）生态学与系统学原则。生态学原则要求生态修复应按生态系统自身的演替规律，分步骤、分阶段进行，做到循序渐进。生态修复应在生态系统层次上展开，要有系统思想。

3）可行性原则。可行性原则要求生态修复的经济可行、技术措施可行，并且社会可接受。经济可行要求在实施生态修复时，应有一定的物力、人力和财力保证；技术措施可行要求在生态修复过程中实施的技术措施，在实践操作中具有可行性；社会可承受性原则要求生态修复工程的启动，必须保障人民群众的生产和生活，并符合修复区广大人民群众的愿望。

4）风险最小、效益最大原则。由于生态系统的复杂性和某些环境要素的突变性，加之人们对生态过程及其内在运行机制认识的局限性，人们不可能对生态修复的后果、生态演替的方向进行准确的估计和把握。从某种意义上讲，生态修复具有一定的风险性，生态修复需要大量人力、物力、财力的投入。

5）自然修复和人为措施相结合原则。生态修复应遵循人与自然和谐相处的原则，控制人类活动对自然的过度索取，停止对大自然的肆意侵害，依靠大自然的力量实现自我修复。

此外，还要考虑生态修复的自然原则、美学原则等。但是，任何原则都是建立在以人为本、人与自然和谐相处这一最基本原则之上的。实施生态修复的基础是退化生态系统的现有状态，因此应因地制宜地实施区域的生态修复措施。

3. 我国主要生态修复工程

（1）退耕还林（草）

退耕还林（草）是将开垦的耕地恢复为森林、草地等植被的一项生态修复工程。退耕还林工程始于1999年，国家为控制长江、黄河流域上游地区毁林毁草和开垦坡地所造成的严重水土流失，改善生态与环境，在延安退耕还林（草）试点的基础上，从2004年开始在全国25个省（市、自治区）全面启动退耕还林还草生态修复工程。

为了推进退耕还林工程，国务院先后出台《国务院关于进一步做好退耕还林还草试点工作的若干意见》（国发[2000]24号）、《退耕还林工程规划（2001—2010年）》《国务院关于进一步完善退耕还林政策措施的若干意见》（国发[2002]10号）、《国务院关于完善退耕还林政策的通知》（国发[2007]25号）和《退耕还林条例》。出台了一系列补偿和优惠政策，鼓励群众从保护和生态环境出发，把水土流失严重的耕地，沙化、盐碱化、石漠化严重的耕地以及粮食产量低而不稳的耕地，有计划、有步骤地停止耕种，因地制宜地造林种草，恢复植被。

根据国务院退耕还林还草若干意见和退耕还林工程规划，我国退耕还林（草）的目标和任务是：到 2010 年，完成退耕地造林 1 467 万公顷，宜林荒山荒地造林 1 733 万公顷（两类造林均含 1999—2000 年退耕还林试点任务），陡坡耕地基本退耕还林，严重沙化耕地基本得到治理，工程区林草覆盖率增加 4.5 个百分点，工程治理地区的生态状况得到较大改善。截至 2012 年底，中央已累计投入 3 247 亿元，2 279 个县 1.24 亿农民直接受益，全国 1.39 亿亩陡坡耕地和严重沙化地恢复了植被。退耕还林 25 个省市工程区粮食总产量 2010 年反而比 1998 年增产 5 213 万吨。山区、沙区农民改变了广种薄收的生产方式，生产结构由以粮为主向多种经营转变，加速了农村产业结构调整。

（2）河流生态修复

受损河流修复的核心并不简单地意味着使河流恢复到原始状态，而是使河流受损功能恢复到接近期望的理想状态，使河流生态系统恢复健康，进而在遵循河流自身发展规律的条件下持续地满足人类社会发展的需要。

2012 年 5 月 17 日，环境保护部、国家发展和改革委员会、财政部和水利部联合发布《重点流域水污染防治规划（2011—2015 年）》（环发[2012]58 号）。规划中指出，“加强生态修复，在不影响行洪的前提下，在河道内、河堤上、湖泊周围有选择地种植水生、陆生植物，取消或改造硬质岸线，修复河道生态系统”。“对于巢湖、滇池、太湖、洪泽湖、南四湖、白洋淀、乌梁素海等湖泊型水体，要强化湖泊生态建设和保护，科学实施退田还湖，扩大湖泊湿地空间，增强湖泊自净功能，有效保护和改善水生动物及迁徙鸟类的生境，维护湖泊湿地系统生态结构的完整性”。

（3）矿山生态修复

矿山生态修复是指对矿山生态系统停止人为不良干扰，以减轻环境负荷压力，依靠生态系统的自我调节能力与自组织能力，辅以人工措施等良性干预，使其向有序的方向进行演化，使遭到破坏的矿山生态系统逐步恢复，推动其向良性循环方向发展。

从 2003 年起，国家设立矿山地质环境专项资金，支持地方开展历史遗留和矿业权人灭失矿山的地质环境治理。2006 年，财政部会同国土资源部、原国家环保总局出台了建立矿山环境治理和生态恢复责任机制的指导意见，要求按矿产品销售收入的一定比例，提取矿山环境治理和生态恢复保证金。2013 年 3 月 27 日，财政部、国土资源部印发了《矿山地质环境恢复治理专项资金管理办法》（财建

[2013]80 号）。该办法适用于中央财政通过中央分成的矿产资源专项收入安排的矿山地质环境恢复治理专项资金的使用管理。专项资金用于矿山地质环境恢复治理工程支出及其他相关支出。工程支出包括矿山地质灾害治理、地形地貌景观破坏治理、矿区地下含水层破坏治理和矿区土地复垦等。

2013 年 7 月 23 日，环境保护部发布了《矿山生态环境保护与恢复治理技术规范（试行）》（HJ 651—2013）和《矿山生态环境保护与恢复治理方案（规划）编制规范（试行）》（HJ 652—2013）。前者适用于煤矿、金属矿、非金属矿、油气矿、煤层矿、砂石矿等陆地矿产资源勘查、采选过程和闭矿后生态环境保护与恢复治理，后者适用于新建、改（扩）建矿山及生产和闭坑矿山编制矿山生态环境保护与恢复治理方案（规划）。

（二）生态修复与生态建设

1. 生态建设的概念

生态建设是中国生态学家于 20 世纪 80 年代末提出的一种概念，其理论和方法体系仍在探索之中。虽然“生态建设”一词在学术界、政府文件、领导讲话和大众传媒中已经广泛应用，但一直缺乏规范的界定。1999 年国务院常务会议通过的《全国生态环境建设规划》（2000—2050）中，指出生态建设规划的主要方面包括：天然林等自然资源保护、植树种草、水土保持、防治荒漠化、草原建设、生态农业等。

2. 生态建设的特点

（1）复杂性

生态建设不可能超越一定历史、社会、经济、文化等多种因素的影响和制约，所以不单纯是技术问题，相反具有相当的复杂性。因此，生态建设中的非技术因素，特别是人文社会因素也必须引起足够重视。

（2）针对性

必须针对具体区域的生态环境问题进行规划、设计和实施，即所谓因地制宜。

（3）动态性和不确定性

生态建设的动态性源于生态系统本身组成、结构、过程和功能的动态性。而且，生态系统的动态演替或灾变更多地表现为复杂的非线性，导致实践中生态建设作用下生态系统和景观演变方向的不确定性。也就意味着，生态建设不可避免地存在风险。因此，开展相关评价工作就成为生态建设过程中的重要环节。

3. 生态修复与生态建设

应该说，生态修复与生态建设从本质上讲并没有根本的差别。“生态修复”是指重建已损害或规划的生态系统，恢复生态系统的良性循环和功能的过程。“生态建设”也是对受人为活动干扰和破坏的生态系统进行生态恢复和重建。具体来说，都是利用现代科学技术，利用生态系统的自然规律，通过生物、生态、工程的技术和方法，采取自然和人工的结合，使生态系统的结构、功能和生态学的潜力尽快成功地恢复到原有乃至更高的水平。它们往往都与“保护”(保护尚未被破坏的生态系统)并提，如“生态保护与修复”、“生态保护与建设”。

“生态修复”的提法比较国际化，更侧重于对人为活动干扰和破坏的生态系统进行修复，参照系是原生的生态系统和景观。如自然保护区建设、退耕还林、退牧还草、退田还湖、矿山复垦、小流域治理等。当引起生态退化和环境破坏的因素得到控制或消除以后，可以依靠纯自然力修复和休养生息达到恢复。

“生态建设”是人类理性行为参与下积极的生态恢复与重建过程。而积极方式是在自然力无法实现修复或者需要加速修复过程的情形下，以积极的人为参与和调控为主要特征的生态恢复和重建过程，即生态建设。“生态建设”的提法中国独有，它既包含修复又包含建设，更侧重工程措施，如防风防沙林带建设、植树种草、城市绿化、生态农业建设等。生态建设的直接目标是修复受损或脆弱生态系统和景观的结构、功能和过程并使之达到健康的状态，生态建设的参照系未必是原生的生态系统和景观。恢复或重建的系统能够长期持续地自我维持，是生态建设的最终目标。党的十八大提出“要实施重大生态修复工程，增强生态产品生产能力”；十八届三中全会通过的《关于全面深化改革若干重大问题的决定》中提到“反映生态环境损害成本和修复效益”“建立陆海统筹的生态系统保护修复和污染防治区域联动机制。”之所以在党的重大会议和重要文件中采用“修复”二字，说明我国的环境污染和生态破坏已经非常严重，不得不痛下决心用铁的手腕进行治理与修复了，这也是我国新时期坚持生态文明、建设美丽中国的重点和艰巨任务。

专栏 4-1　生态建设误区——大树进城

近年来，许多城市尤其是经济较发达城市，为了恢复城市生态环境，把数以万计的大树、古树、珍稀树木移植进城，这种行为在改变城市面貌的同时，也凸显出它的危害性。大树特别是古树在挖掘、运输、栽植过程中，由于主根、根系以及主干、主枝大部分被切断，树体受到严重伤害。此外，运输过程中的旅途疲劳、水分丧失以及移植新环境的水土不服等原因，致使移植后的大树死亡率大量增加。“大树进城”造成树木的大量死亡，损耗了森林资源，也破坏了农村的生态环境，使名贵树木和优质树种流失，同时加速了珍稀物种的灭绝，对生态环境造成新的破坏。劫后余生的进城大树，由于树体迅速衰老，苟延残喘，极易形成弱势群体，丧失其生态功能。“大树进城”虽然可以获得暂时的绿色繁荣，但终会将城市生态建设引向歧途。

三十一、什么是生态产品？怎样增加生态产品生产供给能力？

（一）生态产品的内涵与特征

1. 生态产品的内涵

我国政府文件中首次出现生态产品概念是在2011年发布的《全国主体功能区规划》中。生态产品指维系生态安全、保障生态调节功能、提供良好人居环境的自然要素，包括清新的空气、清洁的水源和宜人的气候等。生态产品同农产品、工业品和服务产品一样，都是人类生存发展所必需的产品。生态产品的功能主要体现在：吸收二氧化碳、制造氧气、涵养水源、保持水土、净化水质、防风固沙、调节气候、清洁空气、减少噪声、吸附粉尘、保护生物多样性、减轻自然灾害等。

《全国主体功能区规划》指出“我国提供工业品的能力迅速增强，提供生态产品的能力却在减弱，随着人民生活水平的提高，人们对生态产品的需求在不断增强。必须把提供生态产品作为推进科学发展的重要内容，把增强生态产品生产能力作为国土空间开发的重要任务。”生态产品同农产品、工业产品、服务产品相并列，是人类生存发展所必需，更是人类社会可持续发展所必需的特殊商品。

2. 生态产品的特征

生态产品与普通产品不同，具有明显的公共物品特性，同时还有着明显的自然属性。

公用性。由于生态系统总体上是公共所有或公共享有的，所以生态产品一般具有明显的公用性（或至少部分的公用性），也就是非排他性。由于生态产品的效用是敞开发散式的，一个人消费生态产品不影响、也无法拒绝其他人消费，即消费者不需要通过市场交换就可以实现消费，如果要排他消费，就要付出高额成本，甚至有可能会超过生态产品对于生态系统所带来的经济价值。因此，人们可以较容易地“搭便车”，免费享用。如清洁的空气、水源、观赏景观等。绝大多数生态产品无法使用市场手段来进行激励，只能由政府或公共部门来供给，或者通过法律、规章等政策手段强制生产者执行。

整体性。生态产品是由多因子组成的巨大复杂系统生产出来的，产品具有复合整体性。比如森林可以净化空气，吸收二氧化碳、产出氧气，可以形成景观供人欣赏，还能组成屏障体系防护农田、牧场、江河、村庄等。

外部性。大自然的原始产品（纯自然生态资源），并没有外部性问题。但当它作为生产原料、生态环境基础条件或是人工进行干预后，再加入到生产活动中去时，就产生了外部性问题。比如河流上游进行植树造林涵养水土，河流下游地区的生活环境也会因灾害减少而受益。生产过程较为环保、节能的产品除了提供它本身的效用外，还会因为它的外部性而使环境影响减少，并使周围的人群受益。生态产品外部性产生的主要机制是消费者的“搭便车”和过度占用。生态产品的外部性不仅体现在区域间，也体现在代际之间。由于自然环境因素的变化是一个长期的、缓慢渐变的过程，很多生态产品外部性（或负外部性）外溢是逐渐缓慢发生的，这种时间上的迟滞性导致了生态产品的代际间外部性。

可再生性。生态产品的消费只要不超过其承载的极限，产品就能源源不断地向人们提供服务，保持产品寿命的持续旺盛。这一特征与石油、煤炭等不可再生产品有着明显的区别。在生态产品的生产过程中，往往还伴有生态环境的自我增值和积累能力，供后代人持续享用。

（二）增强生态产品供给能力

1. 增强生态产品供给能力的意义

物质产品、文化产品和生态产品是支撑现代人类生存和发展的三类基本产品。改革开放以来，我国生产物质产品和文化产品的能力突飞猛进，民众的重点需求也已经由吃饭生存问题转向对公共产品的需求，特别是对清洁空气、干净饮水、宜居环境等生态产品的需求。生态产品的生产与消费也不再是简单的公共经济问题，而是上升为社会政治问题，并已经成为中国实现永续发展的瓶颈因素。

增强生态产品的供给能力，体现了党和国家对自然生态系统和环境保护的重视。我国历来重视环境保护工作，但是传统上比较关注污染的治理，主要目标是减少生产生活对环境的影响。现在除继续加大污染治理外，更加关注生态产品的供给者、供应环节等问题。因为良好的生态产品，不仅能够保持环境平衡、维持大自然的生态循环，还可以为人类提供包括文化培育、艺术创新、休闲活动等在内的多种文化功能服务。例如木材、农产品、水和纤维等是物质产品生产的基本原料；健康的森林可以固定二氧化碳、涵养水源和释放氧气，预防水土流失和疾病的蔓延；湿地可以常年涵养水源，为野生动物提供良好的生存环境，丰富生物多样性；优质的地表水不仅是人类生存与发展的必需品，也是许多污染物自然降解的良好载体。

增强生态产品的供给能力是坚持以人为本，提升人民幸福感的基本要求。当前，人民群众对喝上干净的水、呼吸上新鲜的空气、吃上安全放心的食品、有一个优美宜居的环境，有更多期待。不断满足群众的这种需求，既是政府的责任，也是执政为民的体现。向老百姓提供更多更稳定的生态产品和服务，是提高人民幸福感的重点环节，也是获得群众坚定拥护的最佳着力点。

2. 生态产品的供给

生态产品具有明显的公共物品特征，这就要求政府在生态产品的生产中应该负担起主要的作用。2011年李克强同志在第七次全国环保大会上的讲话，首次将环境保护纳入基本公共服务范畴，从理论上明确了提供具有公共服务属性功能的生态产品是政府不可推卸的职责。各级政府有责任整合企业、社会、个人的力量，提高全社会的生态产品供应能力。

将生态环境质量纳入基本公共产品范畴，从理论上明确了生态环境的显性价值。同时，也明确了提供生态产品是政府应尽的职责，是公共财政保障的重点，是中央财政转移支付、资金补助的考量因素。这也就要求我们各级政府一定要把良好的生态环境作为科学发展的最基本要求，作为发展的底线。

3. 增加生态产品的生产能力

生态产品的公共产品属性决定了增强生态产品生产能力，必须更多依靠政府管理能力的提升、政策引导与扶持。政府管理能力提升是改善生态产品供给的关键。环境治理区域投入不均的条件下，可以通过私人部门与政府交易的方式生产环境产品以及提高环境产品的供给效率。

加大造林绿化、森林植被和湿地保护的国家投入力度，扩大生态产品生产基地面积，并采取像保护耕地一样的严格措施保护现有林地和湿地；强化现有森林和湿地的经营管理，加大营林投入，强化科学营林措施，提高森林植被和林地生态产品的生产力；必须为生态产品的生产提供财政补偿。

增强生态产品生产能力要注重形成和完善生态产品的定价机制和交易机制。最大限度地借助市场力量来解决生态产品的供给问题。生态产品虽然具有公共产品的特征，通过形成和完善适用于生态产品的特用定价和交易机制，也可以让市场发挥资源配置的作用。

三十二、什么是生态安全？

（一）生态安全的概念

生态安全是国家安全的重要组成部分，指人的环境权利及其实现受到保护，自然环境和人的健康及生命活动处于无生态危险或不受生态危险威胁的状态。从国家安全角度对生态安全的理解包括三个层次含义：一种为状态；一种为受到保护、无危险或不受危险威胁的状态；三为威胁来源是生态危险。生态危险作为与生态安全相对应的一个概念，指那些可能存在并能对人类的生存环境和自然生态系统产生破坏甚至摧毁作用的破坏力量或现象，如泥石流、火山爆发、海啸、随意向环境排放原本自然界里并不存在且有害的污染物质、乱砍滥伐森林、盗捕偷猎野生动物等。可归为“资源危险”、“能源危险”和“环境危险”三类。我国生态环境领域普遍认为，生态安全指社会、经济、环境复合系统的安全性状态。我国著名环保专家曲格平先生认为，生态安全包括两个方面的内容：一是防止由于生态环境的退化而对经济基础构成的威胁；二是防止环境问题引发的生态难民或者环境难民给社会带来的不稳定因素。

生态安全的最基本要求是通过人类社会对于生态环境的有效管理，确保一个地区、国家或全球所处的自然生态环境（即由水、土、大气、森林、草原、湿地、海洋、生物等组成的生态系统）对人类生存的支持功能，使其不至于减缓或中断人类生存和文明发展的进程。

“生态安全”概念在1991年12月19日颁布的《俄罗斯苏维埃联邦社会主义共和国自然环境保护法》中首次正式使用。具体指：①生态系统的平衡得到维护，自然界的自然过程保持一种和谐状态。②可再生自然资源的再生条件得到保护。③不可再生的资源备受珍惜和得到节约利用。④自然界的环境容量受到尊重。⑤环境的自然净化能力得到维护。⑥整体自然环境处于良好的状态。⑦维持人的生命活动和健康所需要的正常条件得到保障。⑧人的环境权利受到尊重和保护。

影响生态安全的问题很多，如环境污染导致的生态环境恶化、毁林毁牧引起的土地退化、严重的水土流失使大片土地变为荒漠，这都意味着大片国土失去对国民经济的承载能力，像国土的割让一样会给国家造成无法衡量的损失。生态环境的破坏，会造成工农业生产能力和人民生活水平的下降，这与经济危机所带来的损失并无二致。

我国对生态安全公开讨论始于20世纪90年代末期。2000年国务院发布《全国生态环境保护纲要》，首次明确提出“维护国家生态环境安全”的目标，定义国家生态环境安全为“一个国家赖以生存和发展的生态环境处于不受或少受破坏与威胁的状态”，并认为生态环境安全是国家安全的重要保障。2002年6月，国家环保总局启动了国家环境保护战略研究课题，并于当年年底开始召开“环境安全与可持续发展”学术年会，推出了《国家环境安全战略报告》，这是我国政府第一次提出关于生态安全研究的战略报告。次年，出版了《国家环境安全评估报告》和《环境安全管理：评估与预警》。《中共中央关于制定国民经济和社会发展第十一个五年规划的建议》指出：“我们要从国家安全的战略高度重视资源节约型社会和环境友好型社会的建设。”中共十六大报告明确提出，同国防安全、经济安全一样，生态安全是国家安全的重要组成部分。党的十八大报告指出，要“从源头上扭转生态环境恶化趋势，为人民创造良好生产生活环境，为全球生态安全作出贡献。”

（二）生态安全在国家安全中的地位

生态安全不是一个独立的问题，而是与经济安全、国家安全和军事安全密切相关的。美国世界观察研究所所长莱斯特·布朗1977年发展的《重新定义国家安全》，最早提出将环境纳入国家安全范畴。1981年他进一步指出：“自第二次世界大战以来，‘国家安全’几乎完全属于军事性质。国家安全的定义就是假定对安全的威胁主要是来自其他国家。可是目前对安全的威胁，来自国与国间关系的较少，而来自人与自然间关系的可能较多。”1987年世界环境与发展委员会发表的《我们共同的未来》报告正式使用“环境安全”这一术语，阐明安全的定义除了政治和军事威胁之外，还包括环境安全。1991年美国公布的《国家安全战略报告》首次将环境视为其国家利益组成部分，认为任何发生在其他国家、他国之间的、他区之间的乃至全球的环境事件，都可能威胁美国的环境系统，为消除来自其他国家的压力，美国有义务督促世界各国共同承担责任。除美国之外，日本、欧盟、加拿大等都将环境安全与其国家安全联系在一起，列入国家安全的战略之中。将生态安全纳入国家范畴进行研究的代表性成果有：北约1999年的《国际背景下的环境与安全》、加拿大1999年的《环境、短缺与暴力》、德国2000年的《环境和安全：通过合作预防危机》、美国2000年的《环境变化和安全：项目报告》等。

我国的国家生态安全问题包括两类：一类是国外的或全球的生态环境问题对我国构成的威胁；另一类是基于我国人口、经济发展对资源环境的压力，西方发达国家的政府流行"中国威胁论"。曲格平先生的论著《关注中国生态安全》不仅对中国生态安全问题进行分析与阐述，同时也从中国环境法制建设的角度呼吁中国环境保护要依法保护环境，并认为这是中国环境保护的方向和必走之路。国际生态安全合作组织总干事蒋明君博士认为："生态安全在国家安全体系中未必处于优先地位但应当始终处于基础性地位。与国防安全、经济安全、社会安全等具有同等重要的战略地位。而生态安全则是国防军事、政治和经济安全的基础和载体"，"一场局部战争要有一个漫长的外交过程，而一次突发性的生态灾难则是瞬间的，其造成的人员伤害和经济损失要比一场局部战争严重得多。生态安全不仅仅是环境保护，它直接影响人类生存和国家发展，我们要从国家战略高度关注生态安全"，"在这个地球上，没有一个人是孤立存在的，国家也是这样！21世纪最大的政治问题，一是生态安全；二是资源安全。近年来，国家与国家、地区与地区之间所发生的冲突与生态安全和资源安全有直接关系。因此说，生态安全是国家生存和发展的基础，是和平时期的特殊使命。"

（三）生态安全的特点

1. 生态系统的整体性

在生态环境的大系统中一切都是相互联系、相互作用的。任何局部环境的破坏，都有可能引发全局性的灾难，甚至危及整个国家和民族的生存条件。人类历史上曾经出现过多起这方面的例子。比如美索不达米亚平原上的巴比伦文明、地中海地区的米诺斯文明、巴勒斯坦"希望之乡"等文明的相继衰弱和消亡，都主要是生态环境破坏导致的可悲后果。

2. 生态破坏的不可逆性

生态环境的支撑能力有其一定限度，生态破坏一旦超过其环境自身修复的"阀值"，往往造成不可逆转的后果。比如，野生动植物物种一旦灭绝就永远消失了，人力无法使其重新恢复。再如，我国西南地区出现的"石漠化"土地，流失的土壤人力很难使其恢复，这种环境问题也是不可逆转的。

3. 生态恢复的长期性

许多生态环境问题一旦形成，若想解决就要在时间和经济上付出很高代价。比如改变沙化土地，使之恢复原来的面貌，往往要数十年甚至几代人的努力，经济代价也很高。

4. 生态安全的全球性

目前世界各国已经面临各种全球性环境问题，包括气候变化、臭氧层破坏、生物多样性迅速减少、土地沙化、水源和海洋污染、有毒化学品污染危害等都是生态安全全球化的具体表现。一国的生态灾难有可能危及邻国的生态安全，如国际性河流中，上游国家的污染物排放或渗漏，就有可能危及下游国家的用水安全。西欧排放的二氧化硫在大气环流的输送作用下，导致北欧饱受酸雨危害，森林枯黄、大片死亡，湖泊酸化、鱼类死亡。因此在保证生态安全上，各国有着相当广泛的共同利益，因而也最有可能开展国际合作。

（四）我国面临的主要生态安全问题

20 世纪 70 年代末期以来，随着中国经济持续快速发展，发达国家上百年工业化过程中分阶段出现的环境问题在中国集中出现，环境与发展的矛盾日益突出。资源相对短缺、生态环境脆弱、环境容量不足，逐渐成为中国发展中的重大问题。从我国目前情况来看，生态安全的重点主要是土地、水源、天然林、地下矿产、动植物种质资源、大气等自然资源。同时，从维护国家利益出发，也要解决好外交和外贸领域的生态环境问题。我国生态安全问题主要有四大方面。

1. 国土安全

中国草地面积约 4 亿公顷，占世界草地面积的 13%左右，占全国国土面积的 41.7%，其中 84.4%的草地分布在西部。草地的生态系统服务价值约占陆地生态系统服务总价值的 17.9%。遥感监测表明：2000—2005 年全国草地生态系统面积净减少 11 860 平方千米，主要集中在我国西北和华北地区，这两个地区的草地减少面积占全国草地减少总面积的比重分别为 43%和 30%。一项基于 MODIS 遥感数据的研究表明，2003—2005 年全国草地生态退化的潜在经济损失 66.6 亿美元。退化、沙化草原已成为我国主要的沙尘源。

中国湿地面积 3 848 万公顷，居世界第四位。天然湿地占湿地总面积的

94.07%，其中沼泽湿地面积最大，沼泽、湖泊、河流湿地约占自然湿地总面积的84%。近年来湿地的变化在规模上表现为总体减少、局部拓展，湿地面积减少的趋势短期内难以改变。导致湿地生态系统退化的人为因素主要有盲目开垦和改造、污染、生物资源过度利用、水土流失和泥沙淤积、水资源不合理利用。

我国耕地面积占国土面积的12.7%，但农业生产过程中化肥、农药、农膜等的大量使用，对农田的生产力和周围的自然生态系统造成了一定的负面影响。

我国海域面积约为陆地面积的1/3，由于沿海地区人口快速增长，经济发展迅速，沿海滩涂、湿地生态破坏加剧，海域总体污染状况仍未好转。

我国是世界上荒漠分布最多的国家之一，集中分布在西北干旱地区，荒漠植被的过量利用和内陆河上游水资源的过度开发导致荒漠植被和荒漠区绿洲的生态退化。

我国的土地退化不仅使生态环境恶化，土地承载力下降，而且对土地利用退化区域及其周边地区的社会经济生活产生了不利的影响。

2. 水安全

我国水资源和水环境形势严峻，构成了对国家生态安全的严重威胁。全国每年降水总量人均量很低，受气候和地形影响，降水分布极不均衡，形成南涝北旱的局面。长江流域以南地区水资源占全国的80%以上，耕地面积只占全国总数的1/3。而北方地区干旱少雨，水资源占有量很少，耕地却占全国耕地的60%以上，旱灾已成为农牧业的主要灾害。同时，水资源短缺也严重影响了城市人民生活和工业生产。在北方地区，河流萎缩断流、干旱加剧是带有普遍性的问题。

我国的水环境污染已从陆地蔓延到近海水域，从地表水延伸到地下水，从单一污染发展到多元化污染，形成点源与面源污染共存、生活污染和工业排放叠加、各种新旧污染与二次污染相互复合，以及常规污染物、有毒有机物、重金属、藻毒素等水污染衍生物相互作用的、复杂的流域性污染态势。

河流水污染未能得到有效控制。由于主要河流污染负荷不断增加，致使地表水污染日益严重。2010年，重点流域规划区域398个河流国控断面中，43.7%的断面达到或优于Ⅲ类，32.9%的断面为Ⅳ～Ⅴ类，劣Ⅴ类断面占23.4%。主要跨省界断面达到或优于Ⅲ类的比例为49.4%，劣Ⅴ类断面比例为24.7%。

湖泊富营养化日趋严重。近30年来，湖泊富营养化呈加重趋势。20世纪70年代调查的34个湖泊中，富营养化的湖泊仅占5%；1986—1989年调查结果显示，富营养化湖泊比例增加至35.76%；至20世纪90年代，我国东部的湖泊几乎全部处于富营养化状态；2002年调查的200多个湖泊中，75%的湖泊呈现富营养化。

2007年，太湖、滇池、巢湖等湖泊出现了大面积蓝藻，影响了当地的饮用水安全。2010年，重点流域规划区域内湖库共布设86个国控点位，其中19.8%的点位水质达到或优于Ⅲ类，66.3%点位水质为Ⅳ类至Ⅴ类，劣Ⅴ类水质占13.9%。

地下水过度超采、污染严重，饮用水安全问题突出。根据《全国地下水污染防治规划（2011—2020年）》数据，2009年，我国655个城市中有61%的城市以地下水为主要饮用水水源。地下水开采总量已经占全国总供水量的18%。2009年共监测全国地下水降落漏斗240个，华北平原东部深层承压地下水水位降落漏斗面积达7万多平方千米，部分城市地下水水位累计下降达30～50米，局部地区累计水位下降超过100米。部分地区地下水超采严重，进一步加大了水资源安全保障的压力，水质状况不容乐观。

海洋环境污染凸显。我国海洋总体环境状况表现为：远海海域水质良好，近岸海域总体轻度污染，局部近岸海域污染严重。根据《重点流域水污染防治规划（2011—2015年）》数据，2010年，渤海近岸海域水质为中度污染，黄海近岸海域水质为良好，东海近岸海域水质为重度污染；近岸海域沉积物中多氯联苯的污染程度加重、范围扩大。部分近岸海域贝类受到铅等污染。20世纪50—70年代，赤潮频次在个位数；八九十年代，频次在两位数；2000年以来，频次平均近百。

3. 健康安全

健康安全指由环境污染引起的人类健康问题。

在我国人民健康水平不断提高的形势下，一些与环境污染相关疾病的死亡率或患病率持续上升。新中国成立以来，尽管我国人群总体死亡率和患病率持续下降，人均期望寿命由新中国成立前的35岁升至2006年的73岁（接近国际上公认的以75岁为基本现代化的标准），但值得注意的是，一些与环境污染相关疾病的死亡率或患病率持续上升。例如，过去30年，我国恶性肿瘤死亡率持续上升，由83.65/10万上升至134.80/10万，其中与生态环境、生活方式有关的肺癌、肝癌、结直肠癌的死亡构成呈明显上升趋势。

以煤为主的能源结构造成我国城市大气污染物长期以来一直以高浓度的二氧化硫和总悬浮颗粒物（TSP）为主。近20年来，随着城市交通和汽车产业快速发展，产生了严重的机动车尾气污染。据20个统计资料较全的大中城市分析，每年因大气污染所致慢性支气管炎患者为150万人，呼吸系统疾病死亡人数为2.3万人，肺心病患者17.7万人，肺心病死亡人数1.3万人。

特别是，京津冀和东部等区域灰霾现象频发，$PM_{2.5}$[①]污染问题日益凸显。表现出五个主要污染特征：一是年均浓度绝对值高，在我国东部地区可达 60～90 微克/米^3，高于新修订的国家环境空气质量标准（GB 3095—2012）70%～160%；二是由二氧化硫、氮氧化物、挥发性有机化合物（VOCs）[②]、氨（NH_3）等气态污染物通过化学反应形成的二次颗粒物在 $PM_{2.5}$ 中的比例高，在部分区域超过了 60%；三是区域污染特征明显，在东部的京津冀和长三角等区域，超标城市比例超过 80%，且重污染发生体现出同步性；四是重污染过程发生频率高，持续时间长，部分地区 $PM_{2.5}$ 最高日均浓度超过 GB 3095—2012 标准 4 倍以上，$PM_{2.5}$ 日均浓度全年超标天数可达 40%；五是复合型空气污染的氧化性增强，臭氧（O_3）超标率逐年增加，臭氧和 $PM_{2.5}$ 成为共同影响城市空气质量超标的两个首要污染物。在长三角地区，高温季节出现 $PM_{2.5}$ 与臭氧同步污染的频率可高达 30%。

水污染的健康损害问题已经相当严重。我国农村地区，以人群消化系统肿瘤，如肝癌、胃癌等为代表的恶性肿瘤发病率、死亡率连年呈上升趋势等健康问题都与环境污染有着密切关系。

我国大多数城郊土壤都受到不同程度的污染。粮食、蔬菜重金属污染超标情况较为严重。沈阳郊区 10 种主要蔬菜中镉平均含量为 0.313 毫克/千克，超过国家食品卫生标准的 6.26 倍。据 2006 年调查，珠三角地区有 40%的农田菜地重金属污染超出安全标准，其中 10%属于严重超标。南方一些汞矿区的粮食、蔬菜、水中的汞严重超标，50%以上居民出现感觉障碍、运动失调、视野狭窄等慢性汞中毒体征。在南方某些地区，农作物镉含量已严重超标，10%以上居民已出现不同程度的腰背、四肢、骨关节疼痛等症状和生化指标异常。

在各类食物中和日常用品中的有害物质与国际标准相比差距悬殊。在生产的农药中多数为高毒性品种，加之使用不当，渗入粮食、蔬菜、水果、奶制品、各类动物肉类、茶叶、中药材以及被加工的食品当中。另外，国家虽然三令五申不准在饲料中滥用生长激素、抗生素和一些化学合成药物，但屡禁不止，问题很多。

4. 生态系统安全

保持生物多样性是人类生存和发展的基本条件之一，也是生态安全的重要方面。据估计地球上有 500 万～3 000 万种生物，包括动物、植物和微生物。栖息地

---

① $PM_{2.5}$ 指环境空气中空气动力学当量直径小于等于 2.5 微米的颗粒物，也称细颗粒物。

② VOCs 是挥发性有机化合物（volatile organic compounds）的英文缩写。按照美国国家环境保护局（EPA）的定义，它指除一氧化碳、二氧化碳、碳酸、金属碳化物、金属碳酸盐和碳酸铵外，任何参加大气光化学反应的碳化合物。

生境改变和过度的人类活动，导致生物资源濒危问题日益突出。各类生物物种受威胁的比例普遍在20%～40%。我国有422个物种面临灭绝的威胁，包括81种哺乳动物，75种鸟类，46种鱼类，31种爬行动物和184种植物。越来越多的鸟类和哺乳类动物被列入严重濒危和濒危的目录中，哺乳动物增加为83种，鸟类增加为86种。国家Ⅰ级保护动物华南虎估计野外仅存数十只；分布于湖北枝城以下长江中、下游地区的白鳍豚，仅剩100多头；普氏野马、高鼻羚羊等物种在20世纪已经灭绝。

随着全球化的加速，外来物种入侵对中国生态环境带来非常严重的危害和巨大的经济损失。2001—2003年，原国家环保总局进行全国外来入侵物种调查，发现全国有283种外来入侵物种。2003年农业部统计，入侵我国的外来生物有400多种，其中危害较大的有100余种。在世界自然保护联盟公布的全球100种最具威胁的外来物种中，我国就存在50余种，造成每年至少1 000亿元的经济损失。令人担忧的是，这些外来入侵物种中的46.3%已侵入自然保护区。

三十三、什么是国家公园体制？

党的十八届三中全会《关于全面深化改革若干重大问题的决定》中提出要“建立国家公园体制”，以强化对自然价值较高的国土空间实行的开发保护。国家公园制度是一种资源保护与开发利用实现双赢的先进管理模式，是让生态环境与旅游消费达到共存的国际惯例和普遍适用的规律。自 1872 年美国建立世界最早的国家公园，即黄石国家公园以来，全世界已有 100 多个国家设立了多达 1 200 处风情各异、规模不等的国家公园。实践证明，建立国家公园体制，不仅可以强化自然环境的保护、促进物种及遗传基因的保护，而且还可以提高景观资源保护的经济、社会效益，为国民提供游憩场所、促进旅游业可持续发展、繁荣地方经济，促进学术研究及环境教育。

我国对各种有代表性的自然生态系统、珍稀濒危野生动植物物种的天然集中分布地、有特殊价值的自然以及所在地和文化遗址等，已经建立比较全面的保护制度，如国家、地方多级自然保护区、森林公园、地质公园、风景名胜区等。这些自然保护地，分属环境保护部、国家林业局、国土资源部、住建部、海洋、水利、农业等多个部门系统主管。这种依据生产要素划定部门事权的做法也严重违背生态系统整体性的科学规律，监管力量分散、规则不一、资金使用分散、效率低下。

自然环境的过渡性、空间叠加性、动物的迁徙等特征很难依据自然或生产要素划定保护边界。按生产要素划分的部门职能在现实管理中很难避免职能交叉或管理空白。如鄱阳湖的一个相似区域内聚集着两个部门主管的 6 个不同级别保护区的奇怪现象。物种保护不能脱离栖息地保护，栖息地保护又离不开改善周边地区的环境质量。湿地是物种最丰富的地区之一，湿地中的水生动植物相当一部分是水禽的食物或栖息物。要保护好湿地环境，湿地来水水量和水质情况都是很重要的影响因素，需要林业、环保和水利部门的共同配合。要保护好自然价值较高的国土空间，必须对目前这种碎片化的自然保护地管理体制进行整合调整。

（一）国家公园的理念与标准

“国家公园”（National Park）的概念源自美国，一般认为是由美国艺术家乔治·卡特林首先提出。1832 年，他在旅行的路上，对美国西部大开发对印第安文明、野生动植物和荒野的影响深表忧虑。他写到“它们可以被保护起来，只要政府通过一些保护政策设立一个大公园……一个国家公园，其中有人也有野兽，所有的一切都处于原生状态，体现着自然之美”。

国际自然资源保护联合会（IUCN）对国家公园的定义，国家公园保护的是具有一定面积，含特殊价值的动植物成分且未受人为干扰或破坏的自然生态系统，或由具有科研及游憩价值的地形地貌，史前遗迹等组成的特殊景观。IUCN 认为国家公园的标准为：①保护面积不小于 10 平方千米的自然地区，具有优美景观、特殊生态与地形，具有国家代表性，未经人类开采、聚居或建设。②为了长期保护自然原野景观、原生动植物、特殊生态系统而设置。③应由国家最高权力机构采取措施，限制工商业及聚居的开发，禁止伐木、采矿、设电厂、农耕、放牧及狩猎等行为，以有效地维护自然景观及生态平衡。④维护原有的自然状态，作现代及未来的科研、教育、游览和启智资源。

（二）国外国家公园管理体系的主要经验

1．美国的国家公园管理体系

1872 年美国国会通过黄石国家公园法，指定黄石公园由内政部部长控制，并负责签署规定，达到“保护并防止破坏或损坏，保护所有林木、矿藏、自然遗产，保护公园里的奇景，保持公园的自然状态”的目的。1916 年，国会通过国家公园管理局组织法，在内政部设立国家公园管理局，旨在“改善和规范作为国家公园、国家纪念地、国家保护区的联邦土地的利用方法和手段，通过这些方法和手段确定国家公园、国家纪念地、国家保护区的基本目的”。1935 年通过的历史遗迹法案，规定将国家重要的自然与历史性旅游资源统一交由国家公园管理局管理。

（1）在完备立法体系基础之上建立国家公园体系

除了国家有完整的国家公园保护法律规定之外，每一个国家公园还有自己独具特色的独立立法。

国家公园管理机构只有依法保护国家公园资源的责任和义务，没有不受法律限制的开发权利。完备的法律从各个角度对国家公园进行保护，不仅保证了国家公园在国家财政上的独立地位，也避免了国家公园管理部门与相关部门的纷争。

（2）国家公园管理部门是相对独立的服务者

美国的国家公园均由隶属于内政部的国家公园管理局统一管理。国家公园管理局下设七个区域办事处，负责各自地理区域的公园运营。各国家公园设有公园管理局，具体负责本公园的管理事务。国家公园管理局、区域办事处、基层管理局三级机构实行垂直领导，与公园所在地政府没有隶属联系，保证了管理部门的权威性。

美国国家公园管理局将自己定位于服务者的角色，而不是业主的地位。即不能将遗产资源作为生态要素投入，更无权将资源转化为商品牟利，管理者自身的收益只能来自工资。国家公园属于全美国人民以及子孙后代的共同财产，无论何种自然遗产资源，都不仅是我们从先辈那里继承下来的，而且是从我们的后代那里借来的。所以，保持其真实性、完整性，做到可持续利用是必然要求。作为管理者只能进行维护和管理，而没有随意支配的权力。

（3）政府统一拨款杜绝国家公园管理部门牟利

美国的国家公园是产权国有的自然遗产和自然状态下不可移动的文化遗产，所以美国的国家公园为非营利性事业单位，经费主要依靠政府的拨款，部分靠私人或财团捐赠，门票只作为一种旨在提高人民环保意识的管理手段。

为了避免国家部门在国家公园建设中牟利，1965 年美国国会通过《国家公园特许经营法》，规定国家公园管理部门不得从事商业性经营活动，要求在国家公园体系内全面实行特许经营制度，即公园的餐饮、住宿等旅游服务设施向社会公开招标，经济上与国家公园无关。

（4）统一任命调配国家公园工作人员

美国国家公园的管理人员一律由国家公园管理局任命、调配，有固定员工和临时员工的区别，一般要求有较高的学历，必须经过专门培训才可能进入国家公园管理局及各个地区局。管理人员统一着装，配备先进设备，以保证国家公园的资源保护和服务质量。

（5）鼓励公民和社会参与国家公园管理

国家公园管理部门的重大举措必须向公众征询意见乃至进行一定范围的全民公决，尤其是国家公园的规划设计方案必须经过公众讨论并吸收公众的合理意见，才能最终完成。这使主管部门的决策不得不考虑多数人的利益最大化而非部门利益最大化，也使管理机构本身几乎没有以权谋私的空间。

美国国家公园体系已涵盖由内务部国家公园管理局管理的陆地或水域的总

体，包括国家公园、纪念地、历史地段、风景路、休闲地等不同类型区域的所有土地、水域，还包括受威胁或濒危物种的栖息地、博物馆、考古地质和历史遗址。国家公园的思想与体系，已经成为全世界所普遍接受的一种理念和制度。

2．各国建立统一的专业机构管理国家公园

从目前世界范围来看，多数建立了国家公园的国家和地区都成立了国家公园管理局，并通过立法来确立该机构的地位。国家公园管理局实行垂直领导的管理体制，在运行过程中实现管理与经营分离。国家公园管理局是非营利性的政府部门，提供其运转的资金来源为财政预算拨款，不以盈利为目的。这种体制，有效避免了只注重经济收益，而忽略环境资源保护的弊端。

在加拿大，国家公园的管理主要由联邦政府、十个省政府和两个地区政府进行。对于联邦政府设立的国家公园，加拿大实行垂直管理体系，由联邦遗产部国家公园局负责国家公园的一切事务，其工作人员大多数是联邦政府的固定支援，费用来源于财政预算。省立公园由各省自己管理，其管理机构并不接受联邦国家公园管理局的管理，也不接受其指导。

在德国，为国家公园设立的政府管理机构成为国家公园管理处，隶属于所在地的县议会，必要的管理经费由州政府根据规定下拨到县。国家公园管理处提出并制定规划和年度计划，经营并管理国家公园及其设施，保护、养护国家公园内的动植物，鼓励并参与有关科学考察和科学研究，对公众进行宣传教育并管理旅游和疗养业。

在其他一些国家，也都建立了统一的专业机构来管理国家公园。例如，英国由环境、食品和农村事务部负责制定国家公园在国家层面的环境政策；韩国由隶属环境部的国家公园管理局负责管理；澳大利亚的国家公园由环境与遗产部管理；新西兰包括国家公园在内的自然与历史遗产由保护部负责管理。

（三）建立适合中国国情的国家公园体系

国家公园制度是在利用与保护、开发与管理之间寻求平衡，实现资源的可持续利用，保护自然生态系统的完整性。在实践中探索适合中国国情的国家公园管理模式，建立适合中国国情的国家公园体制，需要探讨几个问题。

1．制定国家公园设立标准

中国的自然保护地涉及类型广泛，包括自然保护区、森林公园、地质公园、

风景名胜区、湿地公园、矿山公园、水利风景区等。每种自然保护地的概念范畴各有侧重，又有所交叉，在开发利用强度、自然价值高低等方面都有很大差异，有些自然保护地还在空间上存在重叠。其中，在我国法律法规中出现明确标准的自然保护地的种类主要是自然保护区和风景名胜区。

《自然保护区条例》（2011 年修订）第十条："凡具有下列条件之一的，应当建立自然保护区：①典型的自然地理区域、有代表性的自然生态系统区域以及已经遭受破坏但经保护能够恢复的同类自然生态系统区域。②珍稀、濒危野生动植物物种的天然集中分布区域。③具有特殊保护价值的海域、海岸、岛屿、湿地、内陆水域、森林、草原和荒漠。④具有重大科学文化价值的地质构造、著名溶洞、化石分布区、冰川、火山、温泉等自然遗迹。⑤经国务院或者省、自治区、直辖市人民政府批准，需要予以特殊保护的其他自然区域"。

《风景名胜区条例》（2006 年），"风景名胜区是指具有观赏、文化或者科学价值，自然景观、人文景观比较集中，环境优美，可供人们游览或者进行科学、文化活动的区域"。

自然保护区和风景名胜区与国家公园的理念较为接近，但并不完全等同于国家公园。风景名胜区更侧重景观资源开发利用，但其管辖的自然生态系统，有些具有很高的自然价值，如果不合理控制景观开发强度，将会产生景观资源的退化，甚至是不可逆转的破坏。国家公园是一种严格的保护地类型，自然价值高。设立国家公园的首要目的是保护，保护好多样性、珍贵且脆弱的生态环境、自然资源和历史文化资源，其次才是旅游利用等。因此，建立国家公园体系，首先要对现有各种自然保护地和自然景观资源管理园区的自然景观价值进行评定，依据景观的天然性、独特性、稀有性、生态功能的重要性、生态敏感性和脆弱性等特征制定入选标准，而不是将现有所有相关保护地都纳入国家公园体系。

2. 推进国家公园的立法进程

在我国正式的法律中没有使用"国家公园"这一词语。现有的保护地体系中，只有自然保护区和风景名胜区有相应的行政法规，即《自然保护区条例》（1994 年）和《风景名胜区条例》（2006 年）。这种立法现状使得我国自然生态保护的法律位阶低、权威性不够。

新的体制需要与之相适应的法律、政策来规范。建立国家公园体制，需要用法律的形式明确保护对象、主管部门的职责和义务、国家公园的保护和管理、资金来源、对资源进行破坏和损害的法律责任等内容。

3. 建立独立统一的管理机制

现有的保护地管理涉及多个部门，包括环境保护部、国家林业局、国家海洋局、国土资源部、住房和城乡建设部等，管理体制较为复杂，对同一块地域，可能由多个部门依据不同的法律法规或规范性文件实施行政管理，同时又被审批为不同类型的保护地。“多头管理”的模式会使得在有利可图时相互争权，而出现环境问题时相互推诿。

国家公园的管理职责应该纳入统一的部门中，定位于服务者的角色，独立于地方政府，独立于其他管理部门，同时必须做到管理与经营的相对独立，从而避免国家公园的管理受制于地方政府和其他部门，避免可能因经济利益驱动带来的影响。

4. 具有稳定独立的经费来源

国家公园管理和保护的经费应纳入国家财政的年度固定支出中，并保证一定比例、建立稳定增长机制。国家公园管理部门应该是政府的非营利机构，并有政府专项经费支持，从而保证其专注于自然、文化、遗产的保护与管理。同时确立资金使用的程序和绩效评定方法，保障国家公园的正常运行，服务于公众的自然生态需求，增进社会公共福利。

5. 鼓励利益相关方参与

国家公园是全国人民的自然或历史财产，充分发挥公民、社区居民、地方政府、非营利组织、企业等利益相关方的作用，塑造共同价值的观念，鼓励公众参与国家公园的保护，重视公众监督的重要性和有效性，招募志愿人员，保证国家公园管理目标和公共利益的实现。

三十四、为什么说在严重污染地区要有序实现河湖休养生息？

党的十八届三中全会提出对严重污染地区要有序实现河湖休养生息。这一新的治理思路和对策体现了国家加大污染严重地区污染治理力度的决心，要通过调整重污染区域的产业结构，从源头上消除污染负荷、恢复河湖生态系统功能。人类文明的进程表明，文明因水而兴，随水而迁，因水源枯竭而废。不同地区的发展状况、繁荣程度也与水的状况密切相关。可见，治理水污染、保护好河湖生态系统就是保护好文明延续的命脉，对人类生存和发展具有重要意义。

“休养生息”（又称“与民休息”）本是战乱后的新建王朝所采取的重要国策，其基本精神是通过“轻徭薄赋”，减轻百姓的负担，使之摆脱困境，重获生机，从而实现经济繁荣和社会稳定。后来主要在资源管理领域，如渔业、森林和草场、野生动物保护（休渔、禁猎、禁牧、禁伐、退耕还林草等）中使用。其主要原理是利用生态系统的自修复恢复能力，保持系统功能的稳定。超载的生态系统，如果在系统崩溃前（阈值），能够降低系统胁迫压力，就能通过系统自身调节功能，恢复系统平衡。将“休养生息”的策略从生态保护领域扩展应用到污染治理领域，体现了现代水环境治理以生态学原理为指导，将水环境视为一个自然-社会的复合生态系统的系统治理理念。水环境质量恶化的根本原因是粗放的经济发展方式，污染治理不能仅仅依靠末端治理，必须将污染治理放在经济系统中全面考察，从生产、消费、流通全过程进行管控。这一治理理念已经成为目前国际公认的科学原则和实践方向。因此，只有通过转变经济发展方式，通过控制和降低污染物的排放量，减轻江河已经不堪重荷的净污、排污负担，使之重获新生，从而实现水环境的可持续利用。

（一）“休养生息”是一项以退为进、立足长远的治污策略

将休养生息的古今意义进行对比，休养生息对于今后我国很长一段时期的发展具有极其深远的意义。古时的休养生息是为了弥补战争损失，使国家和人民受

到的伤害能得以恢复，以图更大、更长远之发展。“楚汉之争”[①]的战乱之后，通过“文景之治”[②]的休养生息才有“汉武大帝”盛世空前。改革开放近30年来，我们在经济建设战线上取得一个又一个的辉煌胜利，但也积累了一些矛盾和问题。例如，环境遭到极大破坏、各种环境突发事件对人民的健康产生不良影响、国家长远发展的资源环境基础遭到巨大威胁。中国的资源环境还能支撑多长时间的高速发展？其前景令人堪忧。此时，提出休养生息正是深刻分析当前的严峻形势作出的英明决策，对于国家长远发展具有极其重要的作用。

休养生息不是消极、被动地等待，而是以退为进、蓄势待发的积极进取。休养生息的根本的出发点和落脚点就是减少“老”污染，控制“新”污染，让自然生态环境得以恢复“元气”。生态系统休养生息，就像人类睡眠一样，“睡眠”越充分，功能就越强，为人类提供的效益也就会越高。从长远和全局看，生态生产力是无限的；但从短期和局部看，生态生产力又是有限的。河湖生态系统也具有一定的生态承载力，水体就是水环境容量。将污染物的排放量降低到水体环境容量之下，水体才可能自净，达到休养生息和自我修复的目的[③]。

休养生息的程度可以依据环境基准判断，用环境负荷阈值控制排污量。在科学评估和预测我国生态环境安全现状和发展趋势，阐明环境质量演化规律的基础上，明确总量控制目标、分配排污许可，平衡好发展与环境的关系，进而实现区域可持续发展。

从河湖生态系统角度，让河湖休养生息的治理措施可以分为两大类：一类是减少河湖污染负荷的措施，采取总量减排、产业转型等源头削减措施，系统截污治污措施，如提高流域污水处理能力、恢复河湖岸线两侧湿地增强自然和人工的截污能力，进而削减入河湖的污染负荷；另一类让河湖增强和恢复自净能力的措施，如通过合理设计大坝、适当减少拦河大坝、合理管理大坝通过水流量等措施恢复河流的流动性，增加水体自净能力等措施。

（二）让河湖休养生息是在总结发达国家经验教训基础上作出的战略选择

工业革命以来，发达国家的工业化风起云涌，在创造了巨大物质财富的同时，环境污染日趋加重，重大环境事件不断发生。在强大的社会压力下，发达国家开

① 汉高祖刘邦与项羽的“楚汉之争”。

② 汉文帝和汉景帝推崇道家无为而治的哲学智慧，经过长时期的休养生息、与民为修才使经过多年战乱的国家日益强盛。

③ 刘鸿亮，国家环境咨询委员会和原国家环保总局科学技术委员会暑期座谈会，2007年8月。

始治理污染，走了一条“先污染后治理”的道路，付出了沉重的环境代价。

1953—1968年发生的日本水俣病事件，对当地居民造成的身体损害和心灵创伤至今无法抹去。面对积重难返的环境问题，进入20世纪60年代，发达国家纷纷采取严厉的措施保护环境、治理水污染。日本实行了世界上最为严格的环境标准，对污染型产业的发展形成了强大的约束力，对环境基础设施建设形成了强大的推动力。日本的琵琶湖是滋贺县1 400万人的水源地，也是京都府、大阪府和兵库省水源的重要供给地。1930年，琵琶湖还清澈见底，能直接饮用。从1950年开始，随着战后经济快速增长，排放到湖体的污染物大量增加，水质不断恶化。1971—1972年，污染达到了最严重的程度，湖内的水明显变臭。痛定思痛，从20世纪70年代初开始，琵琶湖实行了严于日本全国的污染物排放标准和环境影响评价标准，与健康有关的指标提高了10倍左右。环境准入“门槛”的提高，极大地推动了当地产业结构的优化升级，从发展的源头上削减了污染。经过努力，入湖污染物大幅下降，给湖泊环境质量的改善和生态系统的修复提供了“喘息”的机会。实践证明，琵琶湖的休养生息，既改善了琵琶湖的环境质量，又提升了周边地区的发展水平。

国内外环境治理的教训证明，依靠末端治理缓解环境压力的模式无异于“扬汤止沸”。只有休养生息才是“釜底抽薪”，才能从发展的源头保护环境，推动经济社会逐步走上生产发展、生活富裕、生态良好的文明发展之路。

三十五、为什么要实施污染物总量控制？

（一）污染物总量控制的定义

污染物总量控制是根据区域环境的特点和自净能力，以环境质量目标为基本依据，将区域内污染物排放总量控制在环境承载能力范围之内的管理制度。

我国的污染控制战略早期主要是建立在污染物排放标准的基础上，即依靠控制污染物的排放浓度来实施环境政策和环境管理，浓度达标即视为合法。浓度排放标准是促进工业环保技术进步的基本动力，浓度控制政策在我国的环境保护中也发挥了巨大作用。但是单靠控制浓度达标，已经无法有效遏制日益严峻的环境污染，必须对污染物排放总量进行控制。

污染物排放总量控制正式作为中国环境保护的一项重大举措，出现在 1996 年的《国民经济和社会发展“九五”计划和 2010 年远景目标纲要》中，“十一五”、“十二五”期间，提出 4 项污染物总量控制约束性指标，在基准年排放总量基础上确定了全国的削减比例，并分省下达了总量减排任务。

（二）污染物总量控制的优点

1．总量控制管理的是排污单位，更加符合市场经济的规则

浓度控制管理的对象是具体的每个污染源，但是每一个污染源的排放浓度或小时排放量，与总体环境质量并不是完全对应的关系。因为影响环境质量的因素除排放浓度外，还有持续排放时间。由于浓度控制缺乏对排放时间的规定，因此不能控制每个源的长期排放量（如年排放量）。浓度控制也只能实现对污染源的部分控制。而总量控制管理的对象是企业，只管理企业的总排放量，而不是具体到是哪个污染源如何排放的。企业可以按照自己拥有的总量指标来排放，超过总量指标的排放则是违法排放。企业是经营的主体，可以通过排污权交易

获得新的排放量，或是增加治理投入减少排放量，企业可以根据市场规律作出选择。

2．总量控制较浓度控制管理更具有操作性

浓度控制执行统一的污染源排放标准，不考虑污染治理的边际成本，也无法确定治理的优先次序，不利于体现发展的公平性。同时，浓度控制必须安装连续监测装置，否则很难知道污染源的动态情况，因此监测成本较高。总量控制则一般以年为时间单位，并且只管理到法人单位（企业），企业有充分的自主权去选择履行削减污染的方式，或者就地削减，或者购买排污权。企业会自动选择成本低的削减污染的方式，降低了执法成本，提高执法效果。

3．总量控制更有利于提高政府的环境管理水平

总量控制使环保目标更加明确，环境管理更具有可操作性。使上级政府对下级政府的目标要求更加明确，政府对排污单位的要求也更加明确。总量控制对排污申报、排污许可证制度都提出了较高的要求，对环境影响评价、环境规划、环境监测（包括环境质量监测和污染源监测）也提出了较高的要求，这些将全面促进管理人员素质的整体提高。

应该看到，当前国家制定的削减指标并不是根据当地环境要达到的一定的质量目标而提出的环境容量指标，而是基于经济技术可达性确定的一个阶段性的、具有工作目标性质的总量指标，因此并不能与环境质量改善直接对应。环境容量指标是指环境达到设定的质量水平可以容纳的排污量，而工作目标总量是指一定阶段内根据经济、技术水平，经过努力可达到的排污削减量。当前实行的工作目标总量减排，对改善环境质量发挥巨大的作用，但是不可能像容量减排那样与环境质量改善直接对应。同时工作目标总量削减也存在着与现实状况不适应的现象。在我国经济高速发展、排污量急剧增加、许多地方环境受到严重污染的情况下，采取工作目标总量削减的强硬措施是必要的。但是总体上并不均衡，导致工作目标总量削减的效果与目标出现偏差：一是对工业基础薄弱、排污量少、环境容量大的地方，总体的削减量难以体现，特别是对急需发展项目的新增排污指标，难以拿出现有削减量指标去置换，因而无法取得新增量指标，可能影响在环境容量许可下的正常发展；二是对污染源密集的地方，尽管使用了确定大削减量的指标，使环境质量有所改善，但最终也不一定能达到需要的环境质量目标。

专栏 4-2 美国的大气污染物总量控制

1979 年以来美国的大气总量控制政策有“气泡”政策、补偿政策和贮存政策。“气泡”政策是指把一个工厂或多个工厂视为一个“气泡”。在一个“气泡”诸多污染源可以互相调节污染物削减量，即把资金用于花钱省、容易削减的污染源，达到以较低费用控制较多排污总量的目的，多厂之间可以互相购买排污量。补偿政策是对新增经济活动或扩大原有经济活动地区（排污源），必须削减原有经济活动的排污量，用于补偿增加经济活动产生的新增排污量。贮存政策是一种排污量交易政策。工厂（排污源）可以以法律保护的形式，将额外削减的排污量作为削减排污量存款，存入银行，或在补偿交易中使用。1992 年美国布什政府提出环境保护应从排放口控制转向污染源控制，并把清洁生产和综合利用的新观念引入污染物排放总量控制中，使污染物排放总量控制的理论与实施体系逐步完善。

自实施总量控制下的排污交易制度以来，美国的二氧化碳和氮氧化物的减排工作取得了显著成效。1995—2006 年，美国的二氧化硫排放量由 1 741 万吨下降到 1 245 万吨，下降幅度为 28%。国家环境监测数据表明，环境中二氧化硫的浓度和硫酸盐浓度、硫酸盐沉降等指标均有明显改善。

美国在经历早期的酸雨计划后，相继又推出了氮氧化物预算计划（NO_x Budget Program，NBP）、清洁空气汞排放规划（CAMR）以及清洁空气州际规划（CAIR），使得大气污染物总量控制因子由过去的二氧化硫单一因子，逐步拓展到二氧化硫、氮氧化物以及汞等多污染物的综合控制。

从严格意义上说，美国全国意义上的污染物排放总量控制是不存在的。最为成功的酸雨计划和氮氧化物预算计划都是在一定排放源下的总量控制。最新的（2005 年制定）酸雨计划要求，指定的 3 550 家化石燃料电厂 2010 年的二氧化硫排放总量控制在 814 万吨。最新的氮氧化物预算计划（2007 年制定）要求，指定的 2 579 家燃煤电厂和锅炉 2010 年氮氧化物排放量要比 1990 年降低 28%，削减量为 110 万吨。很显然，美国的排放总量控制目标是很确定的，是一定数量排放源的累加排放总量控制。

专栏 4-3　日本水体污染物总量控制

日本 1973 年制定的《濑户内海环境保护临时措施法》中，首次在废水排放管理中引用了总量控制，以 COD 指标限额颁发许可证。1977 年日本环境厅提出了“水质污染总量控制”方法，并与水质污染防治法规定的浓度标准继续使用。1978 年 6 月日本修改了水污染防治法，完全以 COD 为对象开始了总量控制工作。1984 年，日本将总量控制法正式推广到东京湾和伊势湾两个水域，并严禁无证排放污染物。由于采取了总量控制方法，日本的这两个海湾 80%以上的污染大户受到控制，水环境状况得以改善。

在总量控制制度中，日本首先以政府令的形式指定污染负荷削减项目，其次指定实施总量控制的水域和地域，然后由内阁总理大臣审定总量控制基本方针，确认指定地域的指定项目及削减目标量。根据这一基本方针，都、府、县知事拟定总量控制计划。污染负荷量的总量削减是根据目标年度内不同污染源、各都府县的削减目标量以及其他基本事项决定的。削减目标量的确定充分考虑指定地区的人口与工业发展状况、污水处理水平、下水道整改等因素，并在切实可行的范围内进行削减。同时还规定了不同污染源削减目标量、削减方法等事项。

三十六、什么是生态建设示范区和生态文明建设试点示范？

生态示范区建设、生态建设示范区和生态文明建设试点示范是环境保护部结合不同时期社会经济特点，渐进性推出的系列创建工作。三种示范创建可以理解为生态文明建设试点工作的三个发展阶段。生态示范区建设、生态建设示范区是生态文明建设的阶段性目标和有效载体。实践证明，这些工作是实现环境保护进入经济建设、社会发展的主干线、大舞台、主战场的有效形式，对于建设资源节约型、环境友好型社会，实现区域可持续发展，提高生态文明水平具有重要意义。

（一）第一阶段：生态示范区建设

20 世纪 90 年代初，可持续发展成为国家重要发展战略。为了加大保护和改善生态环境力度，实现环境效益、经济效益、社会效益相统一的可持续发展目标，原国家环保局于 1995 年 8 月发布《关于开展全国生态示范区建设试点工作的通知》（环发[1995]444 号）和《全国生态示范区建设规划纲要》，标志着生态示范区建设试点工作正式启动。

生态示范区是按照生态学和生态经济学原理，以协调经济、社会发展和环境保护为主要目标，统一规划，综合建设的一定行政区域。生态示范区建设可以乡、县和市域为基本单位组织实施。通过生态示范区建设，树立一批区域生态建设与社会经济发展相协调的典型，带动广大地区实现可持续发展。

生态示范区类型包括生态农业示范区、乡镇工业合理规划布局示范区、生态旅游示范区、生态城市示范区、农工贸一体化示范区、矿区生态恢复治理示范区、农村环境综合整治示范区、土地退化综合整治示范区、湿地开发与保护示范区等单项示范区，还有综合建设示范区等多种类型。

考核验收指标设置上主要从社会经济发展、区域生态环境保护、农村和城镇环境保护 4 个方面设置了 22 个考核指标和 4 个参考指标。并将加强组织领导，机构健全，组织工作有效；制定并实施生态示范区试点建设规划；严格执行国家和地方生态环境保护法律法规；社会、经济与环境效益显著4个方面作为考核基本条件。

生态示范区建设是推进生态建设和环境保护的综合性工作平台，体现了区域可持续发展的基本要求。从1995年到2011年，环境保护部共考核批准了全国7批共528个国家级生态示范区。在推动我国市、县级行政区域的社会经济发展、城乡环境改善和生态建设方面，取得了显著的经济效益、环境效益和社会效益。

（二）第二阶段：生态省（市、县）建设——改名后的生态建设示范区

随着全面建设小康社会目标的明确和“生产发展、生活富裕、生态良好”的文明发展道路的提出，特别是全面、协调、可持续的科学发展观的确立，地方各级党委、政府高度重视、积极参与，全国生态示范区建设发展迅速，生态示范区建设领域和内涵随之拓展，逐步形成了由生态文明村、环境优美乡镇到生态县、生态市、生态省的系列创建活动。

1999年3月，海南省政府率先提出建设生态省，并获得原国家环保总局批准成为我国第一个生态省建设示范区。后来又有吉林、黑龙江、福建、江苏、浙江、山东、安徽陆续成为生态省建设示范区。2005年国务院发布《关于落实科学发展观 加强环境保护的决定》（国发[2005]39号），强调“推动生态省（市、县）、环境保护模范城市、环境友好企业和绿色社区、绿色学校等创建活动”及“创建环境优美乡镇、文明生态村”。

2003—2007年，原国家环境保护总局陆续出台了《生态县、生态市、生态省建设指标（试行）》《生态县、生态市建设规划编制大纲（试行）及实施意见》《全国生态县、生态市创建工作考核方案（试行）》《国家生态县、生态市考核验收程序》《国家级生态村创建标准（试行）》等文件，用于指导各地开展生态省（市、县）创建工作。在《生态县、生态市、生态省建设指标（试行）》中明确提出，生态省（市、县）是社会经济和生态环境协调发展，各个领域基本符合可持续发展要求的省级（地市级、县级）行政区区域。生态省（市、县）是省级（地市、县级）规模生态示范区建设的最终目标。2007年原国家环境保护总局组织修订并发布《生态县、生态市、生态省建设指标（修订稿）》（环发[2007]195 号），建设指标由“经济发展、环境保护和社会进步”修改为“经济发展、生态环境保护和社会进步”三类指标，精简了各类指标数量，明确了节能减排任务，增强了生态建设的针对性和可操作性。

实践证明，生态省（市、县）建设是推动地方党委、政府重视环境保护，实

现环境保护部门参与综合决策的有效途径。通过开展生态省（市、县）建设，调动了地方各级政府加强环境保护与建设的积极性，引导地方政府更好地将环境保护作为优化经济增长、调整产业结构的重要手段，有力地促进了节能减排和社会主义新农村建设，提升了公众环保意识，生态文明理念日益深入人心，部分地区已初步走上了生产发展、生活富裕、生态良好的文明发展道路。

2009 年，根据国务院纠风办关于清理评比达标表彰活动的总体要求，环境保护部对已有系列生态创建活动进行了整合，将生态省（市、县）、生态工业园区、生态乡镇（即原环境优美乡镇）、生态村等六个层级统称为生态建设示范区，于 2010 年 1 月开始实施。同时将 1995 年原国家环保局组织开展的“生态示范区”建设指标由各地根据各自实际，转化为地方标准，环境保护部今后不再开展此项考评、命名工作[《关于进一步深化生态建设示范区工作的意见》（环发[2010]16 号）]。环境保护部强调“生态建设示范区”要在指导思想、指标体系、建设内容等方面积极向生态文明靠拢，待条件成熟时向“生态文明建设示范区”过渡。在实际工作中，则根据这六个层级的标准分类推动，并且在各层级之间，建立了内在的有机联系，要求生态市建设应有 80%的县达到生态县的建设标准，生态县应有 80%的乡镇达到生态乡镇的建设标准；生态乡镇应有 80%的行政村达到生态村的建设标准。此外，也要求在工业园区开展生态工业园区的建设工作。

截至 2012 年底，全国已有 15 个省（自治区、直辖市）开展了生态省（区、市）建设，1 000 多个县（市）开展了生态县（市）建设，已经建成了 55 个国家生态县（市、区）、1 559 个国家生态乡镇和一批国家级生态村（市、区）。

（三）第三阶段：生态文明建设试点示范

2008 年 12 月，为贯彻落实党的十七大精神，推进生态文明建设，促进资源节约型、环境友好型社会的建立，努力构建社会主义和谐社会，环境保护部发布《关于推进生态文明建设的指导意见》（环发[2008]126 号），提出“开展生态文明建设试点示范：生态省（市、县）、环境保护模范城市等建设活动是大力推进生态文明建设的重要载体和有效途径，也是开展生态文明建设试点的基础和前提”。并明确提出，完成生态市、县建设以后可以直接转入生态文明建设的试点阶段。2008 年以来，截至 2013 年 10 月，环境保护部批准了 6 批共 126 个全国生态文明建设试点。近期环境保护部已原则通过江苏省镇江市等 40 个生态文明建设示范区（生态市、县）的审核意见。

2013 年 5 月，根据多年实践探索，经过不断完善和调整，在已有的《生态县、生态市、生态省建设指标（修订稿）》（环发[2007]195 号）基础上，环境保护部发布了《国家生态文明建设试点示范区指标（试行）》（环发[2013]91 号）用于指导地方（市、县）开展生态文明建设试点示范工作。为推进农村生态文明建设，打造国家级生态村镇升级版，2014 年 1 月环境保护部印发了《国家生态文明建设示范区村镇指标（试行）》，引导各地开展国家生态文明建设示范村镇创建工作。

2013 年出台的生态文明建设试点示范区指标体系共分基本条件和建设指标两大类。基本条件设置为五条：①建立生态文明建设党委、政府领导工作机制，研究制定生态文明建设规划，通过人大审议并颁布实施 4 年以上且取得基本成效。②达到国家生态县建设标准并通过考核验收。③完成上级政府下达的节能减排任务，总量控制考核指标达到国家和地方总量控制要求。④环境质量（水、大气、噪声、土壤、海域）达到功能区标准并持续改善。⑤实施主体功能区规划，划定生态保护红线并严格遵守。建设指标从生态经济、生态环境、生态人居、生态制度、生态文化五大方面共设置了 15 个约束性指标和 14 个参考性指标，其中生态经济、生态环境、生态人居三个方面，又根据主体功能区定位和自然区域特征分别设置了不同的目标值，以体现因地制宜、分区分类管理的原则。

三十七、什么是生态工业示范园区?

生态工业园区是产业生态学在工业领域的典型实践形式①。早在20世纪八九十年代，西方国家已经开始了生态工业园区建设的探讨和实践。特别是在美国，生态工业园区的发展得到了政府的大力支持，美国政府在总统可持续发展委员会设立了"生态工业园区特别工作组"，专门研究如何将生态工业园区从理论的模型引入到具体的实践中。此外，在欧洲的奥利地、瑞典、荷兰、法国、英国以及亚洲的日本等国，生态工业园区建设发展迅速。世界各国的生态工业园中，以丹麦的卡伦堡生态工业园②最为典型。在我国，生态工业园区作为工业园区发展的新形态，是继经济开发区、高新技术产业开发区之后一个更高层次的经济发展形式。实践证明，生态工业示范园区的创建，对实现我国工业园区的生态化改造，促进工业粗放型增长方式的转变和高新技术产业发展，从根本上缓解环境污染的压力具有重要意义。

(一)生态工业园区的定义与分类

生态工业园区的概念来自欧美发达国家，其关于生态工业园区的定义更多侧重地理空间邻近的企业间废弃物交换、基础设施共享等方面。20世纪90年代末，生态工业园区的概念开始进入我国。我国现阶段生态工业园区理论，是吸收了生态工业发展理念，在国家级和省级开发区为载体的实践应用基础上形成的。

原国家环保总局将生态工业园区定义为:生态工业园区是依据循环经济理念、工业生态学原理和清洁生产要求而建设的一种新型工业园区。它通过理念更新、体制革新、机制创新，把不同工厂、企业、产业联系起来，提供可持续的服务体系，形成共享资源和互换副产品的产业共生组合，建立"生产者—消费者—分解

---

① 产业生态学是一门迅速发展的系统科学分支。它从局部、地区和全球三个层次上系统地研究产品、工业、产业部门和经济部门中的能量流动和物质流动，其焦点是研究在降低生命周期过程中对环境所造成的压力这一问题方面产业界所发挥的作用。

② 该园区以发电厂、炼油厂、制药厂和石膏制板厂四个厂为核心企业，把一家企业的废弃物或副产品作为另一家企业的投入或原料，通过企业间的工业共生和代谢生态群落关系，建立"纸浆—造纸"、"肥料—水泥"和"炼钢—肥料—水泥"等工业联合体。这样，不仅降低了治理污染的费用，而且企业也获得了可观的经济效益。

者”的循环方式，寻求物质闭环循环、能量多级利用、信息反馈，实现园区经济的协调健康发展。本质上看，生态工业园区是循环经济的一个重要发展形态，正在成为许多国家工业园区改造的方向。

我国生态工业园区的建设将园区分为综合类、行业类和静脉产业类3类。综合类生态工业园区是由不同工业行业的企业组成的工业园区，主要指在高新技术产业开发区、经济技术开发区等工业园区基础上改造而成的生态工业园区；行业类生态工业园区是以某一类工业行业的一个或几个企业为核心，通过物质和能量的集成，在更多同类企业或相关行业企业间建立共生关系而形成的生态工业园区；静脉产业类生态工业园区是以从事静脉产业生产（资源再生利用产业）的企业为主体建设的生态工业园区。

（二）我国生态工业园区建设进展

从我国工业发展历程看，生态工业园区的建设实践源于对传统工业园发展模式的反思。我国在2000年前后就已经建立了以工业园区为主要载体的工业发展体系，园区内工业产值占国内工业总产值的60%以上。由于一部分开发区和工业园区盲目追求经济增长速度，不重视环境保护，工业园区在创造巨大物质财富价值的同时，也成为高污染、高能耗的集中地，大范围生态退化和复合性环境污染问题严重。为此，工业园区生态化转型就成为我国工业可持续发展的必然选择，生态工业园区成为应对区域性和结构性污染的有力举措，并由此开始了全国范围内的理论研究和实践探索。

2001年12月中国生态经济学会成立了生态工业经济与技术委员会。此后，国内主要研究机构相继开展了生态工业园区的规划和工业生态学的研究工作，对于促进我国生态工业园区的发展起到了重要作用。

我国生态工业园区建设实践起步较晚，目前生态工业园区建设工作主要在国家生态工业示范园区和省级工业生态园区两个层面同步开展。在国家层面，自2001年8月原国家环保总局批准成立我国第一个生态工业园区——贵港国家生态工业（制糖）示范园区以来，截至2013年4月，以苏州工业园区、上海金桥出口加工区等为代表的20个①国家级生态工业示范园区已经通过验收批准命名。以贵港生态工业园、南海生态工业园等为代表的56个国家级生态工业示范园区的规划

① 20个国家生态工业示范园区：苏州工业园区，苏州高新技术产业开发区，天津经济技术开发区，无锡新区，烟台经济技术开发区，山东潍坊滨海经济开发区，上海市莘庄工业区，日照经济技术开发区，昆山经济技术开发区，张家港保税区暨扬子江国际化学工业园，扬州经济技术开发区，上海金桥出口加工区，北京经济技术开发区，广州开发区，南京经济技术开发区，天津滨海高新技术产业开发区华苑科技园，上海漕河泾新兴技术开发区，上海化学工业经济技术开发区，山东阳谷祥光生态工业园区，临沂经济技术开发区。

已经完成，正在按规划抓紧建设。已命名和正在创建的国家生态工业示范园区已覆盖我国东中西部的 21 个省份。在省级层面，以江苏省为例，自 2005 年起批准了扬子江国际冶金工业园和南京高新技术产业开发区等 71 个省级生态工业园区，其中 22 个已经通过省级生态工业园区验收并命名。从批准建设时间看，2010 年以来是国家级和省级生态工业园区规划批准和建设工作的高峰期①。

专栏 4-4　生态工业园区建设规划基本原则

（1）与自然和谐共处原则

园区应与区域自然生态系统相结合，保持尽可能多的生态功能，最大限度地降低园区对局地景观和水文背景、区域生态系统造成的影响。

（2）生态效率原则

应通过园区各企业、企业生产单元的清洁生产和其之间的副产品交换，降低园区总的物耗、水和能耗，尽可能降低资源消耗和废物产生，提高园区生态效率。

（3）生命周期原则

应加强原材料入园前以及产品、废物出园后的生命周期管理，最大限度地降低产品全生命周期的环境影响。

（4）因地制宜原则

应突出园区自身的社会、经济、生态环境以及自然条件等特点。

（5）高科技、高效益原则

应采用现代化生物技术、生态技术、节能技术、节水技术、再循环技术和信息技术，采纳国际上先进的生产过程管理和环境管理标准。

（6）软硬件并重原则

园区建设应突出关键工程项目，突出项目间工业生态链建设。同时必须建立和完善环境管理体系、信息支持系统、优惠政策等软件，使园区得到健康、持续发展。

（7）3R 原则

应体现“减量化、再利用、资源化”（3R）原则。

纵观我国生态工业园建设历程，一个共同特点是：在较大区域内把结构性污染治理和产业结构调整结合起来，把治理粗放型发展模式产生的大量污染和帮助

① 2010 年 1 月—2013 年 4 月，国家通过验收批准命名和创建的国家生态工业示范园区分别为 20 个和 66 个；江苏通过验收命名和批准创建的省级生态工业园区分别为 18 个和 37 个，分别占 2005 年省级生态工业园创建总数的 82%和 76%。

企业采用高新技术结合起来，把控制小规模企业治理污染的不经济性和推动企业资产重组结合起来，把环境保护与提高经济增长质量结合起来，以达到环境效益、社会效益和经济效益的综合统一。

专栏 4-5　广西贵港国家生态工业（制糖）示范园区

这是中国第一个循环经济试点。该园区正以上市公司贵糖（集团）股份有限公司为核心，以蔗田系统、制糖系统、酒精系统、造纸系统、热电联产系统、环境综合处理系统为框架，通过盘活、优化、提升、扩张等步骤，建设生态工业（制糖）示范园区。该示范园区的六个系统，各系统内分别有产品产出，各系统之间通过中间产品和废弃物的相互交换而互相衔接，从而形成一个比较完整和闭合的生态工业网络，园区内资源得到最佳配置、废弃物得到有效利用，环境污染减少到最低水平。其中，甘蔗→制糖→蔗渣造纸生态链、制糖→糖蜜制酒精→酒精废液制复合肥生态链以及制糖（有机糖）→低聚果糖生态链这三条园区内的主要生态链，相互间构成了横向耦合的关系，并在一定程度上形成了网状结构。物流中没有废物概念，只有资源概念，各环节实现了充分的资源共享，变污染负效益为资源正效益。

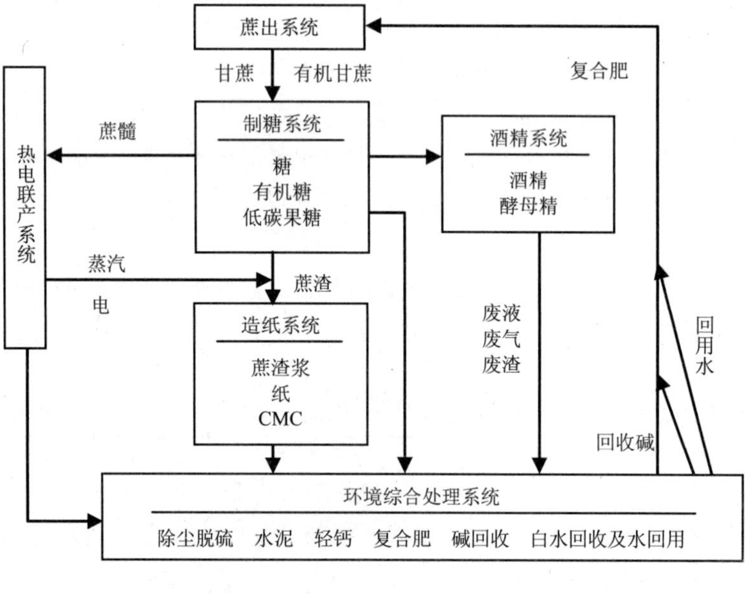

贵港国家生态工业（制糖）示范园区总体结构

（三）国家生态工业示范园区建设政策发展历程

我国从 1999 年开始启动生态工业示范园区建设试点工作。为促进我国生态工业和循环经济的发展，鼓励创建生态工业示范园区，2003 年原国家环保总局出台了《生态工业园区的申报、命名和管理规定（试行）》和《生态工业示范园区规划指南》（环发[2003]208 号），进一步将生态工业理念引入各类经济开发区、高新区，开始了中国国家层面生态工业园区建设的探索实践。随后，2006 年原国家环保总局首次发布国家生态工业园区标准，明确指出我国生态工业园区将按照综合类、行业类、静脉产业类三个类别进行建设、管理和验收，并陆续出台了《行业类生态工业园区标准（试行）》（HJ/T 273—2006）、《静脉产业类生态工业园区标准（试行）》（HJ/T 275—2006）和《综合类生态工业园区标准（试行）》（HJ 274—2009）。考核指标涉及经济发展、物质减量与循环、污染控制和园区管理四个领域，具体指标分别为 19 个、20 个和 21 个。

为全面贯彻落实科学发展观，推动国家级经济技术开发区、国家高新技术开发区建设资源节约型和环境友好型的生态工业园区，促进国家级开发区又好又快地发展，2007 年原国家环保总局、商务部和科技部成立了国家生态工业示范园区建设协调领导小组，联合在国家级经济技术开发区、国家高新技术产业开发区中开展国家生态工业示范园区建设。自此，国家生态工业示范园区建设工作由原国家环保总局独自推动发展为原国家环保总局、商务部和科技部三部委联合推动，这种部门联合开展生态工业园区建设的新机制凸显了政府加强对生态工业园区建设工作的领导作用，标志着生态工业园区建设进入了一个新的阶段。

2007—2011 年，三部委联合印发《关于开展国家生态工业示范园区建设工作的通知》（环发[2007]51 号）、《国家生态工业示范园区管理办法（试行）》（环发[2007]188 号）、《关于加强国家生态工业园区建设的指导意见》（环发[2011]43 号）等重要文件，进一步修订了建设规划和技术报告的编制指南，制定了国家生态工业示范园区建设考核验收的程序和绩效评估规则，明确了国家生态工业示范园区建设的基本原则、发展目标和重点任务，推动示范工作有序开展。同时，生态工业园区作为发展循环经济的重要实践形式受到了国家在法律层面上的重视，2008 年出台的《循环经济促进法》为生态工业园区的建设提供了法律依据和指导①。

---

①《循环经济促进法》第二十九条中明确指出“各类产业园区应当组织区内企业进行资源综合利用，促进循环经济发展。国家鼓励各类产业园区的企业进行废物交换利用、能量梯级利用、土地集约利用、水的分类利用和循环使用，共同使用基础设施和其他有关设施”。

三十八、什么是农村环境综合整治？我国农村环境综合整治的进展如何？

（一）农村环境综合整治的政策发展历程

我国农村环境综合整治起步于我国社会主义新农村建设。随着我国农村经济快速发展，农村生活污水、垃圾、农业生产及畜禽养殖废弃物排放量也在增大，农村地区环境状况日益恶化，威胁到广大农民群众的生存环境与身体健康，也制约了农村经济的健康发展。农村环境保护问题也逐渐被提上国家重要议事日程中，国家和环境保护部门频频出台相关重要文件，不断加大农村环保的管理力度。2005 年底，《中共中央　国务院关于推进社会主义新农村建设的若干意见》（中发[2006]1 号）提出“加强村庄规划和人居环境治理”，“搞好农村污水、垃圾治理，改善农村环境卫生”的意见要求。《国务院关于落实科学发展观　加强环境保护的决定》（国发[2005]39 号）明确要求“推进农村改水、改厕工作，搞好作物秸秆等资源化利用，积极发展农村沼气，妥善处理生活垃圾和污水，解决农村环境‘脏、乱、差’问题，创建环境优美乡镇、文明生态村。”2007 年 12 月，国家“十一五”环境保护规划中提出到 2010 年要“建成环境优美乡镇 2 000 个，完成 1 万个行政村环境综合整治”，并将此目标任务作为农村小康环保行动计划的核心内容，列为国家“十一五”环境保护十大重点工程之一。至此，“农村环境综合整治”一词正式出现在我国政府文件中。

2008 年 7 月，国务院首次召开全国农村环境保护工作会议，时任国务院副总理的李克强同志主持会议并讲话，提出“以奖促治”和“以奖代补”政策来支持农村环保工作。中央财政设立农村环境保护专项资金，对开展农村环境综合整治的村庄采取“以奖促治”的财政激励政策；对通过生态环境建设达到生态示范建设标准的村镇，实行“以奖代补”。2009 年 2 月，国务院转发环境保护部、财政部、国家发改委《关于实行“以奖促治”加快解决突出的农村环境问题实施方案的通知》（国办发[2009]11 号，以下简称《实施方案》），对“以奖促治”政策的总体要求、基本原则、工作目标、实施范围、整治内容和成效要求、实施程序、监督考核和组织领导等进行了规定。同年 4 月，环境保护部、财政部又发布了《中央农村环境保护专项资金环境综合整治项目管理暂行办法》（环发[2009]48 号，以下简称《项目管理办法》）和《中央农村环境保护专项资金管理暂行办法》（财建[2009]165 号，以下简称《资金管理办法》），规范了农村环境保护专项资金使用。

为了深化“以奖促治”政策，在 2009 年辽宁大伙房水库、湖北大东湖、洪湖、湖南湘江流域、宁夏生态移民和云南洱海等地区试点连片整治的经验基础上，从 2010 年开始，环境保护部与财政部决定将连片整治作为农村环境综合整治的主要方式和各级农村环保资金的重点支持方向，辽宁、江苏、浙江、福建、湖北、湖南、宁夏、重庆等 8 个省份作为示范省（市、区），开展农村环境连片整治示范工作。2010—2012 年，8 个示范省（市、区）共安排中央财政支持资金 62 亿元，支持 4 008 个示范项目，受益农民群众 860 多万。2010 年 12 月，在总结 2008—2010 年农村环境综合整治工作基础上，环境保护部发布《全国农村环境连片整治工作指南（试行）》（环办[2010]178 号，以下简称《指南》），以规范全国农村环境连片整治工作。同时，环境保护部还印发了《农村环境综合整治“以奖促治”项目环境成效评估办法（试行）》（环办[2010]136 号），以组织指导“以奖促治”项目环境成效评估。2011 年又有山东、河南、安徽、山西、甘肃、青海、新疆、吉林和广西等 9 个省份成为示范省（市、区），2011—2013 年中央安排财政支持资金 67.5 亿元。至 2012 年，环境保护部、财政部共组织 21 个省（区、市）和 2 个计划单列市开展农村环境连片整治示范。

2011 年，财政部、环境保护部再次发文《关于加快推进农村环境连片整治示范工作的通知》（财办建[2011]5 号，以下简称《示范通知》）、《关于加强“十二五”中央农村环境保护专项资金管理的指导意见》（财建[2011]1070 号）强化管理。其中《示范通知》进一步明确规定了东、中、西部地区中央与地方配套经费比例和单个村庄补助金额标准。

（二）农村环境综合整治项目

农村环境综合整治项目是指为有效解决农村突出环境问题、改善农村环境质量而开展的环境污染防治设施建设和综合性污染治理项目（《项目管理办法》）。所谓综合整治，即一个地区有多种环境问题，同时整治；一种环境问题涉及多种原因，需联合整治；解决一种环境问题同时采用多种技术。

《指南》中将农村环境综合整治项目分为连片整治项目、“问题村”环境治理项目和一般整治项目三大类型分别进行管理。

连片整治是以解决区域性突出环境问题为目的，对地域空间上相对聚集在一起的多个村庄（受益人口原则上不低于2万人）实施同步、集中整治，使环境问题得到有效解决的治理方式。连片整治主要包括三类方式：一是对地域空间相连的多个村庄通过采取措施实施综合治理，使这些村庄的区域环境质量活动改善；二是围绕同类环境问题或相同环境敏感目标，对地域上互不相连的多个村庄进行同步治理，使同类环境问题得到解决或相同的环境敏感目标得到保护；三是通过建设集中的大型污染防治设施，利用其辐射作用，解决周边村庄的环境问题（《指南》）。连片整治适用于解决大尺度、区域性农村环境问题，相对于分散治理有助于发挥规模效益，具有单位投资成本-效益高、可实施统一监管、对改善区域环境贡献大等优点。2010年以来，连片整治成为我国农村环境综合整治的主要方式和各级农村环保资金的重点支持方向。

"问题村"主要是指媒体关注、群众反映强烈和党中央、国务院领导同志批示的突出环境问题的村庄[《农村环境连片整治工作指南》（环办[2010]178号）]。对问题村的环境治理和环境成效评估管理参照《关于印发〈"问题村"环境治理应对机制与程序〉的通知》（环办函[2010]44号）文件中的规定。

农村环境综合整治项目规模未达到连片整治项目规模标准，也不是问题村的整治项目列入一般整治项目进行管理，其治理内容与连片整治都是依据《关于实行"以奖促治"加快解决突出的农村环境问题实施方案的通知》（国办发[2009]11号）所规定的整治内容。

（三）农村环境综合整治的基本政策框架

1. 农村环境综合整治的范围

依据《实施方案》，全国农村环境综合整治原则上以建制村为基本治理单元，优先治理淮河、海河、辽河、太湖、巢湖、滇池、松花江、三峡库区及其上游、南水北调水源地及沿线、黄河中上游等水污染防治重点流域、区域，以及国家扶贫开发工作重点县范围内，群众反映强烈、环境问题突出的村庄。在重点整治的基础上，可逐步扩大治理范围。

《指南》进一步明确了农村环境连片整治示范区重点选择的五类区域：一是水污染防治重点流域和区域范围内，存在突出环境问题的连片村庄；二是需要连片治理才能根本解决的"问题村"集中地区；三是可以充分发挥连片整治效果的饮用水水源区和重要库区周边地区；四是国家南水北调、"两型社会"建设、统筹城乡综合配套改革和生态移民等重大工程和政策实施区；五是已有一定环境综合整治工作基础（包括已基本完成农村土地整理、基本建成农村公共基础设施等），其连片整治示范项目在2年以内可以取得明显成效的地区。

此外，根据新的形势发展需要，《全国农村环境综合整治“十二五”规划》（环发[2012]75号）从促进区域生态安全、人居环境健康和农产品质量安全角度，在具体项目布局时补充了如下重点地区：自然保护区、重点生态功能区等需特殊保护的地区，农村人口密集居住区等环境敏感区，重要农产品产地，以及全国主要污染物排放总量控制“十二五”规划中纳入减排范畴的地区涉及的集镇及周边村庄等。

2. 农村环境综合整治的内容

《实施方案》和《资金管理办法》明确了农村环境综合整治的内容，即重点支持农村饮用水水源地保护、生活污水和垃圾处理、禽畜养殖污染、历史遗留的农村工矿污染治理、农业面源污染和土壤污染防治，以及其他与村庄环境质量改善密切相关的整治措施等六大方面综合整治内容。

3. 农村环境综合整治的目标及成效要求

（1）工作目标

根据国家“十一五”和“十二五”环境保护规划目标，到2010年，完成1万个行政村环境综合整治；到2015年，完成6万个建制村的环境综合整治任务。

（2）成效要求

依据《实施方案》，农村集中式饮用水水源地划定了水源保护区，在分散式饮用水水源地建设了截污设施，水质监测得到加强，依法取缔了保护区内的排污口，无污染事件发生。采取集中和分散相结合的方式，妥善处理了农村生活垃圾和生活污水，并确保治理设施长期稳定运行和达标排放。通过生产有机肥、还田等方式，有效治理了规模化畜禽养殖污染，对分散养殖户进行人畜分离，养殖废弃物得到集中处理；对历史遗留农村工矿污染采取工程治理措施，消除了隐患。推广化肥、农药污染小的生产方式，建立了有机食品基地；在污灌区、基本农田等区域，开展了污染土壤修复示范工程，保障食品安全。

4. 农村环境综合整治的资金机制

（1）资金投入机制

《资金管理办法》明确，国家设立中央农村环境保护专项资金，以“以奖促治”方式专项用于补助开展农村环境综合整治的村庄；以“以奖代补”方式对通过生态环境建设达到生态示范建设标准的村镇进行奖励。

《示范通知》进一步确定，农村环境连片资金投入可包括专项资金、地方配套资金及自筹资金等多种渠道。东、中、西部地区专项资金和地方财政配套资金的比例为分别不低于 1∶1.5、1∶1、1∶0.5，配套资金计算范围为省、市、县财政资金，口径为对专项资金补助范围的项目安排的地方财政资金，各地安排的其他项目资金不属配套资金范围。专项资金原则上对单个村庄平均补助金额为 60 万元、补助上限为100万元，对“问题村”的补助上限为150万元。

（2）资金管理机制

《资金管理办法》规定，专项资金不能用于人员工资、津贴补贴及奖金和公务车辆、办公用房构建等支出。“以奖代补”资金主要用于农村生态示范成果巩固和提高所需的环境污染防治设施或工程，以及环境污染防治设施运行维护支持等。

资金使用实行县级财政报账制，县级财政、环境保护部门负责资金审核和管理，确保专款专用、专项核算，不得截留、挤占和挪用。资金使用和整治进展情况要在当地张榜公布，实行村务公开。

财政部会同环境保护部对资金使用情况进行监督检查。对违反规定，截留、挤占和挪用资金或有其他违规行为的，将相应扣减或取消安排下一年度资金，并按规定追究相关人员责任。

5. 农村环境综合整治的组织机制

（1）中央部门分工

《实施方案》明确，环境保护部负责“以奖促治”政策实施的统筹规划，加强对治理工作的指导、协调、监督和考核，会同有关部门编制全国农村环境综合整治规划，确定“以奖促治”政策支持的范围、目标、内容和资金需求，为年度资金安排提供依据。会同财政部组织审查批准地方“以奖促治”资金申请。会同财政部对地方“以奖促治”政策的落实情况进行抽查并考核。依据《指南》确定农村环境连片整治示范省，签订示范协议。

《实施方案》还明确了财政部负责制定有关政策措施，加大资金投入，会同环境保护部制定出台“以奖促治”资金管理办法。国家发改委负责制定综合性政策措施，加大解决农村环境问题的支持力度。其他有关部门要按照职能分工，加强协调配合，形成工作合力①。

（2）地方责任

依据《实施方案》和《指南》，县级人民政府是农村环境综合整治的责任主体，

① 其他部委与农村环境综合整治相关的项目有：农业部主导的测土配方施肥项目、以沼气建设为纽带的庭院环境综合整治；水利部主导的人畜饮水工程；建设、卫生等部门主导的农村环境卫生综合整治项目。

负责“以奖促治”资金申请，市（地）级环境保护、财政部门负责审核（省直管县地区之间有省级相关部门审核），省级环境保护、财政部门审查汇总后，联合报送环境保护部和财政部。负责制定本地区农村环境连片整治工作计划，并做好资金使用、项目管理等具体工作。

各省、自治区、直辖市人民政府负责“以奖促治”政策实施工作的组织领导，规划本行政区域综合整治的目标和任务，建立工作制度，完善政策措施，制订具体实施方案，与示范县（市、区）签订农村环境连片整治目标责任书，抓好推动落实。地方各级人民政府要参照国家“以奖促治”政策，结合当地实际，安排本级农村环境保护专项补助资金。

省级环境保护、财政部门负责农村环境连片整治目标责任书完成情况考核、“以奖促治”政策实施进展和成效、资金使用、污染治理设施运行、群众满意程度等情况的考核验收。

专栏 4-6　长沙市“政府主导、村民自治”的农村环境综合治理模式

长沙市政府充分发挥农民群众主体作用，推动乡村建立“五个一”：一个环保村规民约、一个村级环保促进会、一个环保宣传栏、一个环保规划、一个环保合作社。经过 3 年多的推广，全市有 600 多个村成为农村环保自治村，农村污染从以前的“有人怨、无人理”到如今的“自我约束、村民自治”。为了保证农村环境治理的资金稳定投入，长沙市创建了“政府各级配套投入、污染企业约束性投入”的奖惩结合的投入机制。并且成立了中国第一农村环境建设投资有限公司，吸引和管理社会投入资金，建立了财政预算与市场融资、村民出资与政府“以奖促治”相结合的多元投资机制。通过财政带动效应，全市吸引社会环保投资近 10 亿元。

（四）地方开展农村环境综合整治的主要经验

农村环境综合整治是国家对农村环境突出问题进行全面大规模治理的尝试。截至 2011 年，中央财政共安排 80 亿元，累计支持各地约 1.72 万个村庄实施农村环境综合整治，其中，“以奖促治”项目涉及村庄约 1.7 万个，“以奖代补”项目涉及村镇近 2 000 个，总计受益群众 4 000 多万人。1 559 个乡镇和 238 个村达到全国环境优美乡镇（国家级生态乡镇）和国家级生态村建设标准。支持 300 多个“问题村”治理。一批严重危及群众健康、社会媒体反映强烈的农村环境突出问题得到有效整治或缓解，一些村庄的村容村貌和环境质量得到明显改善，农村环保工作机制初步形成，农村地区经济社会可持续发展能力得到加强。“以奖促治”农村环境综合整治项目实施获得地方政府和农民普遍拥护和肯定。几年来，地方各级政府和环境保护部门在实施农村环境综合整治过程中，因地制宜探索和积累了一些成功经验。实践证明，建立资金投入机制、项目后期运行管理机制、加强基层环保能力建设和公众参与是农村环境综合整治取得明显效果的关键环节和长效机制。

专栏 4-7　安徽省统筹规划、整合资源的农村环境综合治理经验

目前，中央各个部门“惠农”政策和项目非常多。例如，建设口的“危房改造”项目、农业口的“新农村建设”项目、“沼气工程”、交通口的“村村通工程”、卫生口的“改水改厕改善居住环境工程”、“饮用水安全工程”，环保口的“农村环境连片整治示范项目”、“生态创建”项目、住建口的“农村清洁工程”等。一些新农村建设重点县，有时一个县每年获得的涉农项目能够多达上百个。为了发挥各种涉农资金使用的合力，增加各相关项目实施的协调性，安徽省政府、省财政厅为此专门出台了涉农资金整合办法，赋予县级人民政府整合相关资金的权力，要求各地按照“渠道不改、用途不变、集中投入、各记其功、形成合力”的原则，坚持以农村环境连片整治示范项目为纽带，统一安排、合理使用，做到“四个整合、八个结合”。即：上下整合、内外整合、前后整合、远近整合；农村环境连片整治示范项目与生态创建、农村清洁工程、危房改造、新农村建设、村村通工程、沼气工程、改水改厕改善居住环境工程、饮用水安全工程等项目相结合，以提高各项涉农资金的整体使用效益，形成了部门联动、整体推进的协调机制。

专栏 4-8　江苏省的第三方市场化运行管理经验

江苏省在加大环境治理过程中，形成了众多大中小型环保企业。这为第三方运营提供了得天独厚的优势。江苏省在基层环保机构能力不足的情况下，采取第三方市场化管理机制负责农村环境保护日常维护运行工作。如江苏省淮安市金湖县出台了《金湖县农村环境卫生“四位一体”长效管理工作意见》，整合“以奖促治”政策资源，将道路保洁、绿化管护、河道保洁和村庄保洁四种类别的保洁工作综合起来交给市场，由保洁公司安排工人分段包干，一人在划定的地段承担上述四种保洁功能，杜绝了重复劳动、扯皮不清的现象，保证高质高效。政府在加强监管的同时，实行全程考核，并依据考核结果发放奖补资金。

三十九、防灾减灾在生态文明建设中的作用是什么？

党的十八大将防灾减灾作为生态文明建设的重要部分，提出“加强防灾减灾体系建设，提高气象、地质、地震灾害防御能力。”体现国家更加重视减灾防灾在生态文明建设中的重要地位和作用。减灾防灾是各项建设成果的保护伞，承担着保护生态资源、维护生态安全、推进生态建设、促进生态文明的重任，是生态文明发展的重要保障力量。

（一）防灾减灾是生态建设中不可或缺的重要环节

我国是世界上灾害最为严重的国家之一。近几十年来，灾害对我国生态环境系统的威胁与破坏不断增强，主要表现在：每年洪涝受灾面积为 1 000 多万公顷，成灾面积在 500 万公顷以上；干旱受灾面积为 2 000 多万公顷，成灾面积 1 000 万公顷；全国仅因采矿引发的地面塌陷面积已达 8.7 万平方千米，崩塌、滑坡、泥石流灾害点已有 41 万多处；年均发生森林火灾 1.6 万余次，受灾面积近百万公顷，受火灾威胁的草原 2 亿多公顷。

另一方面，生态环境恶化加剧了自然灾害，人为营造的灾害层出不穷。随着人口的剧增、生产的扩大、城镇的密集，人类活动对生态环境形成巨大压力，有意或无意造成环境破坏，导致新的灾害不断出现，破坏性后果越来越严重。人类大规模的经济工程活动及无节制的开发资源活动，直接诱发或营造的灾难事故，已具有与自然灾害相提并论的破坏程度，对生态环境有了不可逆转的影响。如矿产资源的乱采滥开，完全改变了地形与地质构造，导致崩塌、滑坡、泥石流、地面塌陷和沉降等地质灾害；开采地下水无度导致地面沉降、地面裂缝、建筑设施倒塌等事故；草原地区的过度放牧、过度开垦和樵采，导致区域生态系统崩溃、土地沙化与水土流失加剧；江河源区滥伐林木、破坏植被，导致大范围水土流失、下游河床抬高、湖泊泥沙淤积、泄洪能力下降，致使洪水泛滥的灾情加重，我国 1998 年特大洪涝就是例证。

我国各类重特大自然灾害呈现出多发、频发和非常态的趋势。由于大面积毁林开荒、围湖造田，污染排放等原因，生产活动对生态环境的破坏十分严重，使大自然失去了自我调节的机能，自然灾害呈现出次数越来越多、周期越来越短的趋势。我国历史上三年一旱，20 世纪 60 年代到 80 年代发展到三年两旱，现在则变成无年不旱，一年多旱。历史上水灾正常情形下年均 1～2 次，现在年均 50 余次，每年洪涝面积达数十万平方千米。一些罕见的冷害、病虫害也从出人意料到见怪不怪，近几年常有发生。自然灾害防治是我国生态环境安全保护的最严峻问题，也是我国生态环境安全的最低限度标准。防灾减灾已成为我国生态环境安全维护的一个重要方面。

防灾减灾的措施包括工程措施和非工程措施。在这些措施中，一项非常重要的措施就是开展生态建设，通过自然修复和人工治理等，保护生态环境，减少灾害特别是自然灾害的发生。此外，传统灾害管理倾向于抗灾救灾，未将防灾减灾与资源保护、环境治理协调一致，而未来的防灾减灾管理则需考虑生态环境保护，将生态文明建设理念贯穿于防灾、减灾、备灾、救灾和恢复重建等每个环节中。事实上，四川汶川“5•12”特大地震灾区的恢复重建初步探索了防灾减灾的生态建设模式。在国家开展生态环境承载力评估制定灾区恢复重建总体规划的基础上，地震灾区生态修复，坚持以人为本、尊重自然、尊重规律、尊重科学，坚持自然修复与人工治理相结合、以自然修复为主，坚持生物措施与工程措施相结合、以生物措施为主，全面恢复林草植被，保护生物多样性，治理水土流失，逐步恢复重要生态环境功能。尤其在林草植被恢复、大熊猫栖息地恢复、灾毁土地整理复垦、水土保持等方面成效显著。在防灾减灾以及灾害治理上，建立健全省、市、县、乡、村、社六级联动的群防群测体系，分批次启动实施重大地质灾害点的应急勘查、设计和治理工作，严格执行建设用地地质灾害危险性评估和矿山地质环境影响评价制度。

综上所述，防灾减灾是生态文明建设的应有之义。做好防灾减灾，有利于保护生态环境；做好救灾和恢复重建，有利于恢复生态环境、促进生态文明建设。

专栏 4-9　人类不合理活动加剧自然灾害影响

自然灾害是由自然因素造成人类生命、财产、社会功能和生态环境等损害的事件或现象，自然灾害是围绕着人和人类社会发生的，如果离开人和人类社会，将无所谓灾害。因此在一定意义上可以认为自然灾害是人地关系极端冲突的一种表现。有些灾害人类不可抗拒，但有些灾害却因人类不当的活动而诱发，或加剧灾害损失。

2005 年 8 月 29 日，卡特里娜飓风（Hurricane Katrina）登陆墨西哥湾沿岸，导致至少 1 836 人死亡；总经济损失超过 1.0×10^{11} 美元。在新奥尔良，风暴冲破防洪堤，淹没了 80%的城市。150 万人流离失所。美国受灾转移人口规模最大的一次。巨灾过后，美国社会进行了全面反思。从灾害产生原因的分析中人们发现，此次悲剧天灾固然是一个重要因素，但人的很多不合理的活动正是加剧本次灾害影响的重要因素。

新奥尔良市地处密西西比河入海的三角洲上，许多居民区低于海平面，城市本身就容易遭受水患。为了加快城区洪水排泄，将三角洲上很多天然河道采弯取直，建立了人工排洪系统。随着城市的发展，在围海造陆和开采石油的影响下，导致包括新奥尔良在内的路易斯安那州的东南部已经下沉。因城市开发和修建运河导致河岸线、海岸线丧失了许多湿地，这些湿地是阻挡风浪的关键缓冲区。在飓风引发海啸时，海水毫无阻拦，笔直、顺畅的人工河道此时反而成为引导风浪进入城市的便利通道，洪水迅速涌进城市，缩短了人们逃生的时间。

（二）防灾减灾是实现经济可持续发展的重要举措

据民政部统计，1978—2009 年的 32 年间，我国因旱灾、洪涝、风雹、台风、低温冷冻和雪灾、地震、滑坡和泥石流等主要自然灾害年均受灾 3.6 亿人次，死亡 7 973 人，紧急转移安置 851 万人；农作物受灾面积 4 565 万公顷，其中绝收面积 532 万公顷；因灾倒塌房屋 309 万间，损坏房屋 848 万间；直接经济损失 2 289 亿元。2008 年汶川地震即造成四川、甘肃和陕西直接经济损失 8 451.36 亿元，占 2008 年国内生产总值（3 万亿元）的 2.81%；占四川、甘肃、陕西三省国内生产总值的 37.5%。除此之外，主要农作物病虫、鼠害每年损失粮食约 5 000 万吨、棉花 100 多万吨。

重大自然灾害尤其巨灾除毁坏人类创造的物质财富，如住房及家庭财产、非住宅用房、三次产业产出、基础设施、社会事业等公共财产外，还常常破坏生产条件，冲击生产活动，使生产停顿、产出减少，经济发生波动，从而影响经济可持续发展。遭受巨大创伤的灾区，公共设施在很短时期内也难以全面恢复，发展规划可能延缓或取消，邻近地区或更远地区的发展也会受影响。已有历史研究也表明，社会稳定、自然灾害较轻时段均为经济持续快速发展时段；相反，经济停滞甚至倒退时段均为社会动荡或自然灾害较严重的时段。我国自然灾害直接经济损失相对较高的峰值时段基本与经济非可持续发展的谷值期相当，如 1954 年、

1956 年、1960—1963 年、1998 年等。

面对日益严重的各类灾害，防灾减灾成为我们不得不重视的应对方式和策略选择，也日益成为投入产出比效益最高的一项产业。减灾即意味着减少灾害的负面影响，从而减少人员伤亡和财产损失，增加 GDP 和增产粮食，有效利用资源、保护环境，有助于实现经济增长，保持持续发展的能力。一方面，通过减灾，以负负得正的方式，减少灾害的经济损失，获得减灾的直接正效益；另一方面，随着经济社会的不断发展，人们对减灾的需求越来越大，按照需求是经济增长的第一动力，减灾需求会带来巨大减灾投入和减灾产业发展，推动区域经济增长。因此，应把防灾减灾事业作为引领区域未来发展的优先投资领域之一。

总之，可持续发展是人类 21 世纪的主题，防灾减灾是实现我国经济可持续发展战略重要举措之一，在我国经济可持续发展战略中处于基础性的重要地位。

专栏 4-10　从人地关系优化角度指导灾区恢复重建工作

2008 年汶川地震发生后，国家层面上组织开展了灾害损失综合评估和环境承载力评估，其中损失综合评估中包含对生态环境的破坏和影响，并在此基础上制定了恢复重建总体规划。主张灾区人地关系优化是灾区恢复重建工作的出发点和最终归宿。2010 年青海玉树地震灾害、甘肃舟曲特大山洪泥石流灾害和 2012 年四川芦山强烈地震灾害发生后，国家均开展了同样的工作，且在制定的恢复重建总体规划中对生态环境的规定愈加细致，体现了国家对生态环境建设的重视。

2012—2013 年，国家减灾委员会办公室组织开展了《国家综合防灾减灾战略研究》课题，其中开始呼吁国家综合防灾减灾应树立“以人为本、安全第一”和“和谐相处、天人合一”的理念。研究者认为，人与自然的关系紧张与否，直接决定着各种灾害的发生频次、周期与损坏后果。人与自然关系的处理，有关人类社会发展的始终，也是国家防灾减灾的核心所在。应当扬弃“人定胜天、战天斗地、征服自然”的以人类为中心的观念，以和谐相处、天人合一的理念来处理人与自然的关系，并指导整个国家的防灾减灾实践活动。

（三）防灾减灾是通往社会和谐、群众幸福的必须路径

灾害可以直接夺去人的生命，如 2008 年汶川地震造成 69 227 人遇难、17 923 人失踪、37.4 万人受伤；1975 年河南省驻马店地区特大暴雨洪水，造成 3 万多人

死亡。灾害还可以通过破坏人的生存条件危及人的生命安全，如大旱之年饿死人、特大雪灾冻死人等。灾害还可造成人体受伤、致残，产生精神疾病和心理障碍，使人全部丧失或部分丧失劳动生产能力和生活自理能力，增加家庭和社会负担。食品不足、水源污染、正常生活规律被打乱等都能影响人的健康。重特大灾害对生命线系统（通信、供电、供气、上下水管网、采暖等）的破坏，会造成社区功能的全部或部分丧失，甚至使社区瘫痪，并能引起一系列的次生灾害（如火灾、有毒物质散溢等），进一步破坏人类的生存条件，造成吃、穿、住、医等条件的全面恶化。

更重要的是，灾害可能影响社会安定。造成大量人员伤亡的直接后果是导致大量家庭的组织结构遭受部分或者完全破坏，鳏、寡、孤、老等类人员大量出现。首先给灾区社会造成普遍的心理恐慌，这种不利的社会心理往往会主导整个社会，给社会管理与运行造成不利影响；其次，造成社会救助面大幅扩大，增加社会供养及政府救助负担；最后，家庭结构的破坏导致出现大量婚姻问题及孤寡老人赡养、孤儿收养问题，加剧社会负担。这些不利影响都会给社会安定和安全带来巨大隐患和不利影响。

防灾减灾是解民生之忧、谋民生之利的一条重要举措，与区域经济社会生活密不可分，尤其与改善区域居民特别是困难群众生产生活条件紧密相关，可以解决好受灾群众最关心、最直接、最现实的生存、安全、生活和利益问题和矛盾，对于促进社会公平正义具有重要作用，是通往社会和谐、群众幸福道路的必须路径。

（四）防灾减灾文化建设成为社会主义文化建设的重要内容

一部人类文明的发展史，就是一部人与自然的关系史，是人与灾害不屈不挠的抗争史。从古至今，灾害一直与人类同行。中华民族正是在同灾荒的顽强抗争中创造了繁荣的封建经济和中华文化，增强了民族凝聚力。我国防灾减灾文化源远流长，从古至今对防灾减灾文化也不断有新的理解和定位。

2011 年 11 月，国务院办公厅印发《国家综合防灾减灾规划（2011—2015 年）》，明确提出加强防灾减灾文化建设，从国家层面将防灾减灾文化建设作为加强社会主义文化建设的重要内容，将防灾减灾文化服务作为国家公共文化服务体系的重要组成部分，提高综合防灾减灾软实力。

近年来，随着人们对防灾减灾认识的提高和重视，防灾减灾文化成为国际社会普遍关注的焦点。世界各国逐步认识到，提高居民防灾减灾意识，增强防灾减灾文化是应对各种灾害、减少生命和财产损失的重要措施。与此同时，我国的防灾减灾文化也逐渐由“灾后反应文化”向“灾前预防文化”转变。

2012 年 5 月 12 日，是汶川特大地震四周年纪念日暨第四个国家“防灾减灾日”，主题为“弘扬防灾减灾文化，提高防灾减灾意识”。5 月 7—13 日为防灾减灾宣传周，全国范围内开展了广泛的防灾减灾宣传教育活动。与此同时，关于减灾文化的讨论成为“热门话题”，不时有相关文章见诸媒体。如“关于什么是减灾文化”的讨论，中国地震局原副局长、地震专家何永年指出，减灾文化（或防灾文化）就是一个群体“对待灾害的思想、理念、态度、行为、习惯等的总称”；郑东认为，“减灾文化是人类在预防灾害、在对灾害突袭的运筹抗争中认识运用自身的思维智慧和知识能力的一切活动。人既是减灾文化的创造者又是减灾文化的创造物”；还有的学者把减灾文化归类于安全文化。无论如何，我国防灾减灾文化的建设已经起步。

四十、应对气候变化我国有哪些政策与行动？

气候变化是国际社会普遍关注的全球性环境问题。近年来，全球酷暑、干旱、洪涝等极端气候事件频发，气候变化影响日益显现。各国加强国际合作、共同应对气候变化、推进绿色、低碳发展已成为当今世界的主流。2011 年，我国提出“十二五”期间应对气候变化的一组约束性指标：到 2015 年，单位 GDP 的二氧化碳排放下降 17%，单位 GDP 能耗下降 16%，非化石能源占一次能源消费比重达到 11.4%。森林覆盖率提高到 21.66%，森林蓄积量增加 6 亿立方米等目标。同年由国务院新闻办发布的《中国应对气候变化的政策与行动》中，进一步明确了“十二五”时期我国应对气候变化的主要目标任务和政策行动。2012 年，又在党的十八大报告提出要“坚持共同但有区别的责任原则、公平原则、各自能力原则，同国际社会一道积极应对全球气候变化”。这些举措和要求充分展现了我国负责任的大国形象，彰显了我国积极应对全球气候变化的决心。

（一）应对气候变化的国际进程

1．减排第一承诺期的减排目标

1992 年 5 月联合国通过《联合国气候变化框架公约》（以下简称《公约》），并于同年 6 月在巴西里约热内卢召开的联合国环境与发展会议期间签署，1994 年 3 月 21 日正式生效。《公约》是世界上第一个为全面控制二氧化碳等温室气体排放，也是国际社会在对付全球气候变化问题上进行国际合作的一个基本框架。

《公约》提出了应对气候变化的最终目标是“将大气中温室气体的浓度稳定在防止气候系统受到危险的人为干扰的水平上。这一水平应当在足以使生态系统能够自然地适应气候变化、确保粮食生产免受威胁并使经济发展能够可持续地进行的时间范围内实现。”《公约》本身没有规定缔约方具体的减排目标，而是规定可在后续从属的议定书中设定强制排放限制。

在《公约》谈判之时，根据 IPCC（1990）第一次评估报告结果，OECD 国家的二氧化碳排放量就占到了世界排放总量的一半，而中东欧国家，包括俄罗斯的排放量，又占到了世界总排放量的 20%。即只占世界人口 1/4 的发达国家，其二氧化碳排放量却占到了世界总排放量的 3/4。发达国家与发展中国家的温室气体排放水平差距非常明显，而且现代大气中人为增加的温室气体是发达国家过去排放累积的结果，发达国家有责任为其已享受到的经济获益埋单，率先承担大幅度减排的历史责任。温室气体的形成不是所有国家均额引起的，气体减排的治理责任也不应该由所有国家共同负担。现阶段要求发展中国家同发达国家同时承担减排温室气体的责任有违公平正义的原则。因此，在《公约》中规定了发达国家和发展中国家负有“共同但有区别的责任”，发达国家要率先减排，承担量化减排任务的同时要为发展中国家提供应对气候变化的资金和技术，发展中国家暂不承担量化减排任务，可根据各自能力采取减缓行动。

1997 年 12 月 11 日，在日本京都召开的《公约》第三次缔约方大会上通过的《京都议定书》（Kyoto Protocol，KP）是《公约》的补充条款，主要明确了《公约》中未确定的发达国家定量减排目标和时间表以及相应减排机制等内容。《京都议定书》于 2005 年 2 月 16 日正式生效。截止到 2013 年 3 月，已有 192 个缔约方签署了《京都议定书》，美国依然未签署。

在温室气体减排方面，《京都议定书》第三条第 1 款要求附件 1 国家将附件 A 中所列 6 种温室气体的人为二氧化碳当量排放总量在 2008 年至 2012 年承诺期内这些气体的全部排放量从 1990 年水平至少减少 5%。非附件 1（主要是发展中国家）缔约方不承担量化减排任务。

同时《京都议定书》还设置了替代实现减排目标的灵活机制，如允许森林等碳汇抵消一部分减排额度，允许附件 1 国家通过清洁生产机制从非附件 1 国家购买减排信用额度以抵消一部分减排额度，允许附件 1 国家之间采取碳交易购买减排信用额度以抵消一部分减排额度，也允许欧盟国家作为一个整体联合履约，即采取有的国家削减、有的国家增加的方法，在总体上完成减排任务。后三种替代减排机制也被称为“京都三机制”。

专栏 4-11　国际公约中控制排放的六种温室气体

《联合国气候变化框架公约》第一条中将“温室气体”定义为“大气中那些吸收和重新放出红外辐射的自然的和人为的气态成分”，但没有列举具体的温室气体名称。1997 年 12 月，通过的《京都议定书》中所列需要减排的温室气体为：二氧化碳（CO_2）、甲烷（CH_4）、一氧化二氮（N_2O）、氢氟碳化物（HFCs）、全氟化碳（PFCs）、六氟化硫（SF_6）共 6 种。不同温室气体的增温效应是不同的，可折算为相应排放数量的二氧化碳所产生的增温效应，即二氧化碳当量（CO_2 Eq. 或 CO_2-e）。例如，1 吨甲烷排放量对气候系统的升温效果相当于 21～25 吨二氧化碳排放量的增温效果，自然清除需要 12 年，而 1 吨一氧化二氮排放量对气候系统的升温效果相当于 300 吨左右二氧化碳排放量的增温效果，自然清除需要 114 年。氢氟碳化物、全氟化碳、六氟化硫三类卤烃类气体的增温效应一般都是二氧化碳的数百至数千倍。

由此可见，在国际履约语境下，各国减排总量是以二氧化碳当量计算的，即温室气体减排不同于二氧化碳减排。虽然二氧化碳所占比例很高（2007 年不计入 LULUCF，欧盟 15 国比例为 84%，美国为 86%，日本为 95%，法国为 75%），但是在国际谈判达成协议控制的温室气体种类中依然包括二氧化碳和非二氧化碳两大类温室气体，而不是仅仅指二氧化碳。

二氧化碳、甲烷、一氧化二氮化学性质稳定，是长生命周期温室气体（LLGHGs），可在大气中留存十年到数百年甚至更长时间，因此这类气体的排放可对气候产生长期影响。氢氟碳化物、全氟化碳、六氟化硫等卤烃类温室气体也称臭氧层耗竭物质，主要通过消耗臭氧层物质，增加地表大气中的热辐射。目前观测到的卤烃类温室气体自然来源非常小，主要是人为排放，而其他几种温室气体既有人为排放来源也有自然来源（见表 4-1）。

表 4-1　温室气体的主要来源

气体	自然来源	主要的人为来源
CO_2	有机物呼吸、火山喷发、森林火灾、死亡动植物的分解、海洋排出的气体	化石燃料燃烧、水泥生产、改变土地用途（如森林砍伐和改变农业活动）
CH_4	海洋、白蚁、自然湿地、氢氧化物的氧化	化石燃料开采、烧除植被、废物处理、谷物种植、反刍牲畜、垃圾填埋
N_2O	土壤和海洋的变化	使用氮肥、生物质燃烧、有机肥的处理
HFCs	大气中氨的氧化	化石燃料燃烧、工业生产（如尼龙生产）制冷装置、空调、溶剂、阻燃物、泡沫塑料生产、气溶胶压缩气体
PFCs	未知	铝的生产
SF_6	在地壳中少量存在，并通过火山活动释放到大气中(Harnisch 等,2000)	电力工业（电闸和高压系统）

*引自 IPCC 第四次评估报告第一工作组技术报告. 2007a：135。

2007 年，IPCC 第四次评估报告第三工作组综合了很多研究成果后，给出了不同二氧化碳浓度增加导致的地表温度增加的区间值和最佳估计值，如大气二氧化碳浓度 450×10^{-6} 对应升温 2.1[1.4～3.1]℃，550×10^{-6} 对应升温 2.9[1.9～4.4]℃，并且认为如果未来全球平均气温升高超过 2℃的阈值，人类社会可能面临灾难性的危险。为此需要在 21 世纪内将工业革命以来的全球平均温度升高幅度控制在 2℃内，考虑到温室气体的长寿命特点，浓度稳定后其增温效应还会持续一段时期，由此提出要在 2050 年将大气二氧化碳当量浓度控制在 450×10^{-6} 以内，相当于全球人为排放的温室气体量必须比 1990 年减少 50%。虽然国际气候学领域对这一估算结果还没有达成共识，但在 IPCC 的强力推动下，已经将这个 2℃阈值目标列入 2009 年《哥本哈根协议》中，作为全球减排努力的参考目标。

2. 后京都气候变化谈判中我国的基本立场

气候变化谈判的实质是温室气体减排与争夺未来排放空间的利益博弈。围绕这一根本利益，后京都时期气候变化谈判中，各国关注的焦点集中在三个问题上，一是是否需要《京都议定书》的第二承诺期，是否一定要坚持《公约》和《京都议定书》的双轨谈判；二是发达国家在 2012 年后应各自承担什么样的减排责任，中国、印度等新兴经济体在 2012 年后应承担什么样的减排责任；三是发达国家需向欠发达国家进行什么样的资金和技术支持，以及如何实现。

《公约》规定，发达国家有义务向发展中国家就减缓和适应气候变化提供资金，《京都议定书》规定，清洁发展机制（CDM）2%的收益用于适应气候变化项目。2011 年底，德班气候大会通过决议，决定启动绿色气候基金，由发达国家从 2012 年到 2020 年每年筹集 1 000 亿美元以支持发展中国家应对气候变化。然而，发达国家对如何实现筹集 1 000 亿美元及 2012 年以后如何交付的问题一直闪烁其词。在技术转让问题上，发达国家认为由于国内的“专利保护”，以及技术属于企业而政府无法干预等原因，向发展中国家转移绿色技术设置很多障碍，美国甚至在多哈会议中明确表示技术转让无需再谈。2013 年 11 月，在波兰首都华沙举行的联合国第十九次气候变化大会上，上述主要分歧依然没有得到满意的解决。后京都时代的减排协议仍然是一个悬而未决的问题。

为了促进气候变化国际谈判，我国坚持以下原则立场：一是坚持《公约》和《京都议定书》基本框架，严格遵守巴厘路线图[①]授权；二是坚持“共同但有区别

① 巴厘路线图：2007 年 12 月，在印度尼西亚巴厘岛举行的联合国气候变化大会通过了“巴厘路线图”，为应对气候变化谈判的关键议题确立了明确议程。巴厘路线图要求，加强《公约》和《京都议定书》全面、有效和持续实施，发达国家要确定《京都议定书》第二承诺期的进一步量化减排目标，并就减缓、适应、技术转让、资金支持等作出相应安排。

的责任”的原则；三是坚持可持续发展的原则；四是坚持统筹减缓、适应、资金、技术等问题，强调减缓和适应同等重要，发达国家向发展中国家提供资金、技术转让和能力建设支持是发展中国家有效应对气候变化的根本保证；五是坚持联合国主导气候变化谈判的原则，坚持联合国宪章倡导的“协商一致”的决策机制。

（二）我国温室气体排放现状

1. 排放总量变化

目前，中国是世界上第一大二氧化碳排放国。2009 年，中国能源消耗产生的二氧化碳排放量为 76.9 亿吨[①]，居世界第一，比 1990 年增排了 52.3 亿吨，占世界能源消耗产生的二氧化碳排放增加量的 53.5%，相当于 2009 年美国的总排放量。1990 年以来温室气体排放总量增速明显，以二氧化碳排放增长最为显著。

2009 年中国人均二氧化碳排放量为 5.8 吨，比 1990 年增长了 1.6 倍，超过世界平均水平（4.7 吨/人），但低于附件 1 国家人均二氧化碳排放水平（14.1 吨/人）的一半以上。人均排放量在 2002 年之后呈快速增长态势，年平均增长率为 9.1%（如图 4-2 所示）。

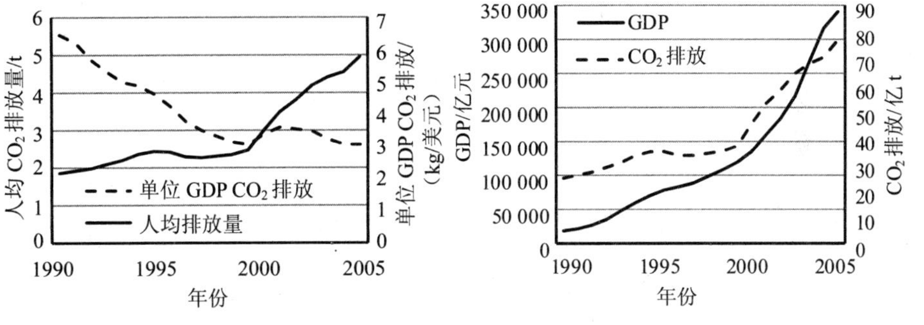

图 4-2　中国单位 GDP 二氧化碳排放、人均排放量变化

数据来源：世界银行数据库 http：//data.un.org/Data.aspx？d=ICS。

国际社会也正是基于此，而要求中国承担起减排的主要责任。但是如果从历史累积排放量看，我国从 1850 年到 1990 年累积排放占全球的 5%左右，而美国占 30.7%。从历史贡献看，我国目前不应承担与发达国家同样的减排任务，但是作为

① 世界银行数据库以能源过程估算的国家二氧化碳排放数据。

负责任的大国，本着《公约》提出的“共同但有区别的责任和各自能力的原则”，2008 年哥本哈根气候大会前夕，我国提出了到 2020 年单位 GDP 二氧化碳下降 40%～45%的自主减排目标。

2. 单位 GDP 二氧化碳排放强度变化

单位 GDP 二氧化碳排放在 1990—2002 年呈快速下降趋势，年均下降率达 6.1%；2002 年之后明显回升。1990—2009 年单位 GDP 二氧化碳排放累积下降 53%，下降幅度远高于附件 1 国家平均下降水平（39.7%）。2009 年单位 GDP 二氧化碳排放量为 2.6 千克/美元，高出非附件 1 国家平均排放水平（1.85 千克/美元），是附件 1 国家平均排放水平（0.86 千克/美元）的 3 倍。中国能源生产率仅为附件 1 国家的 1/4，而一次能源消费排放水平比附件 1 国家高出 45.8%，是 2009 年单位 GDP 二氧化碳排放水平明显高于附件 1 国家的主要影响因素（如图 4-3 所示）。

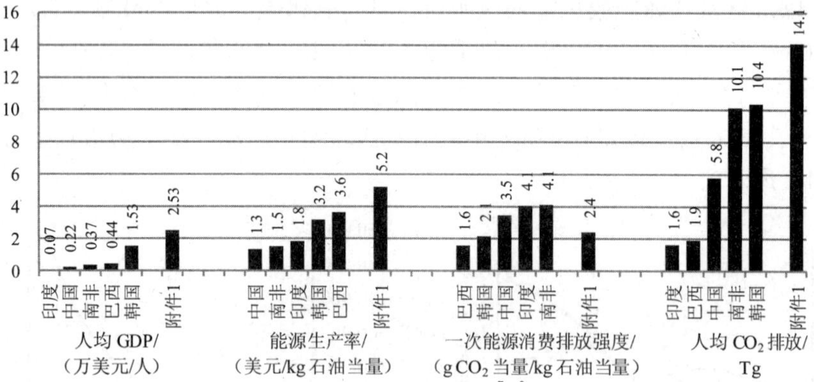

图 4-3　2009 年主要新兴经济体人均 CO_2 排放量影响因素

数据来源：人口、GDP CO_2 排放量来自世界银行数据库，一次能源消耗量来自 BP Statistical Review of World Energy，June 2012（注：世界银行数据仅以能源消耗估算，低于各国排放清单数值）。

3. 影响我国温室气体排放量的主要因素

从排放源结构看，中国温室气体主要排放源依次为能源、工业过程、农业活动和废弃物领域。1994—2005 年，除废弃物领域减排 0.5 亿吨二氧化碳当量外，其余领域温室气体全部增排，且增幅明显。能源领域作为中国温室气体第一大排放源，增排了 27.6 亿吨二氧化碳当量，占增排总量（34.1 亿吨二氧化碳当量）的 81.2%。其次是工业过程（4.8 亿吨二氧化碳当量）和农业活动（2.1 亿吨二氧化碳当量）。增排率从高到低的领域依次为：工业过程（171.6%）、能源领域（91.8%）和农业活动（35.6%），其中工业过程和能源领域增排率明显高于温室气体的总增排率（84.0%）。

能源领域二氧化碳的大幅增排主要有两个原因：一是中国以煤为主的化石能源消费结构；二是工业化和城镇化高速发展进程中能源消费量的迅猛增长。1990—2009 年中国的化石能源比例基本保持不变，仅下降了 3.7%。但是煤在能源消费结构中占主导地位并呈上升趋势。煤电比例从 1990 年的 75.7%上升到 2009 年的 87.3%，远高于附件 1 国家平均水平（28.2%）。与此同时，2009 年中国能源消费总量以 22.1 亿吨石油当量位居世界第一，比 1990 年增长了 2.3 倍。其中，煤消费量从 1990 年的 5.1 亿吨石油当量猛增到 2009 年的 15.8 亿吨石油当量，增长了 2.1 倍。

工业过程是中国温室气体增排率最高的领域。从排放部门看，1994—2005 年水泥和钢铁行业温室气体增排显著，共增排 2.8 亿吨二氧化碳当量，占工业过程增排量的 58.3%。可见，我国二氧化碳排放总量和排放强度 2002 年以来大幅度增加，主要与高碳行业快速发展密切相关。从 2002 年到 2011 年的 10 年间，扣除价格因素我国国内生产总值增长了 1.5 倍，粗钢产量增长了 3.9 倍，达到 6.8 亿吨，占全球的 43.7%；水泥产量增长了 3.1 倍，达到 20.85 亿吨，占全球的 61.5%；电解铝产量增长了 4.5 倍，达到 1 768 万吨，占全球的 65%；高耗能产品产量增速大大快于经济增长。

（三）我国应对气候变化的主要政策措施

中国为减缓气候变化实现到 2020 年单位 GDP 二氧化碳排放降低 40%～45%的目标及其阶段性目标，主要通过以下途径实现减排。一是通过产业结构优化升级和淘汰落后产能调整产业结构。提高高耗能行业准入门槛，加强节能评估审查、环境影响评价和建设用地预审；确立节能环保产业、新一代信息技术产业、生物产业、高端装备制造业、新能源产业、新材料产业、新能源汽车产业为国家战略性新兴产业；确定钢铁、水泥、玻璃、电解铝、电石等高耗能行业的淘汰落后产能目标，加快淘汰落后产能。二是促进能源节约和能效提高。进一步完善节能标准、实施重点节能改造工程、推广节能技术与产品、发展循环经济、推广合同能源管理等。三是优化能源结构。加快发展水电、风电、太阳能、生物质能等非化石能源，推动常规化石能源生产和利用方式变革和清洁高效发展。四是增加碳汇。加快推进造林绿化、全面开展森林抚育经营、加强森林资源管理、强化森林灾害防控、培育新兴林业产业等 5 项行动增加森林碳汇；通过在草原牧区落实草畜平衡和禁牧、休牧、划区轮牧等草原保护制度，控制草原载畜量，提高农田和草地碳汇。

为确保减缓气候变化目标的实现，中国采取了行政与和经济相结合的保障措施：一是通过节能目标的层层分解，以及定期的节能统计、监测和考核，使各级政府和重点用能企业得到具体、明确和有约束力的节能目标；二是设立节能减排专项资金，用激励性财政补贴支持节能技术改造、合同能源管理和可再生能源利用的推广；三是建立减缓气候变化相关的税收制度体系，完善出口退税制度，出台节能节水、资源综合利用等方面的税收优惠政策，对高效、节能、低碳产品实施进口税收优惠政策；四是推进低碳省区和城市试点，启动碳排放交易试点，开展低碳产品、低碳交通运输体系、绿色重点小城镇试点，探索不同地区、不同行业绿色低碳发展的经验和模式；五是加强能力建设，建立温室排放统计核算制度、加强应对气候变化人才队伍建设、推进关键低碳技术自主研发、扩大低碳技术示范和推广，强化应对极端气候事件的监测、预警、应急能力建设等。

参考文献

[1] 党的十八大文件汇编（汇编本）[M]. 北京：党建文物出版社，2012.

[2] 董世魁，刘世梁，邵新庆，等. 恢复生态学[M]. 北京：高等教育出版社，2009.

[3] 龚建周，夏北成. 城市景观生态学与生态安全——以广州为例[M]. 北京：科学出版社，2007.

[4] 郜若素. 气候变化报告[M]. 北京：社会科学文献出版社，2009.

[5] 齐恒. 可持续发展概论[M]. 南京：南京大学出版社，2011.

[6] 曲格平. 关注中国生态安全[M]. 北京：中国环境科学出版社，2004.

[7] 奚洁人. 科学发展观百科辞典[M]. 上海：上海辞书出版社，2007.

[8] 周兆德. 农业生产潜力及人口承载力理论探索[M]. 北京：中国林业出版社，2007.

[9] 中国工程院，环境保护部. 中国环境宏观战略研究综合报告[M]. 北京：中国环境科学出版社，2011.

[10] 郑昭佩. 恢复生态学概论[M]. 北京：科学出版社，2011.

[11] 邹铭，袁艺，廖永锋，等. 中国综合自然灾害救助应急保障[M]. 北京：科学出版社，2010.

[12] 高吉喜，陈艳梅，姚野. 生态省：建设和谐社会的一种新尝试[J]. 环境保护，2008（23）：38-42.

[13] 何永年. 减灾文化杂谈[J]. 防灾博览，2011（5）：31.

[14] 黄攸立. 基于可持续发展的生态建设问题与对策研究[J]. 绿色经济，2006（1）：56-58，65.

[15] 黎祖交. 论林业在生态文明建设中的作用[J]. 绿色中国，2009（Z1）：88.

[16] 陆军，张惠远，王波. 统筹规划深入推进农村环境综合整治[J]. 环境保护，2012，20：17-19.

[17] 吕一河，傅伯杰，陈利顶. 生态建设的理论分析[J]. 生态学报，2006，26（11）：3891-3897.

[18] 倪晋仁，刘元元. 论河流生态修复[J]. 水利学报，2006，36（9）：1029-1037，1043.

[19] 潘启雯. 从古至今对防灾减灾文化的理解和定位[J]. 中国减灾，2012（5）：20.

[20] 彭少麟. 恢复生态学与退化生态系统的恢复[J]. 中国科学院院刊，2000，3：188-192.

[21] 曲格平. 关注生态安全之一：生态环境问题已经成为国家安全的热门话题[J]. 环境保护，2002（5）.

[22] 曲格平. 关注生态安全之二：影响中国生态安全的若干问题[J]. 环境保护，2002（5）.

[23] 邵其东. 矿山生态修复研究与实践[J]. 中国科技博览，2012（9）：90-91.

[24] 师尚礼. 生态恢复理论与技术研究现状及浅评[J]. 草业科学，2004，21（5）：1-5.

[25] 王江丽. 安全化：生态问题如何成为一个安全问题[J]. 浙江大学学报（人文社会科学版），2010（1）：30-39.

[26] 王权典. 论环境安全视角下的我国灾害防治法制建设[J]. 华南农业大学学报（社会科学版），2003，2（1）：128-130.

[27] 王倩. 生态文明建设的区域路径与模式研究——以汶川地震灾区为例[J]. 四川师范大学学报（社会科学版），2012，39（4）：80.

[28] 薛达元，彭羽，胡涛. 中国生物入侵管理体制探讨[J]. 环境保护，2012（1），60-62.

[29] 袁艺，马玉玲. 近30年我国自然灾害灾情时间分布特征分析[J]. 灾害学，2011，26（3）：65-68.

[30] 张永泽，王煊. 自然湿地生态恢复研究综述[J]. 生态学报，2001，21（2）：309-314.

[31] 周生贤. 让不堪重负的江河湖泊休养生息[J]. 求是，2007（16）.

[32] 郑东. 减灾文化视阈下人的发展[J]. 武汉理工大学学报（社会科学版），2011，24（2）：175-179.

[33] 严文. 减灾的经济学分析[D]. 西南财经大学，2011.

[34] 胡锦涛. 在省部级主要领导干部提高构建社会主义和谐社会能力专题研讨班上的讲话[R]. 2005-2.

[35] 环境保护部. 全国农村环境综合整治"十二五"规划[R]. 2012（75）.

[36] 环境保护部. 综合类生态工业园区标准（HJ 274—2009）[R]. 2009-06-23.

[37] 环境保护部. 生态建设示范区工作简讯[R]. 2010（1）.

[38] 国新办. 中国的环境保护（1996—2005）白皮书[R]. 2006-06-05.

[39] 国合会. 中国生态系统服务与管理战略[R]. 2007.

[40] 国合会. 中国区域空气质量综合控制体系专题研究报告[R]. 2012.

[41] 国务院. 国务院关于印发汶川地震灾后恢复重建总体规划的通知[R]. 2008（31）.

[42] 国务院. 国务院办公厅关于印发国家综合防灾减灾规划（2011—2015年）的通知[R]. 2011（55）.

[43] 李干杰. 在全国农村环保及生态建设示范工作现场会上的总结讲话[R]. 2009-12-23.

[44] 李干杰. 全国农村环境连片整治工作现场会上的讲话"积极探索真抓实干，努力开创农村环境综合整治工作新局面"[R]. 2011-11-10.

[45] 黄世贤. 为什么要牢固树立生态保护红线的观念[N]. 人民日报，2013-07-12.

[46] 武卫政. 增强生态产品生产能力——访环境保护部环境与经济政策研究中心主任夏光[N]. 人民日报，2012-11-22.

[47] 生态修复：对生态环境的积极保护.

http：//www. er-china. com/index. php？ m=content&c=index&a=show&catid=88&id=1519.

[48] 你了解生态修复吗？http：//www. qstheory. cn/st/hjbh/201306/t20130604_236909. htm.

[49] “18 亿亩耕地红线”是咋来的？[EB/OL]. [2011-06-24].
http：//www. mlr. gov. cn/tdzt/zdxc/tdr/21tdr/tdbk/201106/t20110624_885907. htm.

[50] 环境保护部网站公告统计. http：//sts. mep. gov. cn/stsfcj/index. htm

[51] 解振华. 中国应对气候变化的政策与行动：2011 年度报告[M]. 北京：社会科学文献出版社，2012.

[52] 中国城市低碳经济网. 我国推进生态文明建设十方面着手绘蓝图[EB/OL]. [2013-01-06].
http：//www. cusdn. org. cn/news_detail. php？ id=238794.

[53] 中国第二次土地调查显示耕地多出 2 亿亩[EB/OL]. [2013-12-30].
http：//news. xinhuanet. com/fortune/2013-12/30/c_118768782. htm.

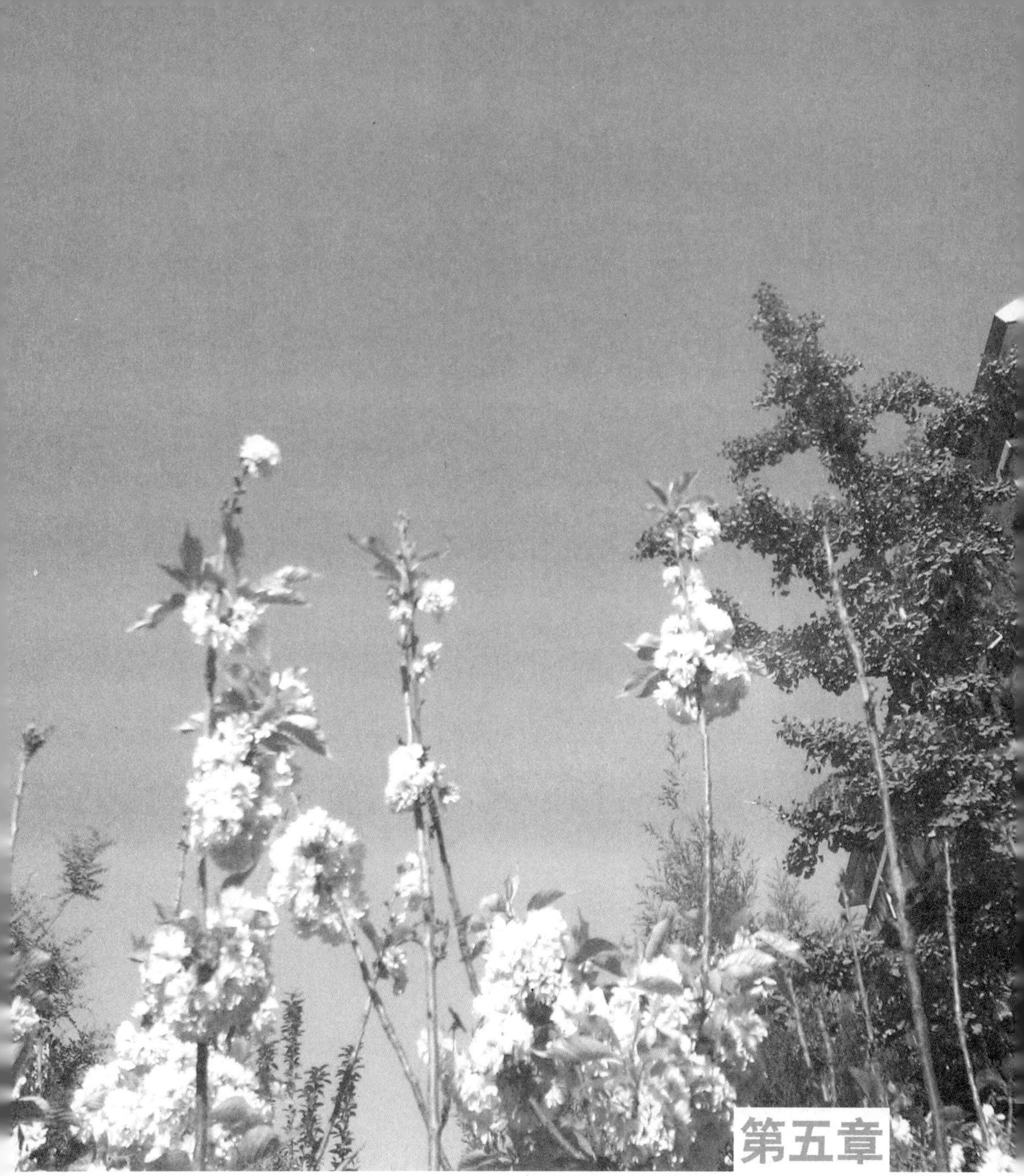

第五章

生态文明制度建设

四十一、为什么说生态文明重在制度建设?

2013 年，习近平总书记在中共中央政治局第六次集体学习时强调指出，“只有实行最严格的制度、最严密的法治，才能为生态文明建设提供可靠保障”。加快生态文明制度建设，用制度保护生态环境，是建设生态文明、实现美丽中国梦的制度保障和路径选择。

建设生态文明就是提高全社会生态理性的过程，是一种重大的社会变迁和集体行动，需要社会成员之间缔结新型的行动准则和合作规则，即建立生态文明制度。制度具有引导、规制、激励和服务等功能，只有实行最严格的制度，才能为生态文明建设提供可靠保障。

制度是决定人们相互关系而设定的一系列社会规则，包括人际交往中的规则及社会组织的结构和机制。康芒斯[①]把制度解释为一种“集体的行为”，解决冲突的“秩序”。诺斯[②]认为制度是调节人类行为的准则，舒尔茨[③]认为“制度是一种行为规则”。制度的关键功能是增进秩序，防止和化解冲突。合理的制度设计对人们行为真正具有约束力的情况下，可以提高对人的行为的预见性，减少交易成本、提高效益，因此制度也是社会资本的重要组成部分，是引导人际交往和社会发展的“软件”。一项具体制度应具备四个不可或缺的要素：角色规定、行为规则、度量标准和奖惩措施。

基于以上认识，可将生态文明制度定义为：在调整人的行为与自然关系时而建立起来的各种法律、管理或社会运行的程序性规则、习俗、道德规范等，以正确处理人与人以及调整不同利益集团之间的关系。其中法律和程序性规则等是具有强制性的他律性行为规则，而习俗和道德规范等是人类经验不断演化、积累而

---

① 康芒斯，约翰·罗杰斯（Commons，John Rogers）（1862—1945 年），美国经济学家，制度学派的重要代表人物，1934 年著有《制度经济学：它在政治经济学中的地位》。

② 道格拉斯 C. 诺思（Douglass C. North），美国加州伯克利大学博士，由于建立了包括产权理论、国家理论和意识形态理论在内的“制度变迁理论”，获得 1993 年诺贝尔经济学奖。

③ 希欧多尔 W. 舒尔茨（Theodore W. Schultz），1979 年诺贝尔经济学奖获得者。威斯康星大学博士，美国经济学家，美国经济学会会长，美国国家科学院院士、美国人文科学院院士。

形成的自律性行为规则，也称软制度。软制度的习得、传承与推行主要依靠教育和社会舆论。因此，生态文明制度也应包括生态伦理教育制度和舆论监督制度等。

当代社会加强生态文明制度建设的必要性主要体现在以下几个方面。

（一）具有改造自然强大能力的当代人类更需要制度约束

时至今日，人类在自然中的地位已经发生改变，从被动受自然约束，转变为具有改造自然的强大能力，并且成为影响全球环境变化的一个不可忽视的因素。有关统计和计算表明，20世纪80年代人类活动每年搬动陆地表面物质的总量约相当于自然状态下从河川径流中搬运至海洋泥沙数量的7.6倍。人类已经直接改变了近50%的陆地表层，人为固氮用于农业的氮比陆地生态系统自然固氮的数量还要多。人类排放的二氧化碳、甲烷等温室气体数量已大大超过地球系统过去50万年变化的上限。过去几代人过度消耗的化石燃料是地球历经数亿年才形成的，人类现在每年燃烧的矿物燃料相当于自然界花100万年左右才生产出来的。人类改变地球环境的速度是几十年到几百年，明显快于地球自身动力学几百到几千年的变化速率。人类在拥有这种强大的改变自然能力的同时，如果不具备对自然负起相应道德责任，自觉约束对自然的行为，人类就会成为拥有干预自然、破坏自然强大能力的现代野蛮人。

（二）解决技术缺陷和滥用引发的环境问题需要制度保障

由于自然的复杂性和人类认识的局限性，人类还不能完全遇见自身行为对自然的后果。IPCC的一个报告中说“人类正在以各种连自己还没能认识得很清楚的方式，根本性地改变使生命得以在地球上存在的各种系统和循环”。曲格平先生认为“现存的环境问题往往是我们对自然无知或知之甚少的结果”。很多科学成果在发明之初，并不认为对人类有害，而若干年后却发现其危害远远超出人类的想象。例如DDT、原子弹、氟利昂……因此更需要采取“谨慎原则”，设计制度，规避风险。于是基于规划、项目的环境影响评价制度，甚至包括重大决策的环境风险评估，以及技术和产品的环境风险和健康风险评估等制度应运而生。

（三）防止“公地悲剧”需要制度来内化环境外部性

当代生态危机是人的行为与自然发生冲突的结果。建设生态文明从根本目的上讲也就是要改变人们与自然不和谐相处的行为。很多环境问题、“公地悲剧”从表面看是人与自然的冲突，其背后是人的个体利益与公共利益、短期利益与长期利益之间的冲突。个人为了自己的私利而行动是人类行为的一个前提，而产生利他行为通常需要强制，或者是能够通过交换酬付方式满足自我利益。人的利他行为往往因在对待环境公共物品时，集体行动具有明显“搭便车”的倾向而导致个体行为变得很脆弱，因此必须采取内在自我约束机制和激励与约束机制相结合的制度设计方式，来调节个体利益与公共利益、短期利益与长期利益之间的冲突。主流经济学认为导致生态危机的根源在于经济制度的两个重要缺陷，即对于环境这类公共物品，现有经济制度存在产权不清和企业成本外部性。只有通过合理的制度设计可以抑制人们在使用公共物品过程中，有效抑制单纯追求个人或小团体利益最大化而引起的无序占有行为。

创新生态文明建设的制度安排，最重要的是建立起一套综合运用法律法规、行政和经济政策等各种手段，相互补充、相互协调的制度体系，使社会各个利益主体在更加公平的制度框架和法制环境内，形成自觉、自愿的符合生态文明要求的生产、生活方式。解决这种利益冲突，一方面是从改变观念入手，进行生态伦理教育，说服人们采取环境友好行为。即通过文化教育的方式，建立内在自我约束机制，并使生态伦理观成为社会共识或普遍价值认同，而这也正是人们对制度的认可和自觉执行的基本前提；另一方面是建立一套校正人们私利、短期行为的激励与约束机制，即通过制度建设，形成一种外在的长效调控机制。

（四）不同学派将解决当代生态危机的良方聚焦于制度和文化变革

20世纪晚期以后，西方的生态思潮从不同角度反思了当代文明的弊端及解决途径，文化哲学、政治学和管理学领域的学者不约而同地将解决当代生态危机的良方聚焦于制度和文化变革上。生态伦理学直接给出一系列规范人与自然和谐相处的行为准则。生态哲学主要从思维方式与价值理念的重大转变上分析当代生态危机。强调整体性系统化的思维方式和整体利益观，以“整体利益”规范来调整全体社会成员的行为，运用综合的、循环的、动态观点研究现实事物，观察现实世界，思考和行动，认识和解决现实世界的问题。

深层生态学把生态危机的根源归结为制度危机和文化危机，只有对社会体制和价值观作根本的变革，技术才能从根本上解决生态危机问题。它把当代生态危机归咎于西方文化传统中对待自然的二元论、还原论和功利主义的态度，主张生态整体主义，认为“自然界的多样性具有自身的内在价值”，提出要在生态学原则基础上建立一个真正可以调节人与自然关系的自由社会——“生态社会”。

生态马克思主义学说认为资本主义制度是全球生态危机产生的根本原因。私有制的主体地位，导致市场调节的是私人利益而不是公共利益，是局部利益而不是全局利益，是眼前利益而不是长远利益。资本主义追求的个体利益经济合理性与生态合理性（整体利益最大化）的要求不相容，形成了各种各样的生态危机。要摆脱危机就要走生态社会主义现代化的道路，建立一个生态和谐、社会公正的未来社会。

近 20 年来国际生态保护关注焦点也越来越多地投向社会系统的改革，调整生态利益与经济利益之间的关系，建立资源环境有偿使用制度、生态补偿制度等一系列社会利益再分配机制，消除因生态保护引起的社会不公现象。而且还认识到只有真正解决人与人、人与社会在资源分配和环境保护等方面利益分配问题，才能更好地解决人与自然之间的关系。

（五）我国持续恶化的生态环境形势迫切需要完善生态文明制度体系

近十余年来，虽然我国不断加大了环保治理力度，但随着工业化和城镇化的快速发展，环境问题呈压缩型、复合型集中爆发，已突破原有工业领域，扩展到经济生活的各个领域，局部环境治理不足以扭转环境整体恶化的趋势。资源约束趋紧、生态系统退化的形势十分严峻。资源环境问题已成为制约经济持续健康发展、人民生活质量提高的重大障碍、中华民族永续发展的重大隐患，影响社会和谐稳定的矛盾焦点。生态产品成为当今中国最短缺的产品，生态差距成为我国最大的发展差距。面对这种环境与发展的严峻事实，反观发达国家环境保护的实践和理论反思，越来越多有识之士认为，要根本解决环境问题必须从改变社会治理结构、重建社会伦理道德入手，构建环境保护的长效机制，通过一系列法规和制度来规范和约束人们的环境行为。造成资源盲目开发、无序开发、过度开发、生态环境破坏严重的深层次原因是有关制度不严格、不系统、不完备。例如，由于缺乏制约机制和严厉的责任追究制度，以及唯 GDP 的干部政绩考核和任用制度，导致了一些地方出现不顾资源环境承载力盲目决策的政府行为。由于没有形成真正体现自然价值、反映生态产品稀缺性的资源环境定价机制，导致资源过度开发和浪费。由于国家财税制度不完善，地方事权大于财权，在自然资源产权管理和国土用途管制制度缺失情况下，导致过多生态空间和耕地被占用。由于没有建立起富有权威性的生态环境监管制度、有效的处罚和赔偿制度，难以约束企业破坏生态环境的经营行为。

上述这些制度的建设与完善不仅仅是生态环境保护制度建设，而是还涉及政治、经济、社会、文化等各个领域的制度改革，正如党的十八届三中全会提出“建设生态文明，必须建立系统完整的生态文明制度体系”，需要纳入“五位一体”改革系统，统筹考虑，加强顶层设计、综合协调，形成合力，整体推进。

四十二、生态文明制度体系包含哪些内容？

党的十八届三中全会首次提出了生态文明制度体系，阐述了生态文明制度体系的构成及其改革方向、重点任务，体现了全过程、系统化的国家治理思路。生态文明制度体系从功能类型可分为决策制度、评价制度、管理制度、考核制度；从管理过程，可分为源头严防、过程严管、后果严惩的制度体系三大类。源头严防是治本之策，过程严管是实施关键，后果严惩是重要措施。

（一）源头严防的制度体系

源头严防是建设生态文明、建设美丽中国的治本之策。生态文明强调的是环境与发展、整体利益与局部利益、长远利益与短期利益的均衡协调，因此需要综合决策，从全局高度做好顶层设计和整体部署，统筹各方力量形成合力。需要将环境保护的要求融入农业、工业、交通、城乡建设等领域的决策过程中，制定环境与发展的一体化政策。需要改变单纯依靠末端治理、事后应对的管理思路，要更多地运用规划、区划、环评、“三同时”等一系列源头保护制度，促进综合决策、科学决策。需要以社会公平为核心，建立生态补偿制度，确保不同地区都能够共享发展成果、共担生态责任，以及针对决策者和管理者的教育培训制度等。其中落实主体功能区要求、增强空间规划体系协调性、建立健全生态补偿制度、推动规划环评实施、完善项目环评和“三同时”制度等是今后源头保护制度建设的重点内容。这些制度有关内容见本书第二十六、第四十七、第四十八问。本节重点介绍空间规划体系的协调性。

我国是世界上规划最多的国家，但很多都带有计划经济时代的特点，符合市场经济原则的空间规划体系还没有建立起来。城乡规划、国土规划、生态环境保护规划等带有空间规划性质，但总体还没有完全脱离部门分割、指标管理的特征。各类空间规划也没有真正落地，且各类规划之间交叉重叠，没有形成统一衔接的体系。今后改革重点一是要从改革规划体制入手，形成全国统一、定位清晰、功能互补、统一衔接的空间规划体系；二是要改革规划审批制度，改革由上级政府审批下级行政区划的体制，改为当地规划由当地人民代表大会批准，市县规划要根据主体功能定位，划定生产空间、生活空间、生态空间的开发管制界限，明确居住区、工业区、城市建成区、农村居民点、基本农田以及林地、湿地等生态空间的边界，使用途管制有规可依；三是要增强规划的透明度，给社会以长期明确的预期，更多依靠当地居民监督规划的落实。在国家层面，要理清主体功能区规划、城乡规划、土地规划、生态环境保护等规划之间的功能定位，在市县层面，要实现“多规合一”，一个市县一张规划图，一张蓝图干到底，避免出现随意更改规划和一任政府一次规划等的问题。

（二）过程严管的制度体系

过程严管，是建设生态文明、建设美丽中国的关键。人与自然联系的纽带是自然资源，自然资源开发利用过程就是人与自然相互作用的过程。不合理开发资源会导致资源枯竭、生态破坏，不合理地利用资源会产生过多的污染物排放。从系统的角度看，资源节约、生态（自然）保护、污染防治是协调人与自然关系过程的不同环节，也是生态文明建设的关键所在。因此，生态文明建设的过程监管制度从监管目标上可分为自然资源管理制度、生态保护与建设制度和污染防治管理制度三大过程监管制度。

1. 自然资源管理制度

我国的自然资源管理制度主要包括自然资源资产产权管理制度、自然资源监管体制和用途管制制度、资源有偿使用制度、耕地保护制度、水资源管理制度等。其中后两项具体资源管理制度内容见本书第二十九问。

（1）自然资源资产产权管理制度

这是生态文明制度体系中的基础性制度之一。产权是所有制的核心和主要内容。我国自然资源资产分别为全民所有和集体所有，但目前没有把每一寸国土空间的自然资源资产的所有权确定清楚，没有清晰界定国土范围内所有国土空间、各类自然资源的所有者，没有划清国家所有国家直接行使所有权、国家所有地方政府行使所有权、集体所有集体行使所有权、集体所有个人行使承包权等各种权益的边界。要对水流、森林、山岭、草原、荒地、滩涂等自然生态空间进行统一确权登记，形成归属清晰、权责明确、监管有效的自然资源资产产权制度。

我国宪法规定的国家所有（即全民所有）自然资源的所有权人不到位，所有权权益不落实。随着经济社会的发展，自然资源越来越短缺、良好的生态环境越来越稀有，自然资源的资产属性日渐凸显，市场价值不断攀升，对国家和民族生存发展的意义更加重大。健全国家自然资源资产管理体制，就是要按照所有者和管理者分开和一件事由一个部门管理的思路，落实全民所有自然资源资产所有权，建立统一行使全民所有自然资源资产所有职责的体制，授权其代表全体人民行使所有者的占有权、使用权、收益权、处置权，对各类全民所有自然资源资产的数量、范围、用途进行统一监管，享有所有者权益，实现权利、义务、责任相统一。

（2）自然资源监管体制和用途管制制度

国家对全民所有自然资源资产行使所有权并精心管理和国家对国土范围内自然资源行使监管权是不同的，前者是所有权人意义上的权利，后者是管理者意义上的权力。我国实行对土地、水资源、海洋资源、林业资源分类进行管理的体制，很容易顾此失彼。必须完善自然资源监管体制，使国有自然资源资产所有人和国家自然资源管理者相互独立、相互配合、相互监督，统一行使全国960万平方千米陆地国土和300万平方千米海洋国土的用途管制职责，对各类自然生态空间进行统一的用途管制，对“山水林田湖”进行统一的系统性修复。

我国已经建立了严格的耕地用途管制制度，但对一些水域、林地、海域、滩涂等生态空间还没有完全建立用途管制制度，致使一些地方用完占地指标后，就转向开发山地、林地、湿地湖泊等。“山水林田湖”是一个生命共同体，毁林开荒、挖山填湖，导致水土流失、洪水频发，冲毁农田，甚至是局地小气候发生变化，自然灾害增加，最终导致区域生存环境整体退化，失去生存发展的基本条件。因此，要严格控制建设用地，确保生态空间面积不减少。不仅要对耕地实行严格的用途管制，对天然草地、林地、河流、湖泊湿地、海域、滩涂等生态空间也已实行用途管制。

2. 生态保护与建设制度

生态保护和生态建设是我国部门分工体系下特有的用语和工作领域分类。我国的生态保护与国外的自然保护意义接近。国外因经济体制原因，恢复人类破坏的自然环境多以自然恢复为主，使用人为大规模干预活动恢复生态（即生态建设）的情况较少，多使用生态恢复或修复一词。在生态保护方面，十八届三中全会《关于全面深化改革若干重大问题的决定》提出的国家公园体制（见第三十三问），主要针对自然价值较高的区域实行统一管理的制度，以克服我国自然保护地违背自然规律肢解生态系统整体性，进行碎片化管理的弊端。在生态建设方面，目前我国主要实施了天然林保护、退耕还林草、矿山生态恢复抵押金制度等。这些术语的含义辨析及相关制度内容见本书第三十问。

3. 污染防治管理制度

因我国体制特点，通常我国狭义的环境管理制度仅指污染防治制度，主要环境管理制度见表5-3。其中十八届三中全会重点强调了要建立资源环境承载力监测预警机制（详见本书第四十五问）、完善污染排放许可制和实行企事业单位污染物排放总量控制等环境管理制度。

（1）完善污染排放许可制度

排污许可制是国际通行的一项环境管理的基本制度，美国、日本、德国、瑞典、俄罗斯，我国台湾地区、香港地区都已对排放水、大气、噪声污染的行为实行许可证管理。我国在20世纪80年代末就提出建立污染排放许可制，但目前仍没有完全建立运行，相关法规位阶低，许多还只是原则性规定，许可条件、程序等具体规定尚未明确。排污许可制的核心是排污者必须持证排污、按证排污。实行这一制度，有利于将国家有关环保法律法规、总量减排责任、环保技术规范等落到实处；有利于环保执法部门依法监管；有利于整合现有过于复杂的环保制度。未来要加快立法进程，尽快在全国范围内建立统一公平、覆盖所有污染物的污染排放许可制度，规范污染物排放许可行为，禁止无证排污和超标准、超总量排污。在总结排污权交易试点经验的基础上，加快实施各类排污指标的有偿使用和交易，加强排污权交易的组织机构和监管能力建设。

（2）实行企事业单位污染物总量控制制度

总量控制包括目标总量控制和环境容量总量控制。国家“十一五”和“十二五”规划确定的主要污染物总量减排指标，属于目标总量控制，逐级分解落实到各级地方政府，最后由市县再分解到具体排污企业，同时也对大型国企直接规定总量减排指标。环境容量总量控制主要在《大气污染防治法》进行了规定，即在特定区域，由地方政府核定企业事业单位的主要大气污染物排放总量。总体上看，我国目前还没有建立规范的企事业单位污染物排放总量控制制度，现在的目标总量控制具有行政命令性质，不是法定义务，额定区域和特定污染物的总量控制，覆盖面窄。应推行行业性和区域性污染物总量控制，使污染减排与行业优化调整、区域环境质量改善紧密衔接，做到增产不增污或增产减污。今后完善污染物总量控制制度的重点方向是要逐步将现行以行政区为单位，层层分解最后落实到企业，以及仅适用于特定区域和特定污染物的总量控制办法，改变为更加规范、更加公平，以企事业单位为单元，覆盖主要污染物的总量控制制度。

（三）后果严惩的制度体系

后果严惩，是建设生态文明、建设美丽中国必不可少的重要保障措施。重点包括两大制度。

1. 生态环境损害责任终身追究制

近些年我国生态环境问题集中快速爆发，其中很重要的一个原因是与不科学、不全面的干部政绩考核、干部任用体制、对政府环境责任追究不严格等因素有关。建立生态环境损害责任终身追究制就是针对领导干部盲目决策造成生态环境严重损害而实行的一种问责制度。

目前，制约我国生态环境损害责任终身追究制有效实施的核心障碍之一是《环境保护法》规定地方政府“对本辖区的环境质量负责”，但是对政府环境责任追究缺乏严格的配套制度，只是适用《公务员法》《监察法》《刑法》的一般性规定，缺乏可操作性，导致政府环境与发展综合决策失误、行政不作为和行政干预环境执法等现象很少受到追究，市县以上地方政府负责人基本无人因为环境事故受到降级、撤职等重大处分。核心障碍之二是受生态环境保护管理体制部门职能交叉、事权划分界限不清，同一管理对象、管理流程部门分割管理，导致责任追究难以明确责任主体。

因此，实行严厉的责任追究制，一是进一步明确政府责任，要求政府持续改善环境质量而“不得恶化”；二是健全生态文明建设考核制度，将环境损害、生态效益等环境指标纳入经济社会发展评价体系，对政府进行考核；三是改革生态环保管理体制，建立权界清晰、责权一致、分工合理的职能体系，为责任追究明确责任主体奠定基础；四是从行政、民事、刑事、经济、社会信用等方面，全面构建生态环境损害责任终身追究制；五是建立干部离任环境审计制度，探索编制自然资源资产负债表，在干部离任时对任期内，一个地区的自然资源和环境状况、开发强度等进行综合评估，对自然资源资产负债的离任要进行责任追究。

2. 环境污染损害赔偿

环境污染损害赔偿制度就是使生态破坏或环境污染的责任人承担相应的经济责任，赔偿其所造成的生态环境损害。生态环境损害，既包括人身和财产损害，又包括对环境本身的损害，还包括生态环境质量的退化以及由此带来的应急和修复等巨额费用。很多重大环境污染事件，造成的生态环境损害远远大于因环境污染造成的人身和财产损害。

从制度原理上看，损害赔偿是弥补“违法成本”的基本制度。违法者需要承担的违法成本，从经济学上说就是施加于他人和社会的“外部负效应”。从法律上说，就是由受害者承担的人身、财产损失和社会承担的环境污染和破坏。按照我国《民法通则》第124条的规定，“违反国家保护环境防止污染的规定，污染环境造成他人损害，应当依法承担民事责任。”目前，环境污染损害赔偿制度已经基本纳入我国各相关法律中，初步形成了环境污染损害赔偿制度体系。民事基本法、环境基本法、环境单行法等有关法律对环境污染损害赔偿制度都作了不同层次的规定，可以说我国环境污染损害赔偿制度的法律依据已经比较严密。但是，在对环境污染的执法处罚方面，我国的环境污染损害赔偿数额一般很低，远远不足以弥补其所造成的损害，现有损害赔偿制度还没有威慑力。例如，2011年6月哈药集团因排污超标等多项环境违法问题被处罚 123 万元，不到其上年度营业收入（125.35 亿元）的万分之一。2010 年 7 月紫金矿业造成重大水污染事故被判处罚金 3 000 万元，不足企业净利润的千分之三。在造成大连海域溢油 38 平方千米后，中石油却没有承担法律责任。而墨西哥湾石油泄漏事件发生后，英国石油公司拿出 200 亿美元建立赔偿基金。

专栏 5-1 厄瓜多尔的巨额生态破坏赔偿

1972—1990 年，德士古（Texaco）石油公司与厄瓜多尔石油公司在合作开采原油时，造成厄瓜多尔北部的亚马孙热带雨林被破坏，同时造成水源和土壤污染，危及原住居民健康。1993 年，部分受害人代表约 1 万名受害者向美国纽约联邦法院提起集团诉讼。2011 年 2 月 14 日，美国能源巨头雪佛龙公司（Chevron）被厄瓜多尔法院判决为其石油钻探造成的环境破坏负责，赔付 86 亿美元，为其所并购的德士古石油公司造成的环境破坏而负责。雪佛龙公司的巨额赔付中只有很少一部分（8 亿美元）是给予当事人的，大部分用于赔偿公共环境的损失，具体包括：54 亿美元用于修复被污染的土地；14 亿美元用于在当地社区建立一个医疗系统；8 亿美元用于支付因受污染而患病的居民的医疗费用；6 亿美元用于修复被污染的水源；2 亿美元帮助当地物种恢复；1.5 亿美元用于从外地向当地运输供水；1 亿美元用于重建当地文化。此外，雪佛龙公司如未于 15 日内就其所犯错误公开道歉，还应向原告额外支付赔付金的 10%（约 8.6 亿美元）。

对比国外案例，我国损害赔偿主要差距为：国内企业违法成本偏低、污染损失难定、处罚标准偏低。我国的环境污染损害赔偿制度仍需要完善，特别是要健全环境权益保护制度、完善生态环境损害鉴定制度和环境公益诉讼制度，加快推进绿色保险，改革司法制度等一系列配套制度，切实解决损害赔偿举证难、诉讼周期长、赔付执行难等一系列问题。

（四）生态文明制度建设的关键问题

结合当前实际，在上述众多制度中以下两大类制度建设是生态文明制度建设的核心，亟须有所突破和创新。

1．建立体现生态价值和市场规律的制度体系，促进经济发展方式转型

要承认自然价值，将资源消耗、环境损害、生态效益纳入经济社会发展评价体系。长久以来，传统经济学理论体系中，自然是没有价值的。在国民经济账户中，很多自然的内在价值是不被承认，或经常忽略不计的。这种经济评价体系直接导致了人类对自然的肆意破坏，仅仅索取眼前人类认为有用的那部分自然价值，而将自然当成免费、任意排放有害废物的空间。很多节能环保产品和资源循环利用产业也因这种价格扭曲发展受阻。因此，迫切需要对现有的资源型产品价格和税费进行彻底改革，内化自然成本，特别是测算生态的非物品性价值、开发后自然恢复所需成本和环境损害成本。需要优化税收环节，平衡生产者和消费者为自然成本付费的关系等，形成真正体现自然价值的价格体系。这是推动形成资源节约、环境友好的生产、消费方式的内在动力，由此将对未来经济格局带来深刻的影响。比如，工业革命以来追求经济规模效益而形成的产业集中趋势，可能会因环境承载力限制和能源价格提升而走向分散，形成本地化生产格局，以减少运输过程中的资源能源消耗，由此会对国际贸易结构和模式产生一定的影响。集中式电力供应模式将会更多地受到太阳能、风能等分散式能源供应模式的挑战。为了减少排放，城市规划需要改变将工作区域与居住区长距离分设的传统规划思路，等等。所有这些变化都将会触动既得利益格局，需要从经济体制上作出相应调整，才能最终使自然价值真正体现。

要承认自然的约束，按照主体功能区定位，优化国土空间开发格局。承认人类发展的自然约束即环境承载力已成为可持续发展的重要理论基础。1991 年，世界自然保护同盟、联合国环境规划署、世界自然生物基金会组织出版的《保护地球——可持续生存战略》一书，将可持续发展定义为“在不超出生态系统承载能力情况下，改善人类的生活质量”。生态系统提供的资源和环境支撑起整个人类社

会系统，自然环境所能够承受的人类活动的阈值，就是环境承载力。虽然人类可以通过改变经济增长方式、提高技术水平等手段来提高区域环境承载力，但地球空间的有限性决定了地球总体承载力的有限性。人口和经济规模超出阈值，将会导致生态环境的恶化和资源的匮竭，严重时会引起经济社会不可持续发展。因此，环境承载力也是衡量人类社会经济与环境协调程度的依据。在我国，从“十一五”开始，将能耗、污染物排放列为约束性指标；2010年国务院发布国家主体功能区规划，党的十八大又明确提出要严格按照主体功能定位，优化国土空间开发格局。这些举措体现了我国政府重视资源环境支撑能力有限性、推动适度发展的生态理念。其中国家主体功能区就是以环境承载力为依据，考虑自然生态状况、水土资源承载能力、区位特征、环境容量、现有开发密度、经济结构特征、人口集聚状况、参与国际分工的程度等多种因素，为不同区域科学制定社会经济发展目标，合理调整产业结构和生产力布局提供依据，是协调区域发展与环境关系、落实科学发展理念的具体手段。

2．建立政府、企业、个人共同参与的制度体系，促进国家治理能力现代化

通过建立激励与惩罚并重的法规政策体系，鼓励环境友好行为，约束人类生态不文明行为，惩罚破坏生态行为；通过科学决策、有效协调整体利益，形成政府主导、企业、非政府组织和公民等多利益相关主体共同参与管理环境公共事务、共同承担生态保护责任的制度安排和运行机制。

在约束政府环境行为方面，重点是建立切实落实政府环境责任的制度。我国《环境保护法》规定地方政府对环境质量改善和生态保护负责，但没有规定地方政府不负责的法律后果，干部的政绩考核和升迁事实上唯GDP导向的倾向普遍存在，使得地方政府对环境和生态保护的责任不能真正有效履行。为此，一方面需要以“强化政府责任”为主线，加快“立改废”进程，对已有法律生态化修改完善。加快修改1989年《环境保护法》进程、适时推动国家行政法的立法进展，重点建立有关约束和规范各级政府环境行为的法律制度；另一方面完善党政干部的政绩考核制度，完善经济社会发展考核评价体系，把资源消耗、环境损害、生态效益等体现生态文明建设状况的指标纳入经济社会发展评价体系，使之成为推进生态文明建设的重要导向和约束。建立责任追究制度，对那些不顾生态环境盲目决策、造成严重后果的人，必须追究其责任，而且终身追究。

在约束和激励企业环境行为方面，进一步健全市场机制和经济政策，建立反映市场供求和资源稀缺程度、体现生态价值和代际补偿的资源有偿使用制度和生态补偿机制，促进生态环境外部成本内部化。如将部分“两高”产品纳入消费税征收范围，调整煤炭、原油、天然气等资源税计征办法等。建立与企业银行贷款和上市挂钩的企业环境行为信用评价制度，保证企业污染事故受害方利益的绿色保险制度、污染损害赔偿制度和环保公益诉讼制度等，这些制度配合使用可有效促进企业履行生态保护的社会责任，改变企业的生产经营行为。

在约束和引导普通公民责任方面，重点发挥价格手段和绿色税费制度的调控、引导功能，着重引导居民绿色居住和出行，选择绿色认证产品、节能、低碳产品。例如对水、电等能源类消费品的使用采取价格累进制；对绿色产品消费实行减免税政策，对奢侈品征收消费税，适度控制非基本生活需求的消费信贷水平，对非必需的一次性消费产品征收环境、资源税和消费税；建立鼓励公民对家庭和商业用房采暖供热方式和房屋保温隔热改造的补贴制度等。建立制度化、系统化、大众化的生态文明教育体系，营造爱护生态环境的良好风气。从意识、观念、知识、行为等各个层面，在全社会形成生态文明价值取向和正确健康的生产、生活、消费行为。

四十三、评价和考核生态文明建设成效应注意哪些问题？

构建指标体系是生态文明从理论探讨进入实践操作的必要前提。自党的十七大首次将“建设生态文明”列入全面建设小康社会的奋斗目标中以来，国家相关部委、地方以及学术界都在积极探索生态文明建设成效考核的评价指标体系和考核办法。近些年，党和国家又从树立科学发展的干部政绩观角度，对生态文明建设考核的作用和地位提出了一系列新要求。国务院《关于加强环境保护重点工作的意见》（国发[2011]35 号）中指出要强化对环境保护工作的领导和考核，制定生态文明建设的目标指标体系，纳入地方各级人民政府绩效考核，考核结果作为领导班子和领导干部综合考核评价的重要内容，作为干部选拔任用、管理监督的重要依据，实行环境保护一票否决制。党的十八大提出“要把资源消耗、环境损害、生态效益纳入经济社会发展评价体系，建立体现生态文明要求的目标体系、考核办法、奖惩机制”。2013 年，习近平在中共中央政治局第六次集体学习时进一步强调要完善经济社会发展评价体系和建立责任追究制度，把资源消耗、环境损害、生态效益等体现生态文明建设状况的指标纳入党政干部政绩考核体系，建立责任追究制度，推进生态文明建设。围绕国家对生态文明建设的评价和考核要求，近些年，学术界、地方和国家部门从不同角度的探索都十分活跃，见表 5-1。

表 5-1 国内外有关生态文明的指标体系研究成果概览

类 别	代表性指标体系	指标体系提出部门
可持续发展类指标体系	中国可持续发展能力评估指标体系	中国科学院可持续发展战略研究组
	中国绿色发展指数	北京师范大学等
	中国生态现代化的监测指标	中国现代化研究中心
	人文发展指数（HDI）	联合国开发计划署（UNDP）
	环境退化与经济增长脱钩指标	经济合作与发展组织（OECD）
	全国生态示范区建设试点考核验收指标	原国家环保总局
	生态县、生态市、生态省建设指标（修订稿）	原国家环保总局

类 别	代表性指标体系	指标体系提出部门
绿色经济类指标体系	循环经济评价指标体系	国家发改委、国家统计局等
	生态经济（城市）综合评价指标体系	中国社科院城市发展与环境研究所
	中国低碳功能区动态评价指标体系	国务院发展研究中心、国家发改委等6部门
	生态经济（城市）综合评价指标体系	中国社科院城市发展与环境研究所
人居环境类指标体系	国家环保模范城市考核	原国家环保总局
	国家园林城市标准	住建部
	宜居城市科学评价标准	原建设部
	国家森林城市评价指标	国家林业局
	“美丽乡村”创建目标体系	农业部
生态文明建设指标体系	国家生态文明建设试点示范区指标（试行）	环境保护部
	地方政府生态文明相关指标体系	浙江、江苏、云南、厦门、贵阳、珠海、张家港、无锡、杭州等
	中国省级生态文明建设评价指标体系	北京林业大学生态文明研究中心
	国家生态文明先行示范区建设目标体系（试行）	国家发改委等6部委

（一）我国生态文明建设目标指标体系建设实践

1. 地方政府的实践经验

浙江、江苏、云南等省、厦门、贵阳、张家港、珠海、无锡、杭州等市对生态文明建设评价指标体系做了实践性探索。例如，江苏省于2012年发布了《江苏省生态文明建设工程（生态省建设）考核细则》，其中包括总体目标、重点工作、保障措施三个方面45项具体考核点。浙江省委、省政府于2012年印发了《浙江省生态文明建设评价体系（试行）》，内容涵盖了生态经济、生态环境、生态文化和生态制度四大领域，共计37个指标。

相比之下在市域层面的实践探索则开展得更早。2008年中央编译局与厦门市政府共同发布了国内首个“生态文明建设（城镇）指标体系”，该体系围绕资源节约、生态安全、环境友好和制度保障四大系统，设计了30个评价指标。2008年贵阳市从生态经济、生态环境、民生改善、基础设施、生态文化、廉洁高效等6个方面，构建了包含33项指标的建设生态文明城市监测指标体系。同时，云南省、张家港、珠海、无锡、杭州等地在其生态文明建设规划中也提出了各自的生态文明建设指标体系，这些指标体系以国家生态省（市县）建设指标体系为指导，除包括生态环境、生态经济两大类指标外，还包括生态制度、生态意识等指标。

2．国家部委的实践探索

直接以生态文明建设为关键词发布考核指标体系的主要是环境保护部于2013年推出的《国家生态文明建设试点示范区指标（试行）》，其他相关部委主要从可持续发展、绿色/生态/低碳经济、人居环境建设等角度出台了一些相关考核指标体系，这些指标体系多属于创建类考核。但是如果从具体指标体系看，人居环境建设类指标体系与可持续发展、生态文明建设类指标又有很多相似之处，见表5-2。目前，环境保护部正在将已有的生态创建活动作为生态文明建设试点示范的基础和前提，将各类生态创建指标逐步纳入生态文明建设的整体框架中。

表5-2　国家部委生态文明建设相关指标体系对比表

发布的部门	生态文明相关指标体系名称	指标体系构成
环境保护部（2013）	国家生态文明建设试点示范区指标（试行）	生态经济、生态环境、生态人居、生态制度、生态文化
国家环保总局（1997）	国家环境保护模范城市指标体系	经济社会、环境质量、环境建设与环境管理
国家环保总局（1998）	国家生态示范区指标体系①	社会经济发展、区域生态环境保护、农村和城镇环境保护
国家环保总局（2008）	生态县、生态市、生态省建设指标（试行）	经济发展、生态环境保护、社会进步
建设部（2007）	宜居城市科学评价标准	社会文明度、经济富裕度、环境优美度、资源承载度、生活便宜度、公共安全度
农业部（2013）	“美丽乡村”创建目标体系（试行）	产业发展（含资源利用）、生活舒适（含生活环境）、民生和谐、文化传承、支撑保障
发改6部委（2013）	国家生态文明先行示范区建设目标体系（试行）	经济发展质量、资源能源节约利用、生态建设与环境保护、生态文化培育、体制机制建设

注：①目前此项活动已停止。2009年，环境保护部对已有系列生态创建活动进行了整合，将生态省（市、县）、生态工业园区、生态乡镇（即原环境优美乡镇）、生态村等六个层级统称为生态建设示范区，于2010年1月开始实施，见环发[2010]16号文件。

（二）生态文明建设评价指标选择应注意的问题

1．体现生态文明建设的核心理念

（1）注重经济发展与资源环境保护协调指标，体现人与自然的和谐性

生态文明建设的核心目标是实现人与自然和谐相处，其具体体现就是经济发展与资源环境保护相协调。经济领域的绿色发展水平是生态文明建设考核的重要内容，除了有关衡量产业的循环、低碳、环保特征的指标，以及相关新型产业形态发展等指标以外，也需要增加衡量经济与资源环境协调程度的指标，例如，反映发展以环境承载力为基础的国土空间优化、资源和生态红线指标等；体现经济发展对资源依赖程度和环境代价的指标，如主要资源消耗弹性系数（水、能源）、主要污染物排放弹性系数（资源消耗、污染排放变化与 GDP 增长比值）等；体现经济向低资源消耗、低污染排放、高经济效益方向转型的指标，如主导行业转型的生态效率指标，单位产品的资源消耗（水、能源、同类土地利用类型）、单位产品污染排放创造的经济价值等指标，以及反映经济结构调整的单位资源消耗、污染排放创造的 GDP 等指标。

（2）注重社会发展与资源环境保护协调指标，体现社会公平性

人的生产和生活行为与自然发生冲突的结果，其背后是人在利用环境、分配自然资源过程中，个体利益与公共利益、局部利益与整体利益、短期利益与长期利益之间的冲突。马克思和恩格斯指出："人与自然的和解"要以"人与人的和解"为前提。强调公正合理的制度是保证社会公正，实现资源、权利、利益合理分配、实现人与人、人与社会和谐相处，是最终实现人与自然和谐发展的基础。为此，可重点考虑生态补偿制度、环境损害赔偿制度、环境公益诉讼等制度的建设与执行情况的考核，重视跨省（市）断面水环境质量、大气主要污染物源解析（责任主体鉴定）、环境社会群体性事件等指标的选择。

2．区别于单纯的生态建设或环境保护考核，体现"五位一体"的要求

建设生态文明，不同于传统意义上的污染控制和生态恢复，而是克服传统工业文明弊端，在生产、流通、消费等经济环节以及社会文化建设中全面改进，实现文明转型，并通过建立资源节约、环境友好的生产和生活方式，来降低社会经济系统对生态环境系统的不利影响，最终从根本上改善生态环境质量。

生态文明建设与社会主义经济建设、政治建设、文化建设、社会建设相互联

系、相互促进、不可分割。生态文明建设的内涵远远大于生态建设、环境治理本身，涵盖经济、社会、文化、政治各方面，要从文明转型高度来推动，要“用全局视野和战略思维考虑环保工作，在宏观经济政策制定、转变经济发展方式、调整结构优化布局等方面发挥重要作用”。

3．注重生态文化传播与绿色行为的引导，体现文明转型的要求

文明是否转型需要从全社会的思想意识和价值观、制度设计、社会经济基础运行模式以及个人行为等多方面推动。其中，思想意识和价值观是文化建设的重要内容。生态文化是体现人与自然和谐的思想意识、价值观等的精神成果。一个缺乏生态文化传承的社会，其繁荣是难以持久的。生态文化建设的最终目的是要通过生态文明观念的宣传普及、教育活动，促进全社会牢固树立生态文明观念，并最终通过人的思维和公众行为的转变来减少环境压力，即所谓的“文化影响行为，行为改变环境”。在全社会深入开展生态文明宣传教育和知识普及活动，其最终落脚点是把节约文化、环境道德纳入社会运行的公序良俗，发挥制度对人们的生活方式和行为模式的引导作用。公众自觉选择节约环保、低碳排放的绿色消费模式，是推动绿色生产、绿色流通发展的根本动力。在当前，中国未来经济发展驱动力定位于拉动内需的战略选择前提下，引导公众的绿色消费行为，从源头预防，从消费角度引导生产方式改变，更是当前国内外资源环境硬约束增强形势下，生态文明建设的一项迫切任务。

由于人类普遍存在知行不统一的现象，要考察一个人的文化水平和文明程度，往往需要通过每个行为细节，而不仅仅是知识掌握的多与少。因此，生态文化建设成效的考核应以真正能够体现人们生态意识的行为类指标作为衡量生态文明观普及程度的指标。比如，企业是否主动进行环保产品认证和 ISO 14000 认证，消费者是否主动购买有环保认证产品或有环境管理认证企业生产的产品，有多少环保志愿者等。

（三）纳入领导干部政绩考核的生态文明建设指标设计须注意的问题

科学衡量干部政绩，是选拔任用和管理监督领导干部的基础与前提。完善干部政绩考核评价机制，体现生态文明建设要求，必须要正确处理好以下四个关系。

1．正确处理融入型考核与专项考核的关系

目前，体现生态文明建设要求的干部政绩考核方式主要有两种可供选择。一

种方式是将生态文明建设考核融入当前的干部考核，即筛选关键指标，纳入当前干部考核办法中；另一种是将生态文明建设考核作为干部考核办法中独立的子系统，设立专项考核，将专项考核的结果纳入对干部的考核中。融入型考核方式不触及当前干部考核的结果性调整，是一种相对容易实施和操作，并能尽快启动的完善干部考核机制的方式。其不足在于受可纳入指标数量的限制，对整体、系统推进生态文明建设的力度不够。作为干部综合素质考核的一部分，考核结果也不适合单独向公众公布，发挥加强社会监督作用。如果融入的指标和考核内容权重不高、考核结果不用于干部任免，其推动效果还会进一步打折扣。

作为专项考核结果，整体纳入干部政绩考核的方式优点是能够系统、全面体现生态文明建设的要求，并能体现党的十八大关于“把生态文明建设放在突出地位”的要求。特别是有利于整合考核各相关部门的考核内容，摆脱生态、环保领域一事一考核的分散考核状态，特别是便于那些跨领域、综合性的政府管理工作，这也是生态文明建设和生态环境保护工作最突出的特点。考核结果既可以作为组织部门管理干部使用，也可以单独使用推动部门工作落实，同时考核结果也可向社会公布，发挥社会监督作用。但是专项考核的难点在于专业计划性强，指标设置相对复杂，同时考核内容跨多个领域、众多部门，建立专项考核子系统求得部门的政治共识和组织协调难度都比较大，短期难以推出实施。如果专项考核结果不与党政“一把手”的政绩考核挂钩，同样不利于生态文明建设的推动。鉴于两种考核方式各有千秋，体现生态文明建设要求的领导干部政绩可两种方式结合，根据各地具体情况选择具体的考核方式。

2. 正确处理结果性考核和过程性考核的关系

生态文明建设和环境保护是一项长期、系统性工作，很多工作效果需要长期积累才能显现，因此更需要加强长期、基础性的潜绩考核，如制度、能力建设、重要工程项目等工作过程性的考核评价。同时，作为对党政领导干部的政绩考核，更要突出其决策者、协调者的岗位职能特点，重点考察其职责履行情况，重点考核地区生态文明建设和环境保护的结果和潜绩类的工作措施。而对于具体的工作过程和内容比较适合考核具体的职能部门领导干部。

3. 正确处理考核共性内容与个性内容的关系

既要重点筛选不受区域自然禀赋、生态要素特征差异影响的干部行政行为作为考核重点，强调干部的共性考核；同时也要兼顾不同地区的发展阶段、区域特征，对不同功能区定位的地区，在考核重点、指标选择、考核标准和权重设置等方面予以体现，要突出地区特色。如以地区突出环境问题解决程度和地区首要污染物和影响环境质量的特征性污染物削减为重点考核内容等；对禁止开发区、限制开发区和生态脆弱的国家扶贫开发重点县不设置地区生产总值，重点考核生态建设与环境保护、社会发展类指标。

4. 考核结果运用上，正确处理自律性监督与他律性监督的关系

目前，我国的领导干部考核的结果主要通过组织部门将干部政绩考核信息反馈给相关部门和干部，主要发挥了政府自律性监督作用，在一定程度上对决策和管理的调整、修正、完善，培养干部、提高管理水平具有推动作用。但这种工作改进结果、改进方向是否符合广大人民群众的共同利益、人民群众是否满意等信息要到下一年度干部考核时才能体现。因此，将干部的实绩考核内容或专项工作考核结果及时向社会公布，可更好地发挥社会监督作用，督促政府及时改进管理方式、提高政府公信力，推动政府职能向服务型政府转变。

四十四、如何把资源消耗、环境损害、生态效益纳入经济社会发展评价体系？

党的十八大报告明确指出，把资源消耗、环境损害、生态效益纳入经济社会发展评价体系，建立体现生态文明要求的目标体系、考核办法、奖惩机制。这不仅是深入贯彻落实科学发展观的重要体现，也是确立生态文明建设在“五位一体”总布局中的地位和作用的制度保证。

改革开放 30 多年来，我们陆续制定了一系列经济社会发展评价指标，但是评价指标过于偏重经济总量和增长速度，不能全面反映经济增长的全部社会成本，特别是资源环境的代价。因此，必须在现有基础上，完善包括经济、社会、生态和人的全面发展在内的评价指标体系，将资源消耗、环境损害、生态效益纳入其中，以此来引导正确的行为选择和价值取向，努力把生态文明建设融入经济建设、政治建设、文化建设、社会建设各方面和全过程，实现经济效益、社会效益和资源环境效益的有机统一。

（一）现行经济社会发展评价体系忽视了对资源环境代价的评价

国民经济核算体系（SNA）现已为世界上绝大多数国家和地区所采用，是各国进行宏观经济管理的重要手段。GDP 是国民经济核算体系中总量核算的中心指标，已经成为衡量一个国家或地区发展程度的核心指标。随着全球性的资源短缺、生态环境恶化等问题给人类带来空前的挑战，人们开始意识到使用 GDP 来表达一个国家或地区经济与社会的增长与发展存在明显的缺陷。例如，现行 GDP 核算中，自然资源和生态环境都是“免费商品”，未体现经济活动对自然资源的消耗和对环境造成污染的代价，主要表现在两方面：一是未考虑自然资源消耗成本。经济活动要开发利用自然资源，GDP 只核算了经济活动对自然资源的开发成本，却没有计算自然资源本身的价值，即自然资源耗减成本，造成自然资源无价或低价，其结果高估了当期经济生产活动新创造的价值。二是未考虑环境降级成本。经济活动往往造成环境污染，引起环境质量的下降，即环境降级成本。GDP 核算一方面没有扣减环境降级成本，即环境污染的代价；另一方面将环境保护支出作为生产活动来反映，从两个方面增加了 GDP。结果是污染物排放越多，GDP 越大；环境保护支出越多，GDP 也越大。

此外，资本投入对 GDP 增长具有明显拉大效用，因而不能全面反映一个国家和区域的真实发展和进步程度。理论界开始尝试将资源环境要素纳入国民经济核算体系，以发展新的国民经济核算体系。

绿色国民经济核算体系，是指在全面、协调和可持续的发展观指导下，通过建立经济—环境的投入产出关系，把经济活动过程中的资源环境因素纳入国民经济核算体系中，将资源耗减成本、环境退化成本、生态破坏成本以及污染治理成本（或环境保护成本）从 GDP 中加以扣除，同时加上环境保护的效益。从经济含义来说，绿色 GDP 是考虑了环境和资源代价的经济总量指标，而传统 GDP 是不计环境和资源代价的经济总量指标，后者只反映了经济增长的“数量”，而前者不但反映了“数量”，还反映了经济增长的“质量”。

自然资源耗减成本是指在经济活动中被利用消耗的价值。根据自然资源的特征，有些自然资源具有一次消耗性质，如不可再生的矿产资源、部分可再生的森林资源（用材林）和干旱地区的水资源，这些资源的使用为资源耗减成本，具有中间消耗的性质。有些自然资源具有多次消耗性，如土地资源、部分可再生的森林资源（特用林、防护林等）和丰水地区的水资源，这些资源多次消耗的使用类似于固定资产使用的性质，其资源耗减具有“固定资本折旧”性质。

环境降级成本是指由于经济活动造成环境污染而使环境服务功能质量下降的代价。环境降级成本又分为环境保护支出和环境退化成本。环境保护支出指为保护环境而实际支付的价值，环境退化成本指环境污染损失的价值和为保护环境应该支付的价值。自然环境主要提供生存空间和生态效能，具有长期、多次使用的特征，也类似于固定资产使用特征。这样，由经济活动的污染造成的环境质量下降的代价即环境降级成本，也就具有“固定资产折旧”性质。

在实际核算中，根据估价方法的不同，对资源耗减成本、环境保护支出、环境退化成本又分为实际成本和虚拟成本。实际成本指在经济活动中明确发生、实际支出的资源环境成本。虚拟成本指在经济活动中不能直接体现、需要以间接方式估算的资源环境成本。一般来说，资源耗减成本大部分为虚拟成本，环境保护支出为实际成本，环境退化成本为虚拟成本。需要注意的是，环境退化成本中环境污染损失的价值和为保护环境应该支付的价值是从不同角度测算环境污染与破坏的代价，二者不能直接相加，否则将会出现重复计算。

测算资源环境成本和环境降级成本是测算绿色 GDP 的关键所在，也是难点所在。有些资源环境问题是非市场化、非经济活动范围内的，没有明确的市场价格，这就极大地影响了估算资源环境成本的可操作性。目前，国内外都还没有形成一套能够较好地解决资源环境成本估价问题的技术方法。

（二）国际上绿色GDP核算体系的进展与经验

自20世纪80年代以来，许多国家针对绿色GDP进行了深入研究，目前已经初步形成了以下几种典型方案。

1. 环境与经济整合体系（SEEA）

联合国于1994年正式出版了《综合环境与经济核算手册（SEEA）1993》，2003年推出了修订后的《综合环境与经济核算手册（SEEA）2003》，更加强调实践应用成果的总结，对综合环境与经济体系的内容做了进一步的归纳和扩展，加强了对各部分具体核算方法的讨论，已成为当今国际上进行综合经济与环境核算工作的重要指导性文件。SEEA将社会文化、自然资源与环境污染纳入传统GDP中，使之成为人民生活水平、福利及可持续发展的总体指标。但是，其核算仍处于研发阶段，尤其在环境资源的评价方式上，学者们尚存不少争议。目前大多数国家使用SEEA核算方式，主要应用地区有美国、德国、加拿大等国家。

20世纪90年代初，加拿大统计局建立了一套较为完善的资源与环境核算框架，包括自然资产的存量账户、能源和原材料的流量账户以及环保支出账户，这一套资源与环境核算框架被广为接受。但是，自然资产存量账户中各种自然资源的核算进展差别较大，森林资源的实物量核算已经开展了40年，而土地资源的核算只是刚刚开始，能源和木材由于可以比较方便地利用市场价格进行估价，已经开始尝试进行价值量核算。能源和原材料的流量账户采用联合国SEEA中混合账户方法进行编制，主要按实物量核算环保支出账户的统计而且主要面对企业和政府，同时从买方和卖方两方面考虑，既考虑环保支出，也考虑由此产生的收益。加拿大专家认为，环境核算是国民经济核算体系的一个卫星账户，应在经济核算体系（SNA）的基础上，采用与SNA协调一致的原则、定义、分类，结合环境核算扩展的内容，利用现有的经济核算数据，实行实物量与价值量两种核算方法，建立环境经济核算体系。在目前情况下，进行环境经济核算首先应搞好实物量核算，实物量核算是环境核算的重点，价值量核算可作为研究工作开展探讨和摸索，整个环境核算工作应有步骤有选择地进行。

2. 环境与自然资源会计方案（ENARP）

ENARP 的构想在于完整的经济账应包括经济体系中所有的经济投入与产出，且这些投入与产出应具有经济价值，但这些投入及产出不一定必须都具有市场价格。因此需要对那些没有市场价格但又具备稀缺性的经济投入建立一个虚拟的市场。所以 ENRAP 主张在 SNA 系统之上，加入家庭生产部门与自然部门，以涵盖所有经济与环境的投入与产出。ENARP 利用消费者偏好来评估环境与自然资源的价值，但消费者的偏好存在较大的差异，因此在估算上存在一定的不确定性。目前，采用环境与自然资源会计方案（ENARP）的国家主要是菲律宾，其核算特点是：GDP 仅将自然资源中具有市场交易价格计入，而忽略了许多不具有市场交易价格的环境服务或环境退化；ENARP 包含了传统 GDP 具有市场价格所提供的服务，对部分不具有市场价格的自然资源则采用影子价格来估算；在衡量消费者心目中环境质量价值时，采用意愿价格来衡量消费者对于该项环境服务的价值。同理，在环境损害方面，也是采用大众为避免造成环境损害所愿意支付的价格为依据。

3. 国民经济会计环境矩阵（NAMEA）

NAMEA 自 1991 年开始策划，1993 年荷兰编列完成了第一本 NAMEA 账，数据包括 1989—1992 年的经济及环保账。其主要特点是环境资源的核算，重点是矿物资源、生物资源、流动性资源（水力），土地、空气污染及两类水污染物（氮和磷）的核算。同时，挪威也建立了包括能源核算、鱼类存量核算、森林存量核算、空气排放，废旧物品再生利用、环境费用支出等项目的详尽统计制度，为探索绿色 GDP 核算体系奠定了重要基础。现阶段使用国民经济会计核算矩阵（NMAEA）的国家主要有荷兰、法国、奥地利、葡萄牙、芬兰、挪威等国家（这里主要参考挪威的核算方式）。该编制方式将绿色 GDP 分为以下三部分：

1）GDP 交易账户：与一般 GDP 无异，不同的是将与环境有关的部分予以单列。

2）环境物质账户：环境物质包含污染物及自然资源。在污染物方面，账表的行记录各种污染物的来源，分为消费者、生产者、其他国内来源及国外流入 4 项；账表的列则记录各种污染物质流向，包括生产过程所吸收的污染量、流向国外的污染量与积累污染量，这些积累污染量作为平衡项放入环境账户中。而在自然资源方面，各行部分为证实的地下资源蕴藏量、非栽培生物性资源的自然成长及自然资源削减量，目前仅列入天然气和原油；各列部分则为生产者消耗及净消耗，净消耗作为平衡项置于环境账户中。

3）环境账户：环境账户指污染物及资源消耗对环境的影响，以实物单位量表示。环境包含温室效应、臭氧层破坏、酸化、富氧化、废弃物、废水以及自然资源消耗等。除温室效应及臭氧层破坏外，其余环境问题主要在本国境内。其中，酸化现象指土地和地面水质的酸化。废弃物的指标是垃圾的总和，但不包括有毒的化学废弃物。

大部分环境账户都用污染来换算。环境影响在衡量上难度较大，同时准确性也有待提高。另外环境与自然资源估算并非易事，仅环境与自然资源的数量估算，便是一项浩大的工程，更不用说污染物及自然资源价格的计算。由此，NAMEA 不对自然资源或是环境资源作价格方面设定，而是以实物单位量进行评估。

4. 可持续经济福利指标（ISEW）

ISEW 是由美国的 Daily 和 Cobb 在 1994 年提出的，英国、德国、意大利、瑞典、奥地利及智利等国也先后编制了 ISEW 福利指标。针对 SEEA 系统并未考虑休闲、家务以及其他非市场交换的物或劳务等经济福利因素不足，加之 SEEA 系统的建立需要一个较长的时间，ISEW 进行了有针对性的改进。利用 Cobb 所提供的公式，很多国家可以在短时间内取得了很好的测算评估效果，比起联合国 SEEA 系统的建立需要 10 年以上的时间，ISEW 简便且容易。目前估算的主要方法包括（主要参考英国）：①收入分配指标采用高收入法。②不可再生资源的损耗采用使用者成本法。③可再生性资源的损耗也采用使用者成本法。④对于环境资源损耗，则通过环保总支出、土地及森林防护成本、家庭环境保护费、建筑物防护费、废弃物形成及农、林业损失成本加总计算。

虽然 ISEW 提供了许多简易公式计算，但是仍然存在以下几个主要问题：

1）存在系统性误差，其核算可信度及有效度备受质疑。

2）项目涵盖各国不同特色，因此即使核算出来，在国际间也难以比较。

3）ISEW 所提供指标的数据资料都不易取得，结果令人质疑。

4）部分估算方法，如土壤质量恶化、水污染等，不尽完善。

（三）我国绿色 GDP 核算体系的进展

近 20 年来，国务院发展研究中心、中国科学院、北京大学等机构在绿色 GDP 核算的理论方面进行了深入研究，并取得了一些阶段性成果。1988 年，在美国福特基金会的资助下，国务院发展研究中心同美国世界资源研究所合作，进行了“自然资源核算及其纳入国民经济核算体系”的课题研究，主要侧重于探索将自然资源环境核算纳入国民经济核算体系的理论与方法；1996—1999 年，北京大学研究小组应用投入产出技术，提出可持续发展下的绿色核算，即对资源、环境、经济的综合核算，重点对核算模式、理论和方法进行了探讨；1998 年和 2001 年，根据世界银行《扩展衡量财富的手段》这份研究报告的思路，原国家环保总局和中国科学院研究小组分别对中国 1978 年以来的国民储蓄率进行了计算与分析，重点研究了将自然资源环境核算纳入国民资产负债核算的具体方法。

国家统计局对绿色 GDP 核算开展了一系列研究及实践工作：①在《中国国民经济核算体系（2002）》中设置了附属账户——自然资源实物量核算表，制定了核算方案，试编了 2000 年全国土地、森林、矿产、水资源实物量核算表。②与挪威统计局合作，编制了 1987 年、1995 年和 1997 年中国能源生产与使用账户，测算了二氧化碳、氮氧化物、二氧化硫、甲烷、颗粒物等 8 种大气污染物的排放量。③在黑龙江省、重庆市、海南省分别进行了森林、水和工业污染损失等项目的核算试点。④与国家林业局、中国林科院、北京林业大学合作，正式启动了“中国森林资源核算及纳入绿色 GDP 研究”的工作。⑤与原国家环保总局合作，正式启动了“将环境污染损失核算纳入绿色 GDP 研究”的工作。⑥2006 年开始实施万元 GDP 能耗、水耗等指标公报制度。

原国家环保总局组织的重要相关研究成果有：①20 世纪 80 年代中国环境科学研究院开展的全国环境污染损失和生态破坏损失的评估。这是中国第一次系统地开展环境污染经济损失的估算研究。②1990 年完成了《中国典型生态区生态破坏经济损失及其计算方法》的研究。③1998 年与世界银行合作，采用世界银行“真实储蓄率”的概念，开展了真实储蓄率的核算，并在山东烟台和福建三明两个城市进行了试点。④从 2000 年开始，与世界银行合作，开展中国环境污染损失评估方法研究。⑤从 2003 年开始，与国家信息中心合作，开展建立国家中长期环境经济模拟系统以及环境经济投入产出核算表的研究。⑥2004 年，开展国家“十五”科技攻关课题《绿色国民经济核算体系框架研究》的研究。⑦2004 年开始启动全国环境污染损失评估调查，试图为建立中国绿色国民经济核算体系提供较好的基础和平台。⑧2006 年 9 月，原国家环保总局和国家统计局以联合国 SEEA 的核算原则为基础，联合发布《中国绿色 GDP 核算报告 2004》，2004 年全国环境退化成本（即全国因环境污染造成的经济损失）为 5 118 亿元，占当年 GDP 的 3.05%。虚拟治理成本为 2 874 亿元，占当年 GDP 的 1.80%。⑨2013 年 1 月，环境保护部环境规划院对外发布了 2010 年绿色国民经济核算的部分结果。2010 年，全国生态环境退化成本达到 15 389.5 亿元，占 GDP 的比例为 3.5%左右。

由于基础数据的缺失和技术水平的限制，绿色 GDP 中的自然资源耗减成本还无法纳入进来，只能计算生态环境退化成本。《中国绿色 GDP 核算报告 2004》只计算了生态环境退化成本中的环境污染成本，2008 年之后的核算增加了生态破坏成本，统计范围也更加全面。连续 7 年的绿色 GDP 核算表明，尽管我国“十一五”期间污染减排取得了积极进展，但我国还处于经济发展环境成本上升阶段。具体而言，7 年间的环境退化成本从 2004 年的 5 118.2 亿元提高到 2010 年的 11 032.8 亿元，增长了 115%；虚拟治理成本（指目前排放到环境中的污染物按照现行的治理技术和水平全部治理所需要的支出）从 2004 年的 2 874.4 亿元提高到 2010 年的 5 589.3 亿元，增长了 94.5%。这意味着随着经济的不断增长，中国的环境问题在不断恶化。根据《中国环境经济核算研究报告 2010（公众版）》，2010 年，生态环境退化成本达到 15 389.5 亿元，占当年 GDP 的 3.5%。其中，环境退化成本 11 032.8 亿元，占 GDP 比重 2.51%，比上年增加 1 322.6 亿元，增长了 13.7%；生态破坏损失（森林、湿地、草地和矿产开发）4 417 亿元，占 GDP 比重 1.01%。为了充分保证核算结果的科学性，在核算方法上不够成熟以及基础数据不具备的环境污染损失和生态破坏损失项没有计算在内，目前的核算结果依然是不完整的环境污染和生态破坏损失代价。

2012 年 7 月，湖南省统计局宣布将在 2013 年对长株潭三市（长沙、株洲、湘潭以及下辖县市区）试行《绿色 GDP 评价体系》，把评价指标纳入该省绩效考核，实施考评。在现有的 GDP 核算中，融入资源、环境因素，将经济增长与资源节约、环境保护综合考评，并对各个市（州）的经济发展、资源消耗和环境生态指数进行打分、排名、发布。这个评价体系更加类似于可持续发展评价指标体系，与绿色 GDP 体系有着较大的差别。与此类似的是 2009 年国家发改委、国家统计局、环境保护部、水利部等多部门联合制定的《中国资源环境统计指标体系》，侧重于强调资源与环境的耗费强度，而不是其市场值，即不是货币量，不与 GDP 挂钩。

中国林业科学研究院王兵提出应当把生态效益纳入生态 GDP 核算体系，对北京、辽宁、吉林 3 个省市的“生态 GDP”核算，修正了传统 GDP 和绿色 GDP，并取得了初步成果。北京市 2011 年前后的“生态 GDP”为 1 376.91 亿元，比传统 GDP 减少了 0.12%，比绿色 GDP 高出 2.72%。辽宁省林业生态效益总价值相当于全省当年地区生产总值的 27.3%、当年公共财政预算收入的 2.3 倍。吉林省 2010 年绿色 GDP 较传统 GDP 降低 3.28%，“生态 GDP”比传统 GDP 增加了 38.83%。

总之，现行的 GDP 核算体系是适应财富数量扩张的工业文明的产物。它能反映社会财富量的增长及发展趋势，却不能反映自然财富的减少、环境污染和生态破坏的情况。把资源消耗、环境损害和生态效益纳入经济社会发展评价体系，可以引导人们自觉转变观念，有助于树立“良好的生态环境就是宝贵财富，保护环境就是保护生产力”的观念，有助于把中央大力推进生态文明建设决策落到实处。但是绿色 GDP 或生态 GDP 在资料数据搜集和评价方法等方面仍存在一些技术性的难题。在技术没有获得突破、新的核算体系尚未建立起来之前，可以实行 GDP 和绿色 GDP 两套核算体系并行的方法，或是通过建立有针对性的区域综合评价体系，引导各级政府关注经济增长的社会、资源、生态环境代价，理性地反思传统工业文明的消极面，克服对数量增长的沉溺，拒绝危及生存的发展，摒弃以 GDP 论英雄的考评体系，推动社会尽快转向生态文明发展模式。

四十五、什么是资源环境承载能力监测预警机制？

（一）资源环境承载力

1．资源环境承载力的定义

资源环境承载力是指在自然生态环境不受危害并维持良好生态系统服务功能的前提下，一定地域空间的资源禀赋和环境容量所能支撑的最大经济和人口规模。

人类赖以生存和发展的环境是一个大系统，它既为人类活动提供空间和载体，又为人类活动提供资源并容纳废弃物，但是环境对人类活动的支持能力有一定的限度。在一定社会福利和经济技术水平条件下，流域（或区域）的人口和经济规模、活动强度超过了资源环境承载力，即超过了环境系统维护其动态平衡与抗干扰的能力，就会产生种种环境问题，严重时会引起经济社会系统的衰退。因此，资源环境承载力是衡量人类社会经济与环境协调程度的标尺，也决定着一个流域（或区域）经济社会发展的速度和规模。

2．资源环境承载力的特征

资源环境承载力作为判断人类社会经济活动与环境是否协调的依据，主要具有以下特征：

1）客观性和主观性。其客观性体现在一定时期、一定状态下区域环境系统在结构、功能方面不会发生质的变化，因此资源环境承载力是稳定的，可以衡量和评价；其主观性体现在人们用怎样的判断标准和量化方法去衡量它，也就是人们对环境承载力的评价分析具有主观性。

2）区域性和时间性。不同时期、不同区域的环境因其结构和状态的差异，其承载力不相同，相应的评价指标的选取和量化评价方法也应有所区别。

3）动态性和可调控性。指资源环境承载力的大小是随着时间、空间和生产力水平的变化而变化的。从技术角度看，随着科技水平的不断提高，以及人类认识环境规律的深化和管理环境能力的提升，环境承载力有不断上升的趋势。例如，对某些环境限制因子采取适当的改善措施，可以提高其环境承载力。

（二）环境容量

环境容量是在人类生存和自然生态系统不致受害的前提下，某一环境所能容纳污染物的最大负荷量。

环境容量包括绝对容量和年容量两个方面：环境的绝对容量（WQ）是指某一环境所能容纳某种污染物的最大负荷量。达到绝对容量没有时间限制，即与年限无关。环境绝对容量由环境标准的规定值（WS）和环境背景值（B）来决定。绝对容量的数学表达式因选用的单位不同而不同，既可以用浓度单位表示，也可以用重量单位表示。

年容量（WA）是指某一环境在污染物的积累浓度不超过环境标准规定的最大容许值的情况下，每年所能容纳的某污染物的最大负荷量。年容量的大小除了与环境标准规定值和环境背景值有关外，还与环境对污染物的净化能力有关。

非积累性的污染物，如二氧化硫等气体风吹即散，它们在环境中停留的时间很短，必须依据环境的绝对容量参数来控制，年容量的意义不大。比如工业区内，许多烟囱排放二氧化硫，各自排放的浓度并没有超过排放标准的规定值，但总量却大大超过该环境的绝对容量。在这种情况下，必须以环境绝对容量为依据制定区域环境排放标准，降低排放浓度，减少排放量，才能保证该工业区的大气环境质量。

积累性的污染物在环境中能产生长期的毒性效应。对这类污染物，主要根据年容量这个参数来控制，使污染物的排放与环境的净化速率保持平衡。总之，污染物的排放，必须控制在环境的绝对容量和年容量之内，才能有效地消除或减少污染危害。

（三）资源环境承载能力监测预警机制

建立资源环境承载能力监测预警机制，就是根据各地区自然条件确定资源环境承载力的红线，通过资源环境承载力的动态监测网络和信息管理系统，定期分析区域和企事业单位的资源消耗、污染排放情况。当监测值接近红线时，对有关区域和单位提出警告警示，监督其采取措施；对水土资源、环境容量和海洋资源超载区域实行限制性措施，防止过度开发和排放后造成不可逆的严重后果。

四十六、什么是自然资源产权管理制度？为什么要编制自然资源资产负债表？

（一）自然资源产权制度的基本内容

产权是经济所有制关系的法律表现形式。它包括所有权、占有权、支配权、使用权、收益权和处置权。在市场经济条件下，产权的属性主要表现在三个方面：经济实体性、可分离性、流动的独立性。产权具有激励功能、约束功能、资源配置功能、协调功能。产权制度，是指既定产权关系和产权规则结合而成的且能对产权关系实现有效的组合、调节和保护的制度安排。产权制度是经济制度中的核心制度，它的最主要功能在于降低交易费用，提高资源配置效率。

联合国环境规划署对自然资源的定义是，指在一定的时间和技术条件下，能够产生经济价值、提高人类当前和未来福利的自然环境因素的总称。自然资源既是生态系统的构成要素，也是人类赖以生存的环境条件和社会经济发展的物质基础。我国在自然资源和环境领域尚未建立一整套现代产权制度，资源管理、资源产权配置、产权流转、产权保护一直处于不规范的状态，导致资源粗放经营、低效配置、资源质量下降、资源矛盾突出等问题。

1. 建立自然资源资产产权制度的目的

（1）规范行为主体的行为

完善的自然资源资产产权制度可以明确产权主体的权利与责任，使人们对自然资源的开发、利用和保护有章可循、有法可依。自然资源资产产权制度不仅有助于刺激个人或符合法律规定的经济体的生产积极性，也有助于指导和规范包括政府在内的各行为主体的行为。

（2）提高资源的使用效率

完善的产权制度是保证价格机制运用的基础，也是有效充分利用自然资源的关键。资源利用中的低效，一定程度上是源于价格没有反映资源的稀缺程度，没有体现出资源开发过程中对生态平衡造成的巨大破坏。所以，必须依靠合理的自然资源资产产权界定，健全产权交易市场，并辅之以完善的生态补偿等机制，推动自然资源的定价趋于合理，提高资源的使用效率。

（3）优化资源配置

自然资源资产产权制度必须根据自然资源本身的多样性、公共性程度的差异和产权界定的难易不同，制定一个多层次、多元化结构的自然资源产权制度，以适应市场经济的客观要求，实现国家宏观政策与微观经济激励的协调与包容。

2．我国自然资源资产产权制度的沿革

我国自然资源资产产权制度从计划经济到市场经济渐进过程中，大致经历了三个阶段。

（1）完全的公有产权阶段

新中国成立伊始，我国就确立了自然资源的公有产权制度。第一部《宪法》规定“矿藏、水流，有法律规定为国有的森林、荒地和其他资源，都属于全民所有。”国家所有权占据主导地位，但在实际操作中，集体所有权客观存在，但并未在法律中得到确认。此阶段，任何政府行政调配以外的资源交易都被明令禁止。

（2）使用权的无偿取得与不可交易阶段

进入20世纪80年代，颁布了一系列规范自然资源产权的法律和法规，如《土地管理法》《矿产资源法》及《水法》等，标志着我国开始通过法律来管理自然资源产权，并形成了以自然资源品种法律为结构体系的法律群以及各种资源产权制度。在所有权上，《宪法》第一次正面规定了自然资源的集体所有权，确定了公有产权的二元结构，同时实现了所有权和使用权的分离，打破了国有企业独揽使用权的局面。但使用者对资源的无偿取得，造成了对资源的掠夺性开发利用，国家和集体对自然资源所有者的权益受到侵犯。这一阶段，资源的交易仍然被禁止。

（3）使用权的有偿取得与可交易阶段

20世纪90年代后，开始注重资源所有者的利益。1982年《宪法》修改后提出“土地的使用权可以有偿转让”。土地使用权成为我国最早实现有偿使用与可交易的自然资源产权。这一时期，公有产权、私有产权相混合，公有产权占主导，但使用权和转让权则以有偿转让或协议等方式在不同主体间进行分配，这在一定程度上实现了国家生态效益与产权主体经济效益的激励相容。

3. 我国现有自然资源产权制度的不足

我国宪法明确规定，矿藏、水流、森林、山岭、草原、荒地、滩涂等自然资源，都属于国家所有（全民所有）和集体所有。由于自然资源资产产权与一般的资产产权有所不同，表现为自然资源产权现实的非排他性，资源产权的分离性，资源资产的外部性，资源产权交易的不平衡性。由于技术等原因，一些自然资源产权的范围也不易确定或无法确定，同时资源产权的所有者过多致使确定单个人的权利成为不可能，进而使其现实的主体范围不确定。还由于资源特殊的使用价值，其开发利用总是受到众多的制约，所有者不能完全实现其应有的各项权益，从而也不能调动所有者应有的积极性，实现资源的最佳配置。

我国现有的产权分离、公私产权混合的自然资源产权制度，暴露出一些同市场经济体制和资源可持续利用不相协调的问题，表现为：①资源过度使用与闲置并存，例如，所有权上过度求“公”，导致共有产权所占的比重过大，从而剥夺了许多当地居民按习惯和生产实际享有的所有权。②所有权的界定不清晰，导致私有产权、集体所有权经常为国家所有权侵蚀。③现有制度限制过多、缺乏稳定性。如使用权的期限较短，国家法律和政策的调整频繁等，都会影响使用者形成长期、稳定的预期。④使用权取得的途径狭窄，这加大了有关权力机关创租卖租的可能。⑤某些资源使用权为国有企业垄断，损害了竞争效率，造成资源闲置以及配置效率的低下。⑥转让权只涉及部分资源，资源评估、使用权证核发等相关工作进展缓慢，资源出让、转让价格的确定也比较困难。

因此，应坚持公、私产权相结合的混合产权制度，根据资源的自然、经济属性确定混合“比例”，既保证公权的控制力，又赋予私权的自主性，使产权主体有更大的权利和动力增加对资源合理利用和保护的投资。

（二）国外的自然资源产权管理模式

国外自然资源产权大致分为集中管理、相对集中管理和分散管理三种模式。三者均以市场作为国有资源配置的基本手段、制度完备、政企分离以及分级所有、分层管理等。

1. 集中管理模式

集中管理模式是将土地、矿产、森林等主要资源由中央政府的一个部门统一综合、协调管理。例如，美国的土地、矿产、森林（部分）由内政部集中统一管理；加拿大的矿产、森林、土地（部分）由自然资源部集中统一管理；俄罗斯的矿产、海洋、环境等统一归自然资源部管理。

采用这种管理模式的国家具有以下特征：

1）过程的渐进性。随着社会的进步、人类对资源索取的加大和一些资源的短缺，各种资源开发与利用的协调难度不断加大，促使自然资源管理逐步走向综合化，管理也逐步走向集中。

2）地位的重要性。比如，美国的天然气、铜、锌矿产量居世界首位，加拿大也是世界最大的矿产品出口国之一。资源开发利用在国民经济中有重要作用，已经成为重要的支柱产业，因此政府高度重视自然资源的管理。

3）体制的适应性。美国和加拿大的土地、矿产、森林等资源所有权分属于联邦政府、省（州）政府和私人所有，处置权和管理权也分属于 3 个主体。其中，起主导作用的是联邦和省（州）政府，它们集中管理国有部分的自然资源。

4）广泛的带动性。经济发展加大了资源的需求规模和种类，工业化水平的提高也为资源的综合利用和多类资源的综合效益发挥奠定了基础，资源调查技术的提高为了解资源情况、信息化服务等提供了条件。自然资源管理不仅成为其他产业发展的重要前提，也为一些行业发展提供了市场和就业机会。

2. 相对集中管理模式

相对集中管理模式指中央政府部委以下的二级机构管理，或少数专门的中央部委对土地、矿产、海洋、森林、水等主要资源进行管理。这种模式在欧洲大陆运用较为普遍。如法国的能源和其他矿产由经济、财政和工业部统一管理，地产由税务总局的地产管理局统一管理，海洋资源由海洋国务秘书处集中管理。在德国，由环境、自然保护和核安全部集中管理，设自然资源可持续利用司，主要负责能源开发中的自然保护、基础设施对自然和景观干扰、自然文化和景观与旅游运动、森林保护与可持续管理、生物多样性与气候变化、农村可持续发展和农业、渔业的环境保护。

这种模式的特点是自然资源的所有权与土地所有权相分离。自然资源的产权由政府授予勘察者或开发利用者。这种产权是指对区域内未与土地分离的自然资源的开发利用权以及对被分离的自然资源的所有权。

采用这种管理模式的国家多具有以下特点：经济发达，对各种资源需求量大；资源匮乏，对进口资源依赖程度高；协调机构能够有效地沟通联系政府与企业。

3. 分散管理模式

分散管理是将土地、矿产、海洋、森林、水等主要资源分别由中央政府的多个部门管理。巴西、智利、墨西哥、印度等国就采取这种模式。在这种产权体系中，明确规定自然资源（特别是地下矿产资源）是国家或全民的财富，既不属于国家财产中的公产，又不属于个人私产。

这种自然资源产权体系明确了国家与自然资源的法律关系，确立了国家对自然资源的所有和支配权利；设立了国营的自然资源开发利用企业，并将自然资源的产权授予国营自然资源企业，全权进行资源的勘察、开发、利用和处理。

采用这种管理模式的国家主要有以下特点：自身为发展中国家；资源开发在本国经济中占有较重要的地位；资源较为丰富，具备向工业化高级阶段迈进的基础；综合协调机构作用大，保证了资源的合理开发利用。

（三）为什么要编制自然资源资产负债表

资产负债表是表示某一企业在一定日期财务状况（即资产、负债和业主权益的状况）的会计报表。自然资源负债表是在一定日期，对一个地区的自然资源受损程度、开发程度、破坏程度以及破坏生态环境进行的综合静态评价。

“探索编制自然资源资产负债表，对领导干部实行自然资源资产离任审计”是推进生态文明建设的重大制度创新。自然资源资产负债率是对一定时期辖区内的自然资源受损程度、开发程度、破坏程度以及破坏生态环境进行的综合评价。通过核算自然资源资产的存量及其变动情况，以全面记录当期（期末－期初）各经济主体对自然资源和生态资产的占有、使用、消耗、恢复和增值活动，评估当期自然资源和生态资产实物量和价值量的变化。自然资源资产负债表为评价一段时期内施政者的资源消耗行为，提供了一个公平的量化指标，其目的是扭转地方发展评价中唯GDP论英雄的倾向。

自然资源资产负债表可以作为领导干部离任审计的基础和依据。如果这个变化是正的，说明当期的自然资源资产是增值的，当期地方政府对生态文明建设作出了贡献；反之则意味着当期的自然资源资产在贬值或下降。对领导干部实行自然资源资产离任审计，不仅要关注自然资源资产的数量变化，更要关注一些新的自然资源资产质量变化，如水环境质量、空气环境质量、土壤环境质量变化情况。

无论是自然资源资产负债表编制还是领导干部自然资源资产离任审计，目前都没有现成的、直接可以操作的模式，都需要大胆地探索，有针对性地开展自然资源资产负债表编制的试点工作。开展这项工作会遇到一系列的难题，特别是数据来源、技术方法和实施安排等方面的理论与实践问题。自然资源种类多样，差异性大。如何客观合理地建立自然资源资产负债表，面临着诸多挑战。如何选定资源种类，如何对流动性、储藏性的资源进行客观评价；资产负债表编制后是进行纵向比较（时间序列）还是横向比较（区域对比），横向比较应该如何建立统一评价体系，是统一转化为资产货币价值，还是资产等级评价。针对我国当前的实际情况，可以先从林业、土地、矿产等单个领域入手，以特定地区的纵向比较为主，逐步扩大探索的领域和试点范围。

四十七、我国有哪些环境管理制度？

环境管理制度是上升为法律规范的环境管理行政、经济、技术措施和手段，是环境法律、法规和规章的补充，是具有法律效力的规范体系，也是国家环境管理权的具体实施。党的十八大报告提出要“完善最严格的环境保护制度”。环境管理制度作为环境保护制度的重要组成部分，是推动环境管理转型、加快生态文明建设、实现最严格环境保护目标的重要制度保障。

（一）中国环境管理制度基本框架

1979 年 9 月 23 日第五届全国人民代表大会常务委员会通过的《中华人民共和国环境保护基本法（试行）》建立了环境影响评价、“三同时”和排污收费老三项制度。1989 年召开的第三次全国环境保护会议在此基础上，提出新五项环境管理制度，即环境保护目标责任制、城市环境综合整治定量考核、污染集中控制、

表 5-3　中国环境保护制度分类①

序号	环境保护制度类型	具体制度
1	环境法律法规体系	宪法关于保护环境资源的规定、环境保护基本法及单行法、其他部门法中关于保护环境资源的规定、国际公约、环境标准、环境保护行政规章及地方环保规章等
2	八项基本环境管理制度	环境影响评价制度、“三同时”制度、排污收费制度、排污许可证制度、排污集中控制制度、环境保护目标责任制、城市环境综合整治定量考核制度、污染限期治理制度
3	环境保护经济激励制度	绿色税收制度、排污交易制度、环境财政和绿色信贷制度、绿色保险制度等
4	信息公开与公众参与制度	信息公开制度、公众参与制度

①资料来源：葛察忠、李晓亮、李婕旦等，关于建立中国最严格环境保护制度的思考，环境保护部环境规划院，重要环境决策参考第 9 卷第 18 期，2013（原第 3 项有修改）。

排污许可证和限期治理污染制度。随着环境保护形势的发展和实践的推进，环境管理制度得到进一步的完善和发展，现行的环境管理制度除表 5-3 中所列制度外，还包括总量控制、环境监测、环境监察、联防联控和区域行业限批制度等。

（二）现行主要环境管理制度释义

1. 环境影响评价制度

环境影响评价是指对规划和建设项目实施后可能造成的环境影响进行分析、预测和评估，提出预防或者减轻不良环境影响的对策和措施，进行跟踪监测的方法与制度。环境影响评价制度是环境管理中贯彻预防为主的一项基本原则，也是防止新污染、保护生态环境的一项重要法律制度。

环境影响评价范围包括规划和建设项目两大类。规划环境影响评价实质上属于战略环境影响评价，主要针对土地利用的有关规划，区域、流域、海域的建设、开发利用规划，以及工业、农业、畜牧业、林业、能源、水利、交通、城市建设、旅游、自然资源开发的有关专项规划进行环境影响评估，评价文件采用编制环境影响报告书、编写环境影响篇章或说明两种。建设项目环境影响评价主要针对单个具体的建设项目和开发活动进行环境影响的评估，提出防治环境污染和生态破坏的对策措施。根据建设项目对环境的影响程度，建设项目环境影响评价实行分类管理，评价文件采用环境影响报告书、环境影响报告表和环境影响登记表三种。

环境影响评价制度在我国环境管理制度体系中占有重要地位，在控制污染、保护环境、促进持续发展上发挥了重要作用。但总体上看，环境影响评价制度执行力度不够，未来改革需着重解决以下问题：一是一些地方重经济轻环保，行政干预环评审批的现象比较明显，“先上车，后买票”、“上车不买票”、“越级审批”，以及环评报告技术审查和行政审批走过场等现象还比较突出。二是环境影响制度本身不完善。《中华人民共和国环境影响评价法》规定的环境影响评价的约束范围不全面，政策、法规和部分规划尚未纳入其中，且规划环评条款过于原则，缺乏可操作的、切实可行的细则和规定。三是环评项目多头管理，部门职能分割，“肢解”环境影响评价的现象还很严重。四是公众参与环评体系不完善，缺乏具体明确的法律支持，参与形式单一，信息公开滞后。五是执行机制、体制不健全。一些地方环境保护部门对项目环评审批后的“三同时”执行情况缺乏有效监管，“重审批、轻验收”现象较为普遍。一些地方把关不严，“漏管”、“漏批”的现象比较突出。六是环评市场体系还不够健全，市场监管有待加强。

专栏 5-2 “三同时”制度

“三同时”制度是指新建、改建、扩建项目和技术改造项目以及区域性开发建设项目的污染治理措施必须与主体工程同时设计、同时施工、同时投产的制度。它适用于中国领域内的新建、改建、扩建项目和技术改造项目，以及其他一切可能对环境造成污染和破坏的工程建设项目和自然开发项目。“三同时”制度是我国出台最早的一项环境管理制度，与环境影响评价制度相辅相成，是我国环境保护法预防为主基本原则的具体化、规范化、制度化。

2．环境保护目标责任制度

环境保护目标责任制度是通过签订责任书的形式，具体落实到地方各级人民政府和有污染的单位对环境质量负责的行政管理制度。这种制度确定了一个区域、一个部门乃至一个单位环境保护的主要责任者和责任范围，运用目标化、定量化、制度化的管理方法，明确地方行政长官在改善环境质量上的权力、责任和义务，把贯彻执行环境保护这一基本国策作为各级领导的行为规范，推动环境保护工作的全面、深入发展。

环境保护目标责任制基本特点：①有明确的时间和空间界限。一般以一届政府的任期为时间界限，以行政单位所辖地域为空间界限。②有明确的环境质量目标定量要求和可分解的质量指标。③有明确的年度工作指标。④以责任制等形式层层落实。⑤有配套的措施、支持保证系统和考核奖惩办法。⑥有定量化的监测和控制手段。

环境保护目标责任是以保证区域环境目标为中心的一项管理制度。今后改革需要重点注意以下问题：加强环保目标设置的科学性、合理性和可达性；注重环保目标与改善区域环境质量和落实相关环保规划相衔接；强化指标体系的规范化管理。

3．城市环境综合整治定量考核制度

城市环境综合整治定量考核，简称“城考”，是对城市环境状况进行具体考核的一项制度，是实施地方政府环保目标责任制的重要组成部分。它以城市环境综合整治规划为依据，在市政府的统一领导下，通过科学的、定量化的城市环境综合整治定量考核指标体系，把城市各行各业、各个部门组织起来，开展以环境、社会、经济效益的统一为目标的环境建设、城市建设、经济建设，使城市环境综

合整治定量化。

1988 年国务院环境保护委员会第十三次会议决定对城市环境综合整治实行定量考核，1989 年第三次全国环境保护会议确定“城市环境综合整治定量考核制度”作为八项环境管理制度之一。国务院环境保护委员会《关于城市环境综合整治定量考核的决定》指出：市长对城市的环境质量负责①。根据这一原则，城市环境综合整治定量考核的主要对象是城市政府，分为国家级考核和省、自治区级考核两级。原国家环保总局考核直辖市、省会城市、计划单列市、重点旅游城市、沿海开放和经济特区城市共计 47 个，省、自治区、直辖市政府考核所辖地、县级城市。依据《“十二五”城市环境综合整治定量考核指标及其实施细则（征求意见稿）》，考核指标包含环境质量指标、污染控制指标、环境建设指标、环境管理指标 4 个方面，共 16 项。重点考核内容是城市环境质量、基础设施、污染防治和公众对环境满意度等。目前，全国 655 个设市城市全部纳入“城考”范围。

专栏 5-3　城市环境综合整治定量考核与国家环保模范城市

国家环境保护模范城市（简称“创模”）是原国家环保局根据《国家环境保护“九五”计划和 2010 年远景目标》提出的，在已具备全国卫生城市、城市环境综合整治定量考核和环保投资达到一定标准的基础上才能有条件创建。城市环境综合整治定量考核（简称“城考”）是考核城市政府对本辖区环境质量负责，属于约束性机制；创模是城市政府的自愿行为，属于激励机制。1997 年原国家环保总局正式启动创模活动。“十一五”期间，为贯彻《国务院关于落实科学发展观　加强环境保护的决定》，原国家环保总局对城考和创模指标进行了调整，调整后的指标从 2007 年实行。“创模”指标在涵盖“城考”16 项指标的基础上增加 14 项指标，只有成为各省级城考先进的城市才具备创模的基本条件。可见，“城考”是“创模”的基础，“创模”是“城考”的提升。

4．环境监察制度

环境监察，是指环境保护主管部门依据环境保护法律、法规、规章和其他规范性文件实施的行政执法活动。各级环境保护行政主管部门设立的环境监察

① 1989 年国务院环境保护委员会《关于城市环境综合整治定量考核的决定》指出：环境综合整治是城市政府的一项重要职责。市长对城市的环境质量负责，把这项工作列入市长的任期目标，并作为考核政绩的重要内容。

机构，主要任务是在各级环境保护部门领导下，依法对辖区内一切单位和个人履行环保法律法规，执行环境保护各项政策、标准的情况进行现场监督、监察、处理的专职机构。环境监察重点在“现场”和“处理”两个概念，核心是日常现场监督执法。

环境监察是一种具体的、直接的执法行为，是环境保护行政部门实施统一监督、强化执法的主要途径之一，其职能分三个层次组成：第一层次是代表政府对辖区污染防治和生态保护实施统一监督管理，各有关部门各司其职，共同对环境保护工作负责；第二层次是对区域、流域的污染防治和生态保护实施统一监督管理，主要表现在将环境规划纳入发展规划中并实施监督，如实行环境保护目标责任制、城市环境综合整治定量考核等；第三层次是对污染源进行的直接或间接的监督管理，例如“三同时”、排污收费、排污申报登记及排污许可证制度的实施等。

5. 环境监测制度

环境监测制度是对环境监测的法律化，是指对环境监测机构、对象、范围、内容、程序和监测结果的效力所作的法律规范的总称。广义的环境监测是涉及自然及人文环境全方位的、多部门参与的各种监测活动的统称，可包括水环境监测、大气环境监测、土壤环境监测、海洋环境监测、生态环境监测、地质环境监测等，以及与之相关的污染物排放监测、声环境监测、辐射环境监测等。狭义的环境监测是由环境保护部门组织实施的环境监测活动，包括环境质量监测、污染源监督性监测、突发环境污染事件应急监测、为环境状况调查和评价等环境管理活动提供监测数据的其他环境监测活动。

依照《环境保护法》第十一条第一款，“国务院环境保护行政主管部门建立监测制度，制定监测规范，会同有关部门组织监测网络，加强对环境监测的管理”。这一规定确立了环境保护部门建立环境监测制度的法律地位。同时，《环境保护法》第七条规定，环保、海洋、渔政、水利、土地、林业、农业等部门分别对环境与资源实施监督管理。此外，《水法》《水污染防治法》《大气污染防治法》《海洋环境保护法》《森林法》《野生动物保护法》等均从不同角度对于环境和资源的监测工作作出了规定。据此，除环境保护部门外，《环境保护法》所规定的行使环境与资源监督管理权的海洋、渔业、水利、国土等部门均依照本部门职责，建立了部门所属的环境或资源监测体系，造成了环境保护部门与其他部门监测活动交叉，工作重复。各部门的环境监测网根据自身的需要进行能力建设，不仅加重了国家和地方的财政负担，而且造成严重的低水平重复建设以及人力、物力和资源的浪费。此外，各部门的环境监测系统都仅服务于本部门的管理需要，监测技术标准、监测数据上报制度等存在较大差异，造成各环境监测系统信息无法进行整合，严重影响政府科学决策。因多头发布环境监测信息，导致环境监测信息混乱，有损于政府的公信力，造成不良社会影响。目前，理顺环境监测工作的管理体制和运行机制已经成为构建和完善环境监测制度的核心问题，上述问题是今后改革需要着力重点解决的问题。

6. 环境信息公开和公众参与制度

环境信息公开是指依据和尊重公众知情权，政府和企业以及其他社会行为主体向公众通报和公开各自的环境行为以利于公众参与和监督。依据公开的主体不同可以分为政府环境信息公开、企业环境信息公开和其他形式环境信息公开。在我国，居主导地位的是政府环境信息公开，依照政府公开的意愿可分为政府环境信息主动公开和被动公开两种。企业环境信息公开以环境影响评价为主。环境信息公开制度是公众有效参与环境事务的前提和基础，目前我国环境信息公开存在环境信息公开法规体系不完善、政府环境信息公开责任不明确、公开的环境信息不准确等问题。

公众参与环境管理是我国环境法的一项基本原则，是指任何单位和个人，通过各种可能的途径和形式获取环境信息，对环境决策提出意见和建议，对环境管理和涉及环境开发利用行为进行监督，以及自觉履行环境保护义务行为的总称。公众参与主体包括一切与环境保护工作有关的单位、部门、群体和个人。公众参与行为涵盖了公众参与环保宣传、公众自身环保行为和公众充分发挥民主监督作用三个层面。目前，我国公众可通过听证会、座谈会、论证会、环境信访、环境NGO参与等渠道参与环境管理。

目前由于我国公众环境意识、参与能力和水平、传统文化、体制缺陷，以及现行相关法律法规不完善等多种原因，导致公众的机制尚未普遍建立。今后健全环境信息公开体制机制需要重点解决以下问题：一是进一步扩大环境信息公开的内容和范围，完善公开方式，保障公众环境知情权、参与权和监督权；二是加强企业环境信息公开的法律规范，解决公众难以及时准确地获取企业环境信息，企业违法排污行为得不到公众有效监督的问题；三是有序引导公众参与环境监督，健全举报制度，鼓励公民、法人和其他社会组织就生态环境问题进行举报，加大受理督办落实力度，发挥好公众、新闻媒体和社会组织的监督作用，构建全民参与的社会行动体系，推行绿色健康文明的生活方式。

专栏5-4 环境信息公开与公众参与的法律基础

我国环保基本法《环境保护法》最早确立了环境信息公开与公众参与环境管理的法律依据。2008 年国务院颁布《政府信息公开条例》之后，原国家环保总局出台了《环境信息公开办法（试行）》，确立了环境信息公开的基本法律制度。《环境信息公开办法（试行）》首次以部门规章的形式，规定了政府和企业公开环境信息的法律责任，以及公众的环境知情权，是中国环境信息公开制度化建设的一大突破。公众参与环境管理的权利及义务的法律规范在《水污染防治法》等相关污染防治法、《清洁生产促进法》《环境影响评价法》《建设项目环境保护管理条例》《环境影响评价公众参与暂行办法》等法律文件中均有体现。其中，《环境影响评价公众参与暂行办法》以部门规章的形式，将公众参与制度化地引入环境影响评价工作，但它只是我国第一个公众参与环境友好型社会建设的规范性文件，必须要有更加具体的法律制度和更加可行的程序，来作为公众对环境保护事务有效参与的支撑保证。

专栏5-5 绿色保险

绿色保险又称环境污染责任保险，是在市场经济条件下进行环境风险管理的一项基本手段。我国正处于环境污染事故的高发期。企业污染事故危害群众身体健康和社会稳定，特别是一些污染事故受害者得不到及时赔偿，引发了很多社会矛盾。利用保险工具来参与环境污染事故处理，对于企业、污染受害人以及整个社会都具有积极作用。

分散企业风险。环境污染事故影响范围广和损失数额巨大，单一的企业很难承受。通过环境污染责任保险，可以分散单一企业的赔付风险。

有效保护受害者。目前我国对于环境污染造成的人身财产损害的赔偿，主要由国家财政承担，由于相关程序的复杂性，受害人不能在最快的时间得到损失补偿，有可能成为激化社会矛盾的风险源，同时也增加了国家财政的负担。利用环境污染责任保险解决环境污染损害赔偿问题，有利于使受害人及时获得经济补偿，稳定社会秩序，减轻政府的负担。

倒逼企业改善环境状况。保险公司为降低赔付风险，会主动加强对投保企业的监督，并通过保险的费率杠杆机制，促使投保企业改善自身环境状况，加强环境风险管理，提升环境管理水平。

专栏 5-6 绿色信贷

绿色信贷主要是商业银行和政策性银行等金融机构以国家发布的环保政策为依据，对有利于环境保护的产业或机构提供贷款扶持并实施优惠性的低利率，而对高耗能、高污染企业的新建项目投资贷款和流动资金进行贷款限制并实施惩罚性高利率的政策手段。运用绿色信贷手段，不仅可以满足环保产业的融资需求，遏制高耗能和高污染产业的盲目扩张，也可以降低金融机构的信贷风险。2007 年我国先后出台一系列推动绿色信贷的政策，原国家环保总局、中国人民银行和中国银监会联合出台了《关于落实环境保护政策法规防范信贷风险的意见》，中国银监会发布《关于防范和控制高耗能高污染行业贷款风险的通知》和《节能减排授信工作指导意见》，原国家环保总局还与中国银监会和中国人民银行等几家银行签署了将企业环境守法信息纳入银行征信系统、促进双方信息沟通和交换等合作协议。

四十八、为什么要建立和完善生态补偿制度？

党的十八届三中全会《关于全面深化改革若干重大问题的决定》中提出要建立生态补偿制度，“坚持谁受益、谁补偿原则，完善对重点生态功能区的生态补偿机制，推动地区间建立横向生态补偿制度”。建立和完善生态补偿制度，是推进主体功能区战略的重要保障制度，有利于协调生态环境保护中不同地区、不同利益群体的利益关系，促进欠发达地区和贫困人口共享改革发展成果，维护社会公平；有利于推动环境保护工作实现从以行政手段为主向综合运用法律、经济、技术和必要的行政手段的转变，对推进生态文明建设，促进人与自然和谐发展具有重要意义。

（一）生态补偿制度的基本内涵

1. 生态补偿制度的定义

生态补偿制度是在综合考虑生态保护成本、发展机会成本和生态服务价值的基础上，采取财政转移支付或市场交易等方式，明确界定生态保护者与受益者权利义务，对生态保护者给予合理补偿，使生态保护经济外部性内部化的公共制度安排。其核心原理是在生态保护参与者（受偿方）与生态服务受益者（支付方）间建立利益转移通道，让受益者对参与环保者进行经济支付，从而使得整个系统能够维系运行，达到环境改善，提供更多更好的生态服务的最终目的。

2. 生态补偿的基本原则

生态补偿主要遵循以下基本原则：

1）破坏者付费原则（DPP）：破坏者应当就其行为对生态系统造成的负面影响负责。

2）使用者付费原则（UPP）：环境资源的使用者应当就使用稀缺资源向政府补偿，可采取的措施包括征收耕地占用税、减少木材采伐及非木材资源和矿产资源的开发。

3）受益方付费原则（BPP）：受益方应当补偿生态服务的供应方，可采取的措施包括：下游社区针对上游社区提供的生态服务提供补偿。

4）对保护者的补偿：对生态建设作出贡献的群体或个体应当按照其投资和机会成本得到补偿。

3．生态补偿制度设计的难点

补偿标准制订也是生态补偿机制的最大难点之一。人们对生态系统的生态效益、社会效益及其间接的经济效益的计量评估还不够精确，尤其是与区域生态补偿相关的一些大尺度的生态过程或区域外部作用的评估，导致补偿标准的争议较大。这既有我们对生态过程的认知还不够完全的原因，也有生态效益无法完全用市场价格评估的技术原因。由于“替代”市场或“模拟”市场评估方法的多样性和片面性，不同区域总是愿意从自身利益出发，选择自身利益最大化的评估方法（过高地评估本区域产生的正的外部作用，而低估负的外部作用）。结果是，同一对象的评估，由于采用了不同的理论和方法，评估结果差异很大，有时会相差若干个数量级，使得补偿标准难以达成共识。

理论上的不足和技术上的制约使得在区域生态补偿的实践中，补偿标准的确定总是采用一些在制度背景下更加易于实行的办法。由中央政府投资的一系列生态环境治理工程，如“退耕还林（草）工程”、“天然林资源保护工程”、“京津风沙源治理工程”等，补偿标准往往是通过法律、政策、规定等形式的强制性安排。而我国地方—区域之间的生态补偿，受制于我国的区域制度和市场经济体制的发育程度，更多的是有上级政府参与的间接的区域生态补偿，因信息不对称、行政程序繁琐等原因，导致政府间生态补偿存在着过高的“交易成本”。

生态补偿机制另一难点是补偿主体（提供补偿者）与客体（接受补偿者）的清晰界定及利益分配。在我国现状区域制度下，落实区域生态补偿责任机制的难点表现为相关利益主体的多重性，以及这些主体之间复杂的利益关系。比如流域内的问题，由于水循环的路径易于观察和监测，上游、下游的责任就相对清晰；而以大气循环为载体的影响（大气污染物、风沙源区、碳源和碳汇等）则更接近于公共物品，利益相关区域非常广泛；而像生物多样性保护、重要生态屏障的建设等，获益区域的空间尺度究竟有多大，在现有认知水平下我们很难给出有信服力的答案。更无法清晰地勾勒出所有生态服务类型的获益空间和获益程度的差异。在我国的行政制度下，地方政府的“公共财政”地理边界非常清楚，地方财政的形成、增长和使用严格地局限在行政区边界之内。但是一些区域为其他区域提供的生态服务却是常常跨越行政区边界，对于全局性的和外部性的生态环境来说，如森林生态系统的服务、减少水土流失、清洁河水和减少大气污染等，却很难从其他区域的政府那里得到补偿。

（二）我国建立生态补偿机制的现状和进展

1. 积极开展生态补偿试点

1992年联合国《里约热内卢环境与发展宣言》阐述了利用经济手段调整经济社会发展与生态保护关系的观点，生态补偿从此被更多国家认识和接受。国内最早的生态补偿实践开始于1983年，云南省对磷矿开采征收“覆土植被及其他自然环境”破坏恢复费用。20世纪90年代对于生态补偿的探索进入高峰期，在广西、福建等省市开展了100多个试点。2007年，原国家环保总局出台了关于开展生态补偿试点的指导意见。2010年，财政部会同国家林业局启动了湿地保护补助工作，将27个国际重要湿地、43个湿地类型自然保护区、86个国家湿地公园纳入补助范围。“十二五”期间，开展了祁连山、秦岭—六盘山、武陵山、黔东南、川西北、滇西北、桂北等7个不同类型的生态补偿示范区建设。2011年，财政部会同环境保护部出台了涉及浙江、安徽两省的新安江流域水环境补偿试点实施方案，明确补偿的资金来源、标准和具体办法，开展跨省级行政区域水环境生态补偿试点。2013年，财政部会同环境保护部开展了生物多样性保护补助，会同国家林业局启动了沙化土地封禁保护补助试点。

2. 初步建立了生态补偿制度框架

目前，我国生态补偿资金来源和组织实施主要有中央财政的国家重点生态功能区转移支付、相关部委的专项生态补偿资金，以及各省的生态补偿资金等几部分构成。

（1）国家重点生态功能区转移支付制度

自2008年起，中央财政建立国家重点生态功能区转移支付资金。2011年，财政部颁布了《国家重点生态功能区转移支付办法》（财预[2011]428号，以下简称《支付办法》），2012年7月又对该办法进行了修订。目前，转移支付实施范围已扩大到466个县（市、区）。同时，中央财政还对国家级自然保护区、国家级风景名胜区、国家森林公园、国家地质公园等禁止开发区给予补助。

2012年《支付办法》中，国家重点生态功能区转移支付的主要范围包括：《全国主体功能区规划》中限制开发的国家重点生态功能区所属县（县级市、市辖区、旗，以下简称“县”）和禁止开发区域；青海三江源自然保护区、南水北调中线水源地保护区、海南国际旅游岛中部山区生态保护核心区等生态功能重要区域所属县。对环境保护部制定的《全国生态功能区划》中其他国家生态功能区，给予引导性补助。经费依据人口规模、可居住面积、海拔、温度等成本差异，按县测算，下达到省、自治区、直辖市、计划单列市。

同时建立了奖惩机制。财政部会同环境保护部等部门对限制开发等国家重点生态功能区所属县进行生态环境监测与评估，并根据评估结果采取相应的奖惩措施。对生态环境明显改善的县，适当增加转移支付。对非因不可控因素而导致生态环境恶化的县，适当扣减转移支付。其中，生态环境明显恶化的县全额扣减转移支付，生态环境质量轻微下降的县扣减其当年的转移支付增量。

（2）中央森林生态效益补偿基金制度

根据森林法的有关规定，财政部、国家林业局先后出台了国家级公益林区划界定办法和中央财政森林生态效益补偿基金管理办法，在森林领域率先开展生态补偿。其中，国有国家级公益林每亩每年补助 5 元，集体和个人所有的国家级公益林补偿标准从最初的每亩每年 5 元提高到 2010 年的 10 元和 2013 年的 15 元，补偿范围已达 18.7 亿亩。

（3）草原生态补偿制度

2011 年，财政部会同农业部出台了草原生态保护奖励补助政策，对禁牧草原按每亩每年 6 元的标准给予补助，对落实草畜平衡制度的草场按每亩每年 1.5 元的标准给予奖励，同时对人工种草良种和牧民生产资料给予补贴，对草原生态改善效果明显的地方给予绩效奖励。截至 2012 年年底，草原禁牧补助实施面积达 12.3 亿亩，享受草畜平衡奖励的草原面积达 26 亿亩。

（4）水资源和水土保持生态补偿

2013 年 3 月，国务院批复了丹江口库区及上游地区对口协作工作方案，支持南水北调中线工程受水区的北京市、天津市对水源区的湖北、河南、陕西等省开展对口协作。2014 年年初，国家发改委、财政部、水利部出台文件要求进一步提高水资源费征收标准，并研究制定水土保持补偿费征收使用管理办法。

专栏 5-7　新安江跨省生态补偿试点

新安江发源于安徽省黄山市境内，流域地跨皖浙两省，安徽省境内流域面积占 53.6%，省界断面（歙县街口）多年平均出境水量占千岛湖年均入库水量的近七成。长期以来，新安江流域总体水质保持良好，系全国水质最好的河流之一，为浙江提供了重要水资源保障。

为保护新安江良好的生态环境，安徽省投入大量人力、物力、财力，放弃了许多发展机会。“十一五”期间，黄山市在全省率先完成淘汰落后产能任务，关停并转企业100多户；全市共否定外来投资项目140多个，涉及的投资规模达130亿元。浙江淳安县、建德市关闭了新安江库内区域所有的造纸、农药、化肥、印染、制革、医药化工等重污染企业。为保护新安江水环境质量安全，黄山市计划用3～5年时间，实施新安江流域综合治理，重点项目将达到500个以上，投资总规模突破400亿元。

“利益共享，责任共担”是生态补偿的原则之一。2011年3月14日，国家发改委委托中咨公司主持编制《千岛湖及其上游新安江流域水资源和生态环境保护综合规划》。2011年4月国家正式启动了试点工作，并从环保专项经费中拨付2亿元作为首批生态补偿试点资金，从2012年起，中央财政将每年拿出3亿元资金、浙江、安徽财政各拿出1亿元资金（共5亿元）用于生态补偿。浙江、安徽签订了“对赌”协议，根据奖优罚劣的渐进式补偿机制，由环境保护部每年组织皖浙两省对跨界水质开展监测，明确以两省省界断面全年稳定达到考核的标准水质为基本标准。安徽提供水质优于基本标准的，由浙江对安徽给予补偿1亿元；劣于基本标准的，由安徽对浙江给予补偿1亿元；达到基本标准的，双方都不补偿。同时明确补偿基金专项用于新安江流域水环境保护和水污染治理。不论上述何种情况，中央财政3亿元全部拨付给安徽省。试点期限暂定三年（2012—2014年）。

2011年的新安江水质稳定，符合国家规定的试点方案要求。2012年是协议实施第一年，新安江水质达到优良标准，浙江省首次向安徽省支付了1亿元。

3. 加大生态补偿资金投入力度

据统计，中央财政安排的生态补偿资金总额从2001年的23亿元增加到2012年的约780亿元，累计约2 500亿元。其中，中央森林生态效益补偿资金从2001年的10亿元增加到2012年的133亿元，累计安排549亿元；草原生态奖励补助资金从2011年的136亿元增加到2012年的150亿元，累计安排286亿元；矿山地质环境专项资金从2003年的1.7亿元增加到2012年的47亿元，累计安排237亿元；水土保持补助资金从2001年的13亿元增加到2012年的54亿元，累计安排269亿元；国家重点生态功能区转移支付从2008年的61亿元增加到2012年的371亿元，累计安排1 101亿元。财政部会同国家海洋局从2010年开始，利用中央分成海域使用金38.8亿元，开展海洋保护区和生态脆弱区的整治修复。近年来，中央财政还对湿地保护和流域水环境保护给予了适当补助。1998 年以来，国家先后启动实施了退耕还林、退牧还草、天然林保护、京津风沙源治理、西南岩溶地区石漠化治理、长江黄河上中游等重点区域水土流失综合治理、青海三江源自然保护区、甘肃甘南黄河重要水源补给区以及塔里木河、石羊河、黑河等生态脆弱河流综合治理等重大生态建设工程，累计投入约 8 000 亿元。

（三）实施生态补偿制度应注意的问题

虽然我国生态补偿制度建设取得重要进展，但因涉及的利益关系复杂、实践中存在的补偿不规范、补偿形式单一补偿收益主体不明确等问题，因此还需要认真研究探索，建立和完善生态补偿制度。为此，需要注意以下几个问题。

1）要加快建立科学的生态价值评估规范和生态补偿标准体系，为合理开展生态补偿提供基础性保障。

2）要加快生态补偿制度的法制化进程，从法律上明确生态补偿责任主体、补偿原则、补偿领域、补偿对象、补偿方式、补偿评估及标准、补偿资金等，为生态补偿的规范运作提供法律依据。

3）要推动建立地区间横向生态补偿制度，积极探索多样化的补偿方式，改变当前以政府财政转移支付为主的单一局面，积极探索对口支援、税收减免等多种补偿方式，让生态环境的真正消费者和受益者付费，承担起相应的环境责任，让保护者也享有生态环境保护的收益，从而形成全社会共同保护生态环境的氛围。

四十九、改革生态环境保护管理体制机制的主要任务有哪些？

党的十八届三中全会《关于全面深化改革若干重大问题的决定》对生态环境保护管理体制作出了具体规定，明确了改革的重点方向。这对于进一步加强生态环境保护，大力推进生态文明建设，具有重大意义。

（一）改革生态环境保护管理体制机制的必要性

环境保护是我国的一项基本国策。十八届三中全会《关于全面深化改革若干重大问题的决定》第四部分关于“加快转变政府职能”中，将环境保护列入未来改革必须要加强的五项政府主要职责中。标志着环境保护在国家政府职责体系中的地位明显提升。21 世纪以来，我国环境保护体制机制不断完善、环境治理能力迅速增强，但与生态文明建设新要求和人民群众对良好环境的新期待相比，还存在不小差距，迫切需要进一步深化生态环境保护管理体制。我国生态环境管理体制主要的不适应表现在以下几个方面。

1. 统筹协调困难、顶层设计不足

生态环境保护是一个系统工程，涉及众多部门和行业，需要加强统筹协调。特别是在大力推进生态文明建设的背景下，强化部门协调、增强生态环保综合协调能力尤为必要。但是，由于环境保护是一项新生事物，环境保护部门是政府序列中一个后起部门，部门职责因形势变化逐步增加，随着社会经济不断发展，环境保护的任务内容逐渐增加，越来越复杂，综合性越来越强，有必要进行职能结构的顶层设计，建立健全与“五位一体”总体布局相适应的生态环境管理体制。

2. 部门职责分散交叉、权责脱节，影响行政效能和政府公信力

从现行生态环保管理体制看，政出多门、权责脱节、监管力量分散、能力不强等问题突出。水质、水量管理分离，地表与地下水污染防治不统一，生态保护

按照森林、草原、陆生、水生动植物等生态要素分散管理，近岸海域陆海环保分割管理，同源排放的二氧化碳、硫化物、氮氧化物等污染物减排分开管理，企业完整的排污过程（厂区排污口、排污管网、入河道排污口）被肢解为三个部门分别管理等，生态环保事权划分逻辑混乱、组织碎片化严重，从而割裂了生态系统的完整性，违背组织管理科学，不仅增大企业、群众遵守环保法规政策的难度，而且造成公众难以判断责任主体，公众难以准确选择投诉部门，有碍社会监督，既增加了管理对象负担，又浪费了有限的行政资源，严重影响了政府公信力。

3. 保障体系不完善，难以为环境监管提供有力支撑

尽管《环境保护法》赋予了环境保护部门统一监督的职能，但无论在其他相关环境法规中，还是国务院“三定”方案中对监管权力都按照管理对象进一步进行了部门分解，结果造成监督权力事实上的分散配置。这种情况尤其体现在水环境管理和自然保护方面。例如，地下水水量管理实行水利、国土部门双重管理，地下水水质管理实行环保、国土部门双重监督。若涉及地下饮用水水源，卫生部对地下饮用水卫生安全具有监测、调查、评估和监督权。饮用水管理方面，在饮用水实际管理环节中，每个环节都至少有两个部门参与管理。事权划分的职能交叉突出。由于监管职能交叉，造成执法主体和监测力量分散，多头执法、“数”出多门、重复建设问题突出，同时环保监察部门以事业编制为主，国家未将其列入执法队伍管理，有关执法权力法律授权不足，难以为环境监管提供有力支撑。

解决上述问题，迫切要求改革生态环境保护管理体制，充分发挥体制的活力和效率，为解决生态环境领域的深层次矛盾和问题提供体制保障。

（二）生态环境保护管理体制机制改革的基本原则

环境保护是各级政府的基本职能之一，必须坚持国家行政体制改革的基本原则。要坚持精简、统一、效能原则，推动政府职能转变，整好国家管理资源，优化机构设置，减少部门职责交叉和分散，形成权界清晰、分工合理、权责一致、运转高效、法制保障的机构职能体系。

坚持生态系统完整性和综合管理。环境保护必须准确把握和自觉遵循生态系统的特点进行综合管理，实现要素综合、职能综合、手段综合，形成从山顶到海洋的一体化管理，维护生态环境的系统性、多样性和可持续性；将生态环境保护的要求贯穿生产、流通、分配、消费的各个环节，体现在工业、农业、服务业等各个领域，落实到政府机构、学校、科研院所、社区、家庭等社会组织的各方面，

实现综合管理。

坚持健全自然资源资产管理和监管制度。自然资源开发利用不当是生态破坏的重要因素，其深层次原因是自然资源产权管理和监管制度不健全。生态保护职能的分散，导致资源管理部门集保护与开发职能于一身，既当裁判员，又当运动员，其部门性质和实际管理的运行模式决定了资源保护往往服从于开发利用，难以正确处理资源开发与保护的关系，而资源开发本身具有明显市场经营性质，从国家行政体制改革的基本原则看，将这类职能交给市场也是政府职能转变的基本趋势。因此，从制度设计上需用将自然资源开发利用的资产管理职能与自然资源保护的监管职能进行分离。

（三）生态环境保护管理体制机制改革的主要任务

1．建立和完善严格的生态环境管理体制

（1）建立统一的环境监管体制

1）建立统一监管所有污染物的污染防治监管体制。对所有污染物、所有环境介质（大气、地表水、地下水、海洋、土壤等），以及点源（含矿山）、面源（含农业源）、固定源、移动源（车、船、飞机等）等所有污染源实施统一监管，实现污染治理的全防全控。

2）建立统一、严格的生态保护监管体制。对草原、森林、湿地、海洋、河流等所有自然生态系统，陆生、水生、海洋等所有生物物种和遗传资源进行统一监管。对自然保护区、风景名胜区、森林公园、地质公园、自然遗迹等所有自然价值较高的自然保护地进行整合，实施统一监管。

3）建立统一的环境监测预警体制。加强生态状况、生物多样性、生物安全等方面的监测与预警监测能力，整合地表水、地下水、海洋、城市、农产品产地等环境监测资源，建立陆海统筹、天地一体化的环境监测网络，统一发布生态环境监测信息。

4）建立统一、严格的环境影响评价体制。加强战略环评、规划环评，探索政策环评，完善项目环评的管理体制机制。将海洋工程、海岸工程、水土保持等领域环境污染和生态影响的环境影响评价统筹管理，避免多头负责、重复审批。

（2）建立和完善独立的环境监管和行政执法体制

健全“统一监管、分工负责”和“国家监察、地方监管、单位负责”的监管体制，按照十八届三中全会有关“深化行政执法体制改革”的要求，有序整合不

同领域、不同部门、不同层次的环境监管力量，推进综合执法，着力解决权责交叉、多头执法问题，建立权责统一、权威高效的环境监管和行政执法体制。加强对有关部门和地方政府执行国家环境法律法规和政策的监督，纠正其执行不到位的行为，特别是地方政府对环保不当干预行为。建立严格而富有权威性的环境执法体制，完善环境保护部门行政执法的法律授权、明确行政执法主体资格，增强环境执法的权威性。

加强环境监察队伍建设，强化环境监督执法，推进联合执法、区域执法、交叉执法等执法机制创新，严厉打击企业违法排污行为。在污染防治、生态保护、核与辐射安全以及环境影响评价、环境执法、环境监测预警等领域和方面，制定科学规范的制度，为实行统一监管和提升执法效能提供保障。

2. 建立陆海统筹的生态系统保护修复和污染防治区域联动机制

生态系统的整体性决定了生态保护修复和污染防治必须打破区域界限，把陆地和海洋保护统筹考虑，加强区域间的合作治理能力。加大区域联合执法力度、建立联合监测机制，构建生态环保信息共享平台。对大气污染，结合地理特征、污染物区域分布和输送规律、经济社会发展特点，建立区域政府联防联控的协作机制。对水污染防治，促进海洋环境保护与流域污染防治有效衔接，以流域为控制单元，建立流域环境综合管理模式。对跨行政区域的重要生态功能区、生态环境脆弱区，建立生态系统保护修复区域联动机制。

3. 健全国有林区经营管理体制，推进集体林权制度改革

要深入实施以生态建设为主的林业发展战略，改革森林资源管理体制，建立健全国有森林资源监督管理体系，搞活企业经营机制。在完成集体林地明晰产权、承包到户的改革任务基础上，根据资源增长、农民增收、生态良好、林区和谐的目标，加大对林下经济、农民林业专业合作组织、森林保险等支持力度，推进林权抵押贷款，切实规范和监督林地流传，探索林木采伐管理制度改革，加强集体林地的基础设施建设。

4. 完善信息公开制度，健全举报机制

重点通过环境信息公开、举报制度等途径，加强社会监督。完善环境信息公开制度，进一步扩大公开范围，完善公开方式，保障公众的环境知情权、参与权和监督权。对涉及民生、社会关注度高的环境质量监测、建设项目环评审批、企业污染排放等信息及时公开，主动向社会通报环境状况、重要政策措施和突发环

境事件。对涉及群众利益的重大决策和建设项目，广泛听取公众意见和建议。引导企业进一步增强社会责任感，真实、客观地公开环境信息，监督企业按规定公开污染物排放自行监测信息。

健全举报机制，鼓励公民、法人和其他社会组织就生态环境问题进行举报，切实保护举报人合法权益。全面实施环保举报投诉热线畅通工程，精心做好环境权益被侵害的群众来信来访工作，加大受理督办落实力度。充分发挥公众、新闻媒体和社会组织的监督作用，构建全面参与的社会行动体系。

5. 完善污染物排放许可制，实行企事业单位污染物排放总量控制制度

排污许可是一项国际通用的环境管理制度。我国《大气污染防治法》、《水污染防治法》等法律对实行排污许可有原则性规定，但许可条件、程序等具体规定尚未明确。要完善污染物排放许可制度，规范污染物排放许可行为，禁止无证排污和超标准、超总量排污。实行企业污染物排放总量控制制度，推进行业性和区域性污染物总量控制，使污染减排与行业优化调整、区域环境质量改善紧密衔接，做到增产不增污或增产减污。在总结排污权交易试点经验的基础上，加快实施各类排污指标的有偿使用和交易，加强排污权交易的组织机构和监管能力建设。

6. 实行生态环境损害赔偿和责任追究制度

强化生态环境损害赔偿和责任追究，既是保护公民环境权益、维护社会公平正义的重要措施，也是提高企业违法成本、震慑企业违法排污行为的根本对策。要完善生态环境损害赔偿制度，将生态环境损害与公民损害列入赔偿范围。建立环境损害鉴定评估机制，合理鉴定、测算生态环境损害范围和程度，为落实环境责任提供有力支撑。加强行政执法与司法部门的衔接，推动环境公益诉讼。对排放污染物造成严重后果的，要依法追究刑事责任。

7. 健全环境治理的市场化运行机制

按照市场经济规律的要求，运用价格、税费、财政、信贷、保险等经济手段，合理内化企业污染环境的成本，借助市场的力量促进环境容量资源的有效利用和优化配置。加快自然资源及其产品价格改革，全面反映市场供求、资源稀缺程度、生态环境损害成本和修复效益。坚持使用资源付费和谁污染环境、谁破坏生态谁付费原则，逐步将资源税扩展到占用各种自然生态空间。坚持谁受益、谁补偿原则，完善对重点生态功能区的生态补偿机制，推动地区间建立横向生态补偿制度。积极探索推行节能量、碳排放、排污权、水权交易制度，建立吸引社会资本投入

生态环境保护的市场化机制，推行环境污染第三方治理。

专栏 5-8　排放权交易

排污权交易是指在一定范围内，明晰污染者的环境容量资源使用权，即排污权，在排污总量控制前提下，允许各排污企业将各自的排污权放在专门的市场进行交易，通过市场机制来调剂各排污单位的排污需求。原则上只要污染源之间存在边际治理成本的差异，进行排污权交易就可以使双方都收益。通过市场交易，排污权从治理成本低的污染者流向治理成本高的污染者，其结果是社会以最低成本实现污染物减排，环境容量资源实现高效率的配置。

排污权交易制度源于美国。1977 年美国环境保护局在排污权交易理论后的第十年，将其首次运用大气污染和河流污染管理中，相继推出多种形式的排污交易。此后，德国、英国、澳大利亚等国家相继实行了排污权交易的实践。1990 年，排污权交易正式纳入新修订的美国《清洁空气法》中，并取得了较好的减排效果。

2001 年 4 月，原国家环保总局与美国环保协会签订《推动我国二氧化硫排放总量控制及排放权交易政策实施的研究》合作项目。2001 年 9 月，江苏省南通市（南通天生港发电有限公司与南京醋酸纤维有限公司）完成了我国首例二氧化硫排污权交易。2003 年，江苏太仓港环保发电有限公司与南京下关发电厂达成二氧化硫排污权异地交易。2007 年 11 月 10 日，国内第一个排污权交易中心在浙江嘉兴挂牌成立。《国家环境保护“十二五”规划》提出了常规污染物和重金属污染的排放权交易计划，“鼓励各省（区、市）在其非重点区域内探索重金属排放量置换、交易试点。”目前，江苏、浙江、天津、湖北、湖南、山西、内蒙古、重庆、陕西、河北等 10 个省（自治区、直辖市）列为国家排污交易试点省份。

此外，我国的碳排放权交易也取得了重大进展。2011 年 10 月，国家发改委办公厅发布了《关于开展碳排放权交易试点工作的通知》，决定在北京市、天津市、上海市、重庆市、湖北省、广东省及深圳市七个省市开展碳排放权交易试点。为规范基于项目的自愿减排交易活动，2012 年 6 月，国家发改委颁布了《温室气体自愿减排交易管理暂行办法》。

五十、如何充分发挥妇女在环境保护中的作用？

国际环境运动发展历史证明妇女在环境保护中发挥了重要作用。正如 1995 年在北京通过的联合国第四次世界妇女大会《行动纲领》中所强调的“妇女对无害于生态环境的经验及贡献为 21 世纪议程的中心组成部分。除非承认并支持妇女对环境管理的贡献，否则可持续发展就将是一个可望而不可即的目标”。这次妇女大会将“妇女与环境”列为 12 个重点关注领域之一。我国于 2001 年颁布了《中国妇女发展纲要（2001—2010 年）》，将妇女与环境列为六大关注领域之一。

现在，越来越多的中国妇女自觉参与到环境保护与可持续发展中来。在参与和实践过程中，广大妇女的主体意识不断增强，不仅对于促进妇女与男性社会平等发展和妇女自身全面发展具有意义，而且也有助于推动我国环保公众参与制度的完善。特别是将社会性别意识纳入环境政策，提高妇女参与环境保护及决策的程度，对于推动我国环境治理模式从政府直管型向环境公共治理模式转型，将起到积极的作用。这也是落实十八届三中全会关于“推进国家治理体系和治理能力现代化”要求的具体体现。

（一）推动世界环保运动，女性在行动

早在 20 世纪五六十年代，女性就唤醒了全球社会的环保意识，成为生态环境理论创导的先行者。当整个世界陶醉在工业文明的巨大成就之中时，是一位美国女性——蕾切尔·卡逊最早系统论述了农药和化肥等对环境的伤害，写下了《寂静的春天》一书，唤醒了人们的环境意识。1972 年英国女经济学家巴巴拉·沃德在第一次人类环境大会作了《我们只有一个地球》的报告，她以经济学家的敏锐和女性的热情，传播着这样一个被人忽略了的常识——人类只有一个地球。1987 年，又有一位女性——挪威首相布伦特兰以政治家的远见关注着人类的未来，领导世界环境与发展委员会向联合国提交了《我们共同的未来》这一著名研究报告，促使“可持续发展”理念成为国际社会普遍接受的共识。三位女性的警示之作在

世界环境保护史上具有划时代意义，她们提出的问题、倡导的思想，共同为人类可持续发展战略实施奠定了坚实基础。

女性之所以积极投身环境运动，不仅因为环境污染对妇女损害更大，更是因为妇女细致、敏感、充满母爱的本性，更容易萌发对自然的关爱，减少对自然的掠夺行为，也容易从更为具体、现实和可操作性的角度参与环境保护。例如，肯尼亚环境与自然资源部副部长马塔伊将环境保护、社会问题和妇女就业结合起来，领导“绿带运动”近 30 年，逐渐在东非国家结成了“泛非绿带网”，动员贫穷的非洲妇女种植了近 3 000 万棵树，在保护生态环境的同时为上万人提供了就业机会。在美国，一个年轻的母亲洛伊丝·吉布斯从环境与健康出发，组织了爱河业主联合会，要求将居住在废弃爱河上游的居民迁移到其他地区。在吉布斯等人的努力下，卡特总统在 1980 年签署了转移附近地区 900 户居民的命令。这一行动直接推动了联邦政府后来通过超级基金法案，强制污染者付费清除废弃垃圾场和他们制造的新废弃物。

自 20 世纪 80 年代以来，环境问题开始在中国受到重视，中国妇女一直积极地扮演着保护环境的重要角色。从杰出的女性环保活动家廖晓义、汪永晨、梁晓燕、张兢兢等组织开展的节约能源、废物利用、垃圾分类、健康生活方式、保护濒危物种、治理污染等环保活动，到妇联组织发动的“三八绿色工程”、“妇女·家园·环境”、“绿色家庭”、“节能减排家庭社区活动”等保护生态环境的行动，以及多年来普通妇女们持之以恒的环保行动，如治沙能手牛玉琴、城市环境综合整治得力领导魏文娜等，再到 2009 年全国妇联、联合国驻华机构和中国政府联合举办“社会性别与减排国际会议”并讨论通过《将社会性别纳入减灾全球行动的北京倡议》等。不论是女性领导、女性学者还是普通女性，其行为都直接促进了环保意识的普及和中国环保运动的发展。

在女性环保运动的浪潮下，世界各国自发联合成立了各类女性环保组织。如 2002 年成立的女环境部长网络、美国妇女基金会创建的“妇女环境与发展组织”、哥伦比亚妇女玛格丽特·玻特罗创立的“绿色大学”、日本的“妇女环境保护合作社”、中国台湾的“家庭主妇联盟”、中国“妇女环境小组”等，所有这些组织开展的活动，都为本国或本地区的环境保护事业作出了积极的贡献。

所以，一直值得和必须引起关注的结论就是：在环境保护的道路上，女性比男性更加敏感，更加倾向于对环境的关注。无论是以前、现在还是未来，女性都会在环境保护中继续发挥更大的作用。

（二）妇女在环境保护中的独特作用

哥斯达黎加前第一夫人玛格瑞塔·阿若斯说过：“在环境保护问题上，没有人比妇女更具有道义上的责任”。妇女与环境有着天然的联系。妇女的天性使之对客观事物有着细致的观察力。妇女所承担的养育子女繁衍后代的神圣天职，使她们对生命有着特殊的感觉。因此更加深切地关注影响人类健康、危机子孙后代的环境问题。此外，在社会化过程中，女性的成长环境与她们所受的教育，以及她们以感性、善良、富有同情心为特征的“母性品格”，使得女性更认同于尊重、保护环境，并参与到建设治理家园的环境保护运动中。

现有的劳动性别分工下，妇女的生产性角色、再生产性角色和社区管理角色，也使得妇女在环境保护中的作用越来越难以取代。首先，随着我国工业化、城镇化进程的加快，与青壮年男性大规模外出打工相伴生，“农业女性化”现象已变得越来越普遍。妇女在一些地方农业劳动力中所占的份额甚至高达 70%～80%。跳不出“农门”的广大留守中青年妇女作为农业生产的主要劳动者，有充分机会参与农村生态环境保护和改善活动，甚至可以发挥比男性更重要的作用。其次，家庭消费、子女教育等再生产性工作多由女性承担。在我国，家庭消费的 70%是通过妇女进行和完成的。妇女能否选择一种低消耗、低污染、符合可持续消费的方式，将会对生态文明建设所提倡的绿色发展、绿色消费与绿色生活产生直接的影响。再次，女性是接触社区最频繁的群体，也是社区管理工作的主要参与者，更容易成为社区环境的保护者和维护者，通过社区环保公众参与模式实现环境保护的“社会化”。从妇女的三重角色与环境保护的关系看，妇女既可以成为环境问题的制造者，更能成为环境保护的生力军。这正是她们发挥独特作用，参与环境管理和决策的意义所在。

（三）妇女参与环境保护的现状

1. 妇女参与不足，限制了环保走向生活层面

环境保护走向成熟，必然要首先从生产层面走向生活层面。由于女性与环保的天然密切关联性，以及妇女在社会活动中的三重角色特征，使得环保工作更容易走向生活层面。然而，妇女参与环境保护仍主要停留在简单的、浅层次的、短期产生经济效益的个人行为上，例如节约用水、废品回收等。环保公众参与对于

妇女而言，任重道远。

1）环保知识水平有限降低了妇女自觉采取环保行为的可能。随着妇女环境觉悟的提高，她们对环境关切的程度越来越强烈，保障家人健康的使命感使得她们尤其关注与生活直接相关的环境问题，环保公众参与意愿强烈。然而，由于缺乏专业的环保知识，妇女期望良好生态环境的同时，往往无意识地作出破坏生态环境的行为。特别是在农村地区，农村妇女普遍文化水平较低，基本没有受过农村环境保护的教育，甚至连一般的环境保护常识都没有，更不要说生产在农业中科学选择种植、养殖品种，合理使用农药、化肥等。

2）环保参与途径较少限制了女性环保作用的发挥。妇女同时承担着家庭和工作双重责任，能投入社会环保活动的时间、精力和机会非常有限。而现有的基层环保工作难以深入到社区乃至家庭一级，妇女的环保诉求容易被忽略。虽然社区环保以女性为主，但社区环保多为边缘性工作，缺乏系统、专业的指导和培训，难以引导社区女性乃至居民有效采取环保行为。

2. 女性多处于从属地位，决策边缘化特征明显

环保基层干部是环保政策、路线、方针贯彻落实的根本。由于生理上和心理上的敏感性，女性对环境污染有着更强的感受力与洞察力，更容易成为环保工作的推动者。此外，女性天然的沟通力、亲和力、说服力，容易贴近群众，了解群众环保需求，协调和解决群众所关注的环境问题。但在实际工作中，基层女干部在环保工作中多处于从属地位，决策边缘化特征明显。

与男性相比，环保领域具有决策权的领导层女性干部比例偏低，越是往上的管理层女性干部比例越小，决策权和话语权缺失明显。据甘肃、吉林调查，社区环保工作以女性为主，近 80%以上的社区环保干部为女性，与基层环保队伍女性领导比例偏低形成了鲜明的对比，而这恰恰是她们在现代社会中处于边缘位置的集中反映。

在基层环保工作中，女性被赋予的责任、价值也远低于男性。女性所承担的环保工作大多数是“男主外、女主内”劳动分工的社会延伸。如女性多从事办公文秘、宣传教育等工作，常被认为难以胜任基层一线工作，因而现场执法、环境监察等工作多由男性承担。这种分工模式某种程度上是出于对女性的保护，但正是这种将女性假定为弱势群体的过度保护，使女性丧失了一线环保工作的选择权利和机会，容易使女干部在能力提升、作用发挥乃至工作晋升等都处于劣势。

女性主动参与决策的自我意识较为薄弱，进一步强化了决策边缘化现象。受“男主外、女主内”的传统思想影响，许多女性在思想上主观认为与男性存在差异，

在环保领域工作选择方面倾向于选择符合女性特征和能力的任务，缺乏与男性竞争的意识，不想抛头露面，更不愿担当责任、挑重担。

3．环保公众参与制度缺少性别敏感性

在公众参与环境决策层面，保障环保公众参与环境管理的环境政策、法律、法规等制度很大程度上是性别盲视政策，使得女性在环境议题上的权利及参与受到一定的制约。如《环境影响评价公众参与暂行办法》中规定“综合考虑地域、职业、专业知识背景、表达能力、受影响程度等因素，合理选择被征求意见的公民、法人或者其他组织”，而性别比例并没有纳入考虑之中。与男性相比，女性参与社会活动的机会相对较少，这种现象在乡村地区尤为显著。缺乏社会性别意识的政策在推行中就更容易导致女性的意见被忽视。

（四）发挥妇女在环境保护中的主力军作用

1．将社会性别意识纳入环境政策

当前，性别与环境的关系受到越来越多的关注，人们越来越注意到环境退化对特定地区妇女生存与发展的消极影响，同时也看到妇女参与环境运动对可持续发展以及妇女自身发展的重要意义。妇女与资源环境的特殊关系，为环境管理开辟了新的途径。在未来的政策制定中，可通过对特定地区环境对男女两性造成的不同影响的测定，制定具有社会性别敏感性的环境政策，鼓励并保障妇女平等参与环境保护。

2．提高妇女参与环境保护及决策的程度

根据《中国妇女发展纲要（2001—2010年）》，妇女参与环境保护的实践首先应体现在妇女参与环境保护及决策的程度。随着妇女在社会政治、经济、文化等领域的作用日益突出，妇女参与地区环境政策的制定、环境法规的执行和环境监督等方面的作用也越来越明显。在增加妇女在环境和发展领域中人数比例的同时，应注重进一步增加妇女在环境和发展领域中的决策管理人员比例，确保妇女有机会参与环境项目的决策、管理、设计和规划，使她们能真正平等地参与可持续发展，充分发挥她们的独特作用。

3. 开展适应女性认知特点的环境教育，提高妇女参与环保的意识和能力

传统的“女主内”观念阻碍妇女更多参与社会活动，过于理性和抽象的环境宣传形式不容易激发妇女，特别是受教育程度较低的广大农村妇女获取环保知识的兴趣和积极参与环保活动的热情。因此，应从直观、形象的角度，通过丰富多彩的宣传教育形式，加强对妇女的环境宣传、教育及培训，强化妇女自觉保护环境的主人翁意识和环境责任观。并注意将环境教育与日常生活相结合，将环境保护渗透到生活层面，以此为基础逐步提高广大妇女的环境、资源和可持续发展意识和能力。

参考文献

[1] IGBP. 国际地圈生物圈计划（IGBP）科学丛书之四：全球变化与地球系统——一颗负重之下的行星[M]. 国际地圈生物圈计划中国全国委员会，2004：11-13.

[2] 白志鹏，王珺. 环境管理学[M]. 北京：化学工业出版社，2007.

[3] [德]柯武刚，史漫飞. 制度经济学：社会秩序与公共政策[M]. 北京：商务印书馆，2004.

[4] 国务院法制办公室. 环境保护法典[M]. 北京：中国法制出版社，2011.

[5] 马中. 环境与资源经济学概论[M]. 北京：高等教育出版社，1999.

[6] 裴广川，等. 环境伦理学[M]. 北京：高等教育出版社，2002：271.

[7] 曲格平. 关注中国生态安全[M]. 北京：中国环境科学出版社，2004：337.

[8] 舒尔茨. 制度与人的经济价值的不断提高//科斯等. 财产权权利与制度变迁[M]. 上海：上海三联书店，1991：253.

[9] 宋国君. 环境政策分析[M]. 北京：化学工业出版社，2008.

[10] 王家德，陈建孟. 当代环境管理体系建构[M]. 北京：中国环境科学出版社，2005.

[11] Contanza R，et al. The value of the world’s ecosystem services and natural capital [J]. Nature，1997，Vol. 387：253-260.

[12] 陈忠新，张新时. 中国生态系统服务价值研究[J]. 科学通报，2000，45（10）：870-876.

[13] 方虹. 我国资源产权及制度安排思考[J]. 北京市计划劳动管理干部学院学报，2006（1）：48-51.

[14] 黄海峰，任培. 中国绿色信贷政策现状研究[J]. 中国市场，2010（27）：38-40.

[15] 姜妮. 完善环境经济政策体系推进生态文明建设——访环境保护部政策法规司副司长别涛[J]. 环境经济，2012（6）：20-23.

[16] 蒋满元. 我国自然资源开发管理制度安排的缺失与对策[J]. 河南科技大学学报（社会科学版），2007（5）：71-74.

[17] 李胜兰，曹志兴. 构建有中国特色的自然资源产权制度[J]. 资源科学，2000（22）：9-12.

[18] 刘建辉. 排污权交易的中国困境[J]. 决策，2006（1）：30-32.

[19] 欧阳志云，等. 中国陆地生态系统服务功能及其生态价值的初步研究[J]. 生态学报，1999（5）：607-613.

[20] 潘岳. 谈谈环境经济政策[J]. 求是，2007，20（8）：58-60.
[21] 齐晔，张凌云. “绿色 GDP”在干部考核中的适用性分析[J]. 中国行政管理，2007（12）：26-30.
[22] 秦艳红，康慕谊. 国内外生态补偿现状及其完善措施[J]. 自然资源学报. 2007，22（4）：557-566.
[23] 舒昊. 环境监测制度构建的重点与难点[J]. 环境保护，2011（8）：41-43.
[24] 王彬，原庆丹. 国外巨额污染损害赔偿对我国环境法制的启示[J]. 环境与可持续发展，2011（8）：41-43.
[25] 王金南，万军，张惠远，等. 中国生态补偿政策评估与框架初探[J]. 环境科学研究，2005（2）：30-33.
[26] 王珅. 完善我国政府绿色采购制度体系[J]. 中国政府采购报，2012（139）：22-23.
[27] 王美香，张永军. 环境监测与环境监察的职能分析[J]. 黑龙江环境通报，2010，34（1）：27-28.
[28] 王鹏. 探讨排污收费制度在中国的发展[J]. 科技创新导报，2013（7）：165.
[29] 武立磊. 生态系统服务功能经济价值评价研究综述[J]. 林业经济，2007（3）：42-46.
[30] 夏光. 生态文明与制度创新[J]. 理论视野，2013（1）.
[31] 张广海. 资源环境生态经济价值综论[J]. 中国人口·资源与环境，2002（5）.
[32] 张旭昆. 制度的定义与分类[J]. 浙江社会科学，2002（6）.
[33] 赵映诚. 生态经济价值下政府生态管制政策手段的创新与完善[J]. 宏观经济研究，2009（9）：47-59.
[34] 庄国泰，王金南. 生态补偿机制与政策设计国际研讨会论文集[C]. 北京：中国环境科学出版社，2006：13-24.
[35] 财政部. 关于印发《2012 年中央对地方国家重点生态功能区转移支付办法》的通知[R]. 2012（296）.
[36] 国家环境保护总局. 关于开展生态补偿试点工作的指导意见[R]. 2007（130）.
[37] 国家统计局. 中国绿色国民经济核算研究报告 2004[R]. 2006-09-07.
[38] 徐绍史. 国务院关于生态补偿机制建设工作情况的报告[R]. 中国人大网，2013-04-23.
[39] 刘惠兰. 退耕还林：期待重启再出发[N]. 经济日报，2013-07-23.
[40] 何谓自然资源资产产权[N]. 中国环境报，2013-11-28（8）.
[41] 王玮. 自然资源资产产权制度十问？[N]. 中国环境报，2013-11-29（3）.
[42] 国家发改委. 中国的排污收费制度[EB/OL].
http：//www. sdpc. gov. cn/jggl/jgqk/t20070404_126543. htm.
[43] 牛文元. 中国生态环境状况对经济发展的总体影响[EB/OL]. 中国政协新闻网，2005-08-21.

http：//cppcc. people. com. cn/GB/34961/51372/51376/51495/3631431. html.
[44] 潘岳. 绿色 GDP 应列为政绩考核指标[EB/OL]. 新华社报道，2007-03-05.
http：//news. xinhuanet. com/video/2007-03/05/content_5804450. htm.
[45] 中国科学院可持续发展战略研究组. 生态系统服务理论[EB/OL]. 中国网，2003-03-19.
http：//www. china. com. cn/chinese/zhuanti/295916. htm.

致　谢

本书是环境保护部行政体制与人事司“环境保护人才队伍建设——环保干部教育培训”项目成果。在本书整个编写过程中，得到环境保护部行政体制与人事司、环境保护部环境与经济政策研究中心、环境保护部宣传教育中心领导的关心和支持，以及中共中央党校、中共江苏省委党校和北京师范大学相关专家的大力协助。依托中共中央组织部和环境保护部组织的干部培训班，田青、李宗尧、王燕津、王思、杨漠、武翡翡、夏菁、冯广伟对来自全国各地的市级环保主管领导及地方环保局局长进行了“党政干部生态文明理念培训需求研究”问卷调查和深度访谈，为本书编写提供了重要参考。原中日友好环境保护中心张坤主任，环境保护部环境与经济政策研究中心夏光主任、原庆丹副主任对本书进行了指导和审定，提出了许多宝贵意见和建议。张坤、殷培红、李宗尧、马丽、孟胜修、武翡翡、步雪琳对全书进行了统稿，王彬、李蓓蓓、赵军利、沈楠、孟哲虹、胡玲提供了丰富的素材。在此，谨对所有给予本书帮助和支持的同志表示衷心的感谢。